飞行技术专业系列教材

民用运输机航空电子系统

何晓薇　徐亚军　包勇　主编

西南交通大学出版社

·成　都·

图书在版编目（ＣＩＰ）数据

民用运输机航空电子系统 / 何晓薇，徐亚军，包勇
主编. 一成都：西南交通大学出版社，2017.7（2024.1 重印）
飞行技术专业系列教材
ISBN 978-7-5643-5507-4

Ⅰ. ①民… Ⅱ. ①何… ②徐… ③包… Ⅲ. ①民用飞
机 – 电子系统 – 教材 Ⅳ. ①V271

中国版本图书馆 CIP 数据核字（2017）第 143246 号

飞行技术专业系列教材

民用运输机航空电子系统

何晓薇　徐亚军　包勇/主编

责任编辑/张华敏
助理编辑/梁志敏
封面设计/刘海东

西南交通大学出版社出版发行

（四川省成都市金牛区二环路北一段 111 号西南交通大学创新大厦 21 楼　610031）
发行部电话：028-87600564
网址：http://www.xnjdcbs.com
印刷：成都中永印务有限责任公司

成品尺寸　185 mm×260 mm
印张　16.25　　字数　407 千
版次　2017 年 7 月第 1 版　　印次　2024 年 1 月第 6 次

书号　ISBN 978-7-5643-5507-4
定价　48.00 元

总　序

民航是现代综合交通运输体系的有机组成部分，以其安全、快捷、通达、舒适等独特优势确立了独立的产业地位。同时，民航在国家参与经济全球化、推动老少边穷地区发展、维护国家统一和民族团结、保障国防和经济安全、加强与世界不同文明沟通、催生相关领域科技创新等方面都发挥着难以估量的作用。因此，民航业已成为国家经济社会发展的战略性先导性产业，其发达程度直接体现了国家的综合实力和现代化水平。

自改革开放以来，我国民航业快速发展，行业规模不断扩大，服务能力逐步提升，安全水平显著提高，为我国改革开放和社会主义现代化建设做出了突出贡献。可以说，我国已经成为名副其实的民航大国。站在新的历史起点上，在2008年的全国民航工作会议上，民航局提出了全面推进建设民航强国的战略构想，拉开了我国由民航大国迈向民航强国的序幕。

要实现民航大国向民航强国的转变，人才储备是最基本的先决条件。长期以来，我国民航业发展的基本矛盾是供给能力难以满足快速增长的市场需求。而其深层次的原因之一，便是人力资源的短缺，尤其是飞行、空管和机务等专业技术人员结构不合理，缺乏高级技术、管理和安全监管人才。有鉴于此，国务院在《关于促进民航业发展的若干意见》中明确指出，要强化科教和人才支撑，要实施重大人才工程，加大飞行、机务、空管等紧缺专业人才的培养力度。

正是在这样的大背景下，作为世界上最大的航空训练机构，作为中国民航培养飞行员和空中交通管制员的主力院校，中国民航飞行学院以中国民航可持续发展为己任，勇挑历史重担，结合自身的办学特色，整合优势资源，组织编写了这套"飞行技术专业系列教材"，以解当下民航专业人才培养的燃眉之急。在这套教材的规划、组织和编写过程中，教材建设团队全面贯彻落实《国家中长期教育改革和发展规划纲要（2010—2020年）》，以培养适应民航业岗位需要的、具有"工匠精神"的应用型高素质人才为目标，创新人才培养模式，突出民航院校办学特色，坚持"以飞为主，协调发展"的方针，深化"产教融合、校企合作"，强化学生实践能力培养。同时，教材建设团队积极推进课程内容改革，在优化专业课程内容的基础上，加强包括职业道德、民航文化在内的人文素养教育。

由中国民航飞行学院编写的这套教材，高度契合民航局颁布的飞行员执照理论考试大纲及知识点要求，对相应的内容体系进行了完善，从而满足了民航专业人才培养的新要求。可以说，本系列教材的出版恰逢其时，是一场不折不扣的"及时雨"。

由于飞行技术专业涉及的知识点多，知识更新速度快，因此教材的编写是一项极其艰巨的任务。但令人欣喜的是，中国民航飞行学院的教师们凭借严谨的工作作风、深厚的学术造诣以及坚韧的精神品质，出色地完成了这一任务。尽管这套教材在模式创新方面尚存在瑕疵，但仍不失为当前民航人才培养领域的优秀教材，值得大力推广。我们相信，这套教材的出版必将为我国民航人才的培养做出贡献，为我国民航事业的发展做出贡献！

是为序。

中国民航飞行学院
教材编写委员会
2016 年 7 月 1 日

前　言

航空电子是英文"AVIONICS"的中译名，该词是 aviation（航空）取其头和 electronics（电子学）取其尾组合而成的新词。它是研究电子技术在航空工程中应用的学科，是在航空技术和电子技术发展过程中逐步形成的。

经过半个多世纪的发展历程，现代航空电子已成为一门独立的学科，其特定的研究对象、特殊的性能及设计方案、特定的使用环境使之区别于一般的电子设备。早期的飞机，其仪表、设备非常简单，后来装备了机载雷达、无线电导航设备、着陆引导设备、自主导航设备、模拟计算机、平视显示仪、下视显示仪等，逐步发展为现代的航空电子系统。

微电子技术、数字技术及微计算机技术的飞速发展成为航空电子技术发展的巨大推动力，使之进入了数字化、微计算机化的全新纪元。数字计算机代替了模拟计算机，使各系统的精度、可靠性获得前所未有的提高，从而使整个航空电子系统的性能及飞机的任务能力得到很大的改进。航空电子的地位因此越来越举足轻重，成为和飞机机体、发动机并列的重要组成部分之一。从发展角度看，航空电子甚至比其他部分更引人注目。该学科发展迅速，更新换代快，其发展给飞机的性能带来了巨大影响。

航空电子系统的功能几乎已渗透到飞机的每一种任务能力，堪称飞机的"耳目"和"大脑"，对于飞机的性能及使命完成能力具有决定性的作用。可以说，没有先进的航空电子系统，就没有先进的飞机，就无法实现安全、可靠、舒适、低成本和高密度的民机飞行。

《民用运输机航空电子系统》依据中国民用航空局颁布的航线运输驾驶员执照理论考试大纲编写而成，主要讲述民用运输机航空电子系统的基本理论和知识，供飞行技术专业学生学习使用；同时，也可供其他相关人员学习、参考使用。由于航空电子系统种类繁多，本书仅对一些具有代表性的系统进行分析。对每种系统的使用，由于未具体到某一机型的特定型号，所以只概括地叙述其使用特点、使用注意事项以及基本使用方法，仅供培训使用，对于具体机型的系统使用应以飞行手册为准。

本书由中国民用航空飞行学院何晓薇、徐亚军和包勇编写，其中第 3、5、6、7、8、9、10、11、12 章由何晓薇编写；第 1、2、4、13、14 章由徐亚军编写；第 15 章由包勇编写。

由于编者资料占有不全、水平有限，书中不足在所难免，恳请读者提出宝贵意见。

本教材在编写、修订过程中，得到了中国民用航空飞行学院教务处、飞行技术学院和航空工程学院的大力支持，并参考了许多作者的著作，在此深表谢意。

编　者

2017 年 5 月

中国民用航空飞行学院

目 录

第1章 大气数据计算机系统

1.1 概述

大气数据计算机系统（ADCS）又称为大气数据系统（ADS），是一种自动计算设备，是现代运输机中必需的电子设备之一。其基本特点是根据静压、全压、总温（TAT）等原始参数，在迎角（AOA）等信号的修正作用下，采用先进的技术，解算出气压高度、指示空速或计算空速（校正空速）、垂直速度、马赫数、真空速、全受阻温度和大气静温（SAT）等信息。这些信息一方面送到显示器上供飞行员判读，另一方面送到飞行指引仪、自动飞行控制系统等用户，作为这些用户的输入信号。

一般飞机上都安装有 2 套大气数据计算机系统。正常情况下，机组的显示信息来自本侧的大气数据计算机系统。当本侧的大气数据计算机出现故障时，便可以通过转换电门，使用另一侧的大气数据计算机。但是，只有显示器的显示信息可以转换，而飞行指引仪、自动飞行控制系统等的大气数据信号则只能来自左大气数据计算机系统。如图 1.1 所示。

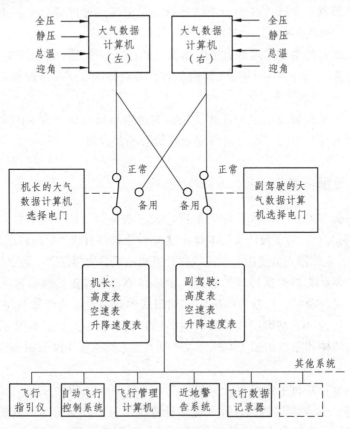

图 1.1 大气数据计算机系统的输入和输出

1.2 大气数据计算机系统的组成

大气数据计算机系统由传感器输入装置，计算机或解算装置和驾驶舱指示、显示装置及信号输出三部分组成，如图 1.2 所示。

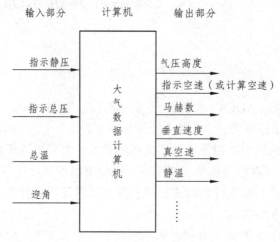

图 1.2 大气数据计算机的组成

传感器输入装置一般包括静压传感器、全压（或动压）传感器、总温传感器和迎角传感器等四种。传感器的作用是感受相应的大气数据信号，将其转化为电信号后输送到计算机或解算装置。静压传感器、全压（或动压）传感器、总温传感器的信号主要用于计算，而迎角传感器的信号主要用于误差修正。

计算机或解算装置的主要作用是对传感器输入的静压、全压（或动压）、总温等数据进行处理和计算（或解算），输出所需的大气数据参数，并对静压源误差进行矫正，使计算的大气数据更加准确。

驾驶舱指示、显示装置及输出装置的功用是向机组指示或显示有关的大气数据参数，或将这些参数输送到飞行指引仪、自动飞行控制系统等相关设备。

1.2.1 大气数据计算机

大气数据计算机（ADC）的主要功能是进行大气数据的计算（或解算）和误差修正，并对整个系统进行故障监控，当发现计算机本身或输入/输出接口有故障时向机组发出警告旗，并将故障信息存储下来，供维修人员使用。大气数据计算机一般分为模拟式、数字式和混合式 3 种。

模拟式大气数据计算机根据静压传感器、全压传感器和总温传感器输入的静压、全压和总温信号，利用高度、速度、马赫数等机电式伺服式解算装置（或函数凸轮或函数电位计），解算并输出高度、空速和马赫数的模拟量，这些模拟输出信号直接传到显示仪表上。模拟式大气数据计算机的结构和原理如图 1.3 所示。早期飞机（如波音 707 飞机和空客 300 飞机）都是用这种计算机。

数字式大气数据计算机采用微型计算机作为计算装置，由程序完成大气数据的计算和输入/输出等处理工作。这类大气数据计算机能够处理模拟量、数字量和离散量，能够直接输出数字信号和离散信号。数字式大气数据计算机的结构和原理如图 1.4 所示。20 世纪 70 年代以后的飞机（如波音 777，波音 767，空客 A310）采用数字式大气数据计算机。

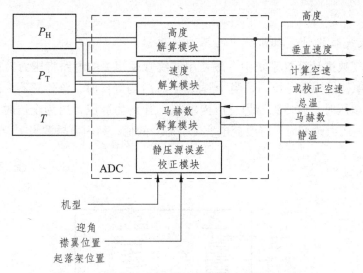

图 1.3　模拟式大气数据计算机的结构和原理

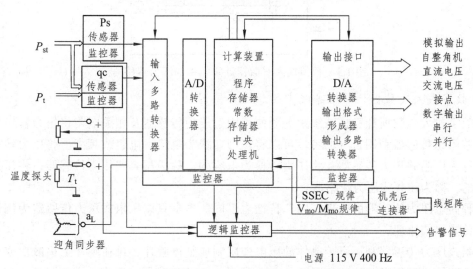

图 1.4　数字式大气数据计算机的结构和原理图

混合式大气数据计算机是上述两种类型结合的大气数据计算机，是模拟式到数字式过渡过程中的一种类型。波音 747 型飞机上使用的就是混合式大气数据计算机。

1.2.2　传感器及输入装置

大气数据计算机系统是通过少量的传感器检测外部大气信息的，这些传感器包括：静压传感器、总压传感器（或动压传感器）和总温传感器，在某些大气数据计算机中还使用迎角传感器。

1.2.2.1　压力传感器

在大气数据计算机系统中使用的压力传感器有总压传感器和静压传感器，在某些大气数据计算机系统中也直接使用动压传感器。

总压传感器用于将总压变换为电信号，并提供给计算机。静压传感器用于将静压变换为电信号，并提供给计算机。动压传感器则用于将动压（总压和静压之差）变换为电信号，并提供给计算机。

1. 模拟式大气数据计算机系统中的压力传感器

在模拟式大气数据计算机系统中一般使用波纹管及相关的电路将压力转换为电信号，如图 1.5 所示。图中，P_r 为参考压力，当 P_r 为真空，P_x 为静压时，该传感器为静压传感器；当 P_x 为真空，P_x 为全压时，该传感器为总压传感器；当 P_r 为静压，P_x 为全压时，该传感器为动压传感器。当所测压力改变时，将改变电容 C_1 和 C_2 的值，利用电桥测量 C_1 和 C_2 的值就可以测出压力。

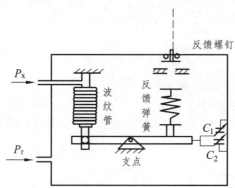

图 1.5　模拟式大气数据计算机中的压力传感器

2. 数字式大气数据计算机系统中的压力传感器

在数字式大气数据计算机系统中一般使用固态压力传感器及相关电路将压力转换为电信号。这些固态传感器利用自身的特性可以将压力转换为电阻、电容或频率。将压力转换为电阻的，称为压阻式压力传感器；将压力转换为电容的，称为压容式压力传感器；将压力转换为频率的，称为压频式压力传感器。

各种固态压力传感器的原理不同，特性也不同。本章只以压阻式压力传感器为例说明固态压力传感器的原理。

压阻式压力传感器利用石英晶体的压电效应制成整体膜片，再在膜片上扩散形成应变电阻条，从而构成硅压阻芯片，如图 1.6（a）所示。有些传感器只形成一个压阻条，有些传感器形成两个压阻条。无论形成几个压阻条，压力传感器电路都连接成惠斯登电桥的形式，如图 1.6（b）中 R_2 和 R_4 就是压阻式电阻。根据 P_S 和 P_x 的具体情况，该传感器所测的压力类型也可以是全压、静压或动压。

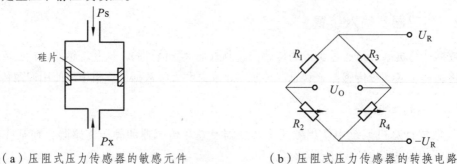

（a）压阻式压力传感器的敏感元件　　　（b）压阻式压力传感器的转换电路

图 1.6　压阻式压力传感器

1.2.2.2　总温传感器

飞行中，由于飞机相对于空气运动，会使气流受阻，温度升高，升高的温度叫动力温度，它与空气静温之和称为全受阻温度或总温。大气数据计算机中温度传感器的作用就是测量总温，所以又称为总温传感器。

模拟式大气数据计算机和数字式大气数据计算机中使用的温度传感器相同，都是总温传感器。总温输入计算机后经静温解算装置，输出静温信号。

总温传感器如图 1.7 所示。传感器的进气口通常安装在一个小的流线型支柱顶部。该流线型支柱加固安装在机头周围表面的预留位置上，因为那个位置的附面层空气几乎不发生绝热压缩。在附面层空气进入探头到达感温元件之前，该气流会由于探头结构而转弯 90°。然后气流会通过探头外壳上的排气孔排出，以保持新气流的不断进入。感温元件是一根封装在两个同心白金管中的纯白金电阻丝，探头上的加热条用于防止结冰。加热器对温度指示影响很小，在马赫数为 0.1 时，典型影响值为 0.9 ℃，在马赫数为 1.0 时，典型影响值为 0.15 ℃。

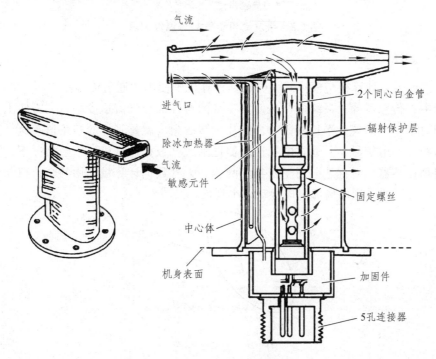

图 1.7　总温传感器

外界大气从感温棒前端的开口流入，流经感温部件后从感温棒后端的开口流出。感温电阻的电阻值与总温相对应，该电阻值经电路转换，输出与总温相对应的电压值。

总温传感器测量的是总温，需要计算机通过式 1-1 解算出静温。

$$T_{\mathrm{H}} = \frac{T_{\mathrm{T}}}{1 + 0.2 Ma^2} \qquad (1\text{-}1)$$

式中：T_{H} 为静温，T_{T} 为总温，Ma 为马赫数。

在某些飞机的总温传感器中引入发动机引气，如图 1.8 所示。发动机引气使总温传感器内部出现负的压力，负的压力使流经感温部件的外界大气加速，从而提高在地面或低速时总温的测量精度。

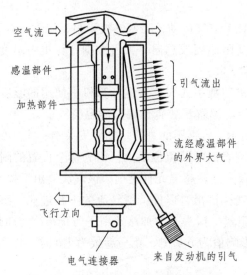

图 1.8　带发动机引气的总温传感器

1.2.2.3　迎角传感器

数字式大气数据计算机与模拟式大气数据计算机中使用的迎角传感器相同，如图 1.9 所示。在飞行中，传感器叶片最终停留在使其本身的对称面与气流速度平行的方向上。所以，当传感器相对于飞机的翼弦平行安装时，叶片旋转的角度就是飞机的迎角值。这个角度经变换后可输出相应的电信号，并通过电气连接器送到大气数据计算机。一般情况下，飞机上安装有两个迎角传感器，对称地分布于机身的两侧，大气数据计算机使用两个传感器信号的平均值，可以把传感器受到的局部气流扰动减小到最小。

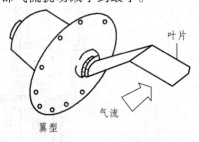

图 1.9　迎角传感器

1.2.3　输出信号

大气数据计算机的典型输出量包括：气压高度、指示空速或计算空速、垂直速度、马赫数、真空速、全受阻温度和大气静温等。这些信号一方面送到显示器上供飞行员判读，另一方面又送到飞行指引仪、自动飞行控制系统等需要大气数据参数的系统。

1.2.4　静压源误差修正

由于传感器的安装处不可避免地存在有空气扰动，从而使静压传感器收集到的压力和飞机所在处的实际静压之间存在着误差，称为静压源误差。该误差影响到飞行参数的计算，故需要引入静压源误差修正（SSEC）。该误差的大小主要取决于飞机的马赫数、静压孔的位置、机型、迎角、襟翼位置和起落架位置。

在模拟式大气数据计算机中有专门的电路对静压源误差进行修正，在该修正电路中主要使用了马赫数信号和迎角信号，如图 1.3 中所示的静压源误差校正模块。

数字式大气数据计算机中是将静压源误差修正规律编排成矩阵，如图 1.4 所示。在一台数字式大气数据计算机中可以编排多种型号飞机的静压源误差修正矩阵，只需改变数字式大气数据计算机后面的销钉的排列顺序，就可以改变静压源误差修正矩阵中的元素，以适应不同机型的需要。

1.3　系统优越性

数字式大气数据计算机具有如下优越性：

（1）采用了中/大规模的集成电路以及与之相适应的固态压力传感器，删除了机电模拟系统中容易出故障的机械运动部件，减少了电器连线和焊接点，因此大大提高了工作的可靠性和使用寿命。

（2）计算误差小，其主要误差多半来源于原始参数传感器。数字计算机方便对传感器进行非线性校正，温度误差校正及静压源误差修正，这样就降低了对传感器特性的要求，简化了传感器的结构。

（3）提高信息的一致性。在大气数据计算机中，由原始信息算出各参数并统一提供给各系统。

（4）提高了可靠性。大气数据计算机中均设有自检和故障监测功能，并且一般飞机上配有两套系统，当一套系统出现故障时，不会影响飞机系统的工作。因此它是有冗余度的系统，可靠性很高。

（5）易于标准化、系列化。适用于不同硬件，功能易于扩展，大大提高了系统的适应性、经济性和易维护性。

（6）易于和其他机载数字系统连接，使机载仪表和控制系统等实现高度综合化，进而可以向大系统方向发展。

1.4　指示仪表

在早期飞机上，大气数据计算机输出的参数多以分立式仪表的形式指示出来，指示仪表多为电动仪表。在现代飞机上，大气数据计算机输出信号则以数字形式显示在电子仪表上和多功能控制显示组件（MCDU）上。

1.4.1　电动式大气数据仪表

1. 电动马赫/空速表

电动马赫/空速表主要显示计算空速（或校正空速）、马赫数以及最大空速，如图 1.10 所示。计算空速（或校正空速）是指示空速经过静压源误差修正后得到的参数。当以海里/小时为单位时，指示空速表示为 KIAS，计算空速（或校正空速）表示为 KCAS。

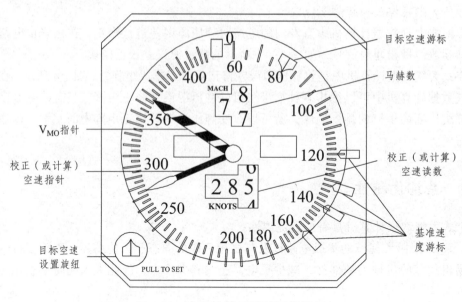

图 1.10   电动马赫/空速表正常指示

1）空速的指示和显示

空速指针——直接指示出飞机目前的校正空速值（或计算空速值）；

空速窗口——以数字的形式显示出飞机目前的校正空速（或计算空速）值；

马赫数窗口——以数字的形式显示马赫数值，范围为 0.40～0.99。当马赫数低于 0.40 时，被一块黑色挡板盖住窗口；

最大空速指针——指示出最大空速限制值。

2）目标空速的作用及设置方法

电动马赫/空速表上有一个目标空速的设置旋钮和游标。目标空速是计划下一步要达到的空速值，目标空速和实际空速之差将作用于自动驾驶仪或自动油门，使自动驾驶仪改变飞机的俯仰姿态，或使自动油门改变发动机的推力，以便将飞机的空速控制在目标空速上。

目标空速的设置方法分为自动和人工两种。拉出目标空速设置旋钮并转动该旋钮可人工调定目标空速；推入该旋钮，可自动调定目标空速。自动调定又有两种方式，具体方式由自动飞行系统所选择的方式决定，当垂直制导（VNAV）方式未接通时，由 MCP 板上目标空速选择旋钮设置目标空速；当垂直制导（VNAV）方式接通时，由 FMCS 所计算的或在 FMCS 的 MCDU 上选择的目标空速自动设置目标空速。

关于自动驾驶仪、自动油门、垂直制导（VNAV）、MCP 板以及 FMCS 的内容参见本书后续章节。

3）基准速度的作用及设置方法

电动马赫/空速表上的基准速度游标用于设置起飞和着陆时的基准速度。如起飞时，将基准游标分别调至 V_1、V_R、V_2+5 和襟翼全收上的机动速度。着陆时，将基准游标分别调至 V_{REF}、V_{TGT}、V_{REF}+5、V_{REF}+15 和复飞后襟翼全收上机动速度等。基准速度和目标空速的区别在于基准速度只供飞行员参考，而不会对自动油门或自动驾驶仪起作用。

4）电动马赫空速表上的警告显示

电动马赫空速表上的警告显示如图 1.11 所示。当大气数据计算机计算的校正空速（或计算空速）不可靠时，A/S 警告旗出现；当马赫数不可靠时，MACH 警告旗出现；当最大空速不可靠时，"VMO"警告旗出现；当目标空速处于自动设置方式，且目标空速大于 V_{MO} 时，INOP 警告旗出现；当空速游标由人工设置时，在仪表上方出现 M 旗。

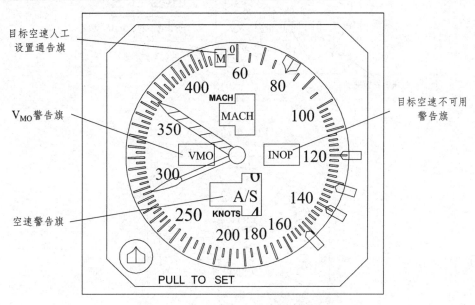

图 1.11　电动马赫/空速表警告旗显示

2. 电动高度表

电动高度表用于显示来自大气数据计算机的气压高度信号。高度基准面气压值通过气压调整旋钮（BARO）设定，设定的气压基准值显示在气压窗口内，单位为毫巴（mbar）和英寸汞柱（inHg）。

高度由数字读数和模拟指针的形式同时进行显示和指示。从左到右，第 1 位数字显示的高度单位为万英尺，第 2 位数字显示的高度单位为千英尺，后 3 位显示的高度单位分别为百英尺和十英尺，指针指示的高度单位也为百英尺和十英尺。高度显示指针的最小刻度是 20 ft。如图 1.12（a）所示，显示（指示）的高度为 14 690 ft。当高度不足 10 000 ft 时，第一位数字由黑白相间的条纹遮挡住，如图 1.12（b）所示。当高度低于海平面时，显示窗口的前 2 位数字被 NEG 字符代替，如图 1.12（c）所示。当高度数据不可用或高度表没有电源时，OFF 旗出现，如图 1.12（d）所示。

高度表的右下角有一个基准高度设置旋钮，用于设置基准高度（如最低下降高度），设置的基准高度由基准高度游标在刻度盘上显示。

3. 电动升降速度表

电动升降速度表如图 1.13 所示。它接收来自大气数据计算机的高度变化率信号。当大气数据计算机传送的高度变化率无效或表没有电源时，OFF 旗出现。

4. 全温/静温/真空速综合指示器

在某些飞机上采用全温/静温/真空速综合指示器，如图 1.14 所示。全温／静温／真空速信息都来自大气数据计算机。

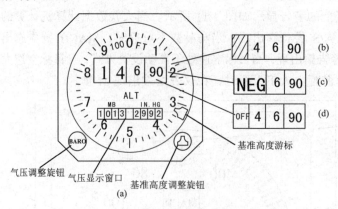

图 1.12　电动高度表

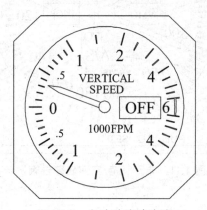

图 1.13　电动升降速度表

左窗口永远显示真空速，有 TAS 字符显示，单位为节（kt）；右窗口可以显示静温或总温，单位为摄氏度（℃），显示的内容可以通过按压静温/总温转换按钮进行切换。当选择静温时，SAT 字符燃亮，如图 1.14（a）所示；当选择总温时，TAT 字符燃亮，如图 1.14（b）所示。

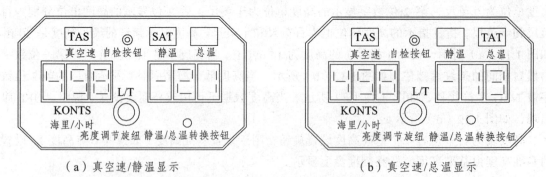

图 1.14　TAT/SAT/TAS 指示器

1.4.2　电子显示器上大气数据的显示

在以电子显示为平台的驾驶舱显示系统中，大气数据的有关参数都通过数字的形式在相关的显示器上进行显示。

1. PFD 上显示的大气数据参数

PFD 上显示的大气数据参数有：左侧的速度显示，右侧的气压高度显示，以及最右侧的升降速度显示。如图 1.15 所示。

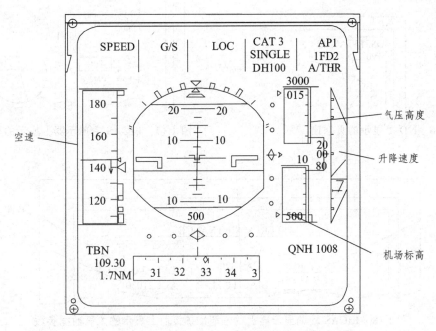

图 1.15　PFD 上显示的大气数据参数

速度信息显示在 PFD 的最左侧。在不同的飞行阶段，PFD 上显示的速度信息有所不同，但总的来说包括计算空速（或校正空速）、目标空速、速度变化趋势、最大操纵速度/最大操纵马赫数、失速速度等。当 $Ma \geqslant 0.4$ 时，还进行马赫数的显示。速度变化趋势是指若保持目前的加速度飞行，在一定时间（如 6 s）之内，飞机的速度将达到箭头所对应的速度值。

气压高度显示在姿态球的右边。气压高度的显示内容包括目前的气压高度值和目标高度值，以及高度基准面的气压值。目前的气压高度值和目标高度值可以只以英尺为单位进行显示，也可以同时以英尺和米为单位进行显示。

升降速度信息显示在 PFD 的最右边，升降速度的显示包括目前的升降速度指针和读数，以及目标升降速度。

2. ND 上显示的大气数据参数

大气数据计算机输出的真空速可以在 ND 的左上角显示，如图 1.16 所示。

3. EICAS 主显示器上显示的大气数据参数

在 EICAS 主显示器上显示的大气数据参数是总温（TAT），如图 1.17 所示。

4. EICAS 辅助显示器上显示的大气数据参数

在 EICAS 辅助显示器上的性能维护页面上，显示的大气数据参数有 SAT（静温）、CAS（计算空速）、MACH（马赫数）、TAT（总温）和 ALT（气压高度）等，如图 1.18 所示。

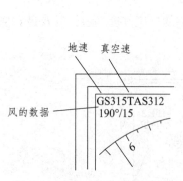

图 1.16　ND 上显示的真空速

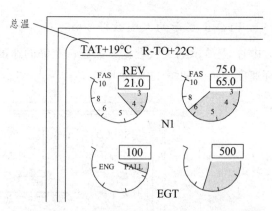

图 1.17　EICAS 主显示器上显示的总温

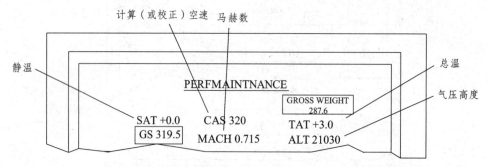

图 1.18　EICAS 辅助显示器上的性能维护页面上显示的大气数据参数

5. 在 S/SD 上显示的大气数据参数

在空客飞机的系统/状态显示器（S/SD）底部左下角可以显示静温和总温，如图 1.19 所示。

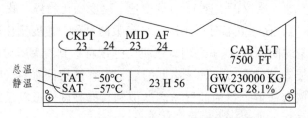

图 1.19　S/SD 上显示的静温和总温

1.4.3　在 MCDU 上显示的大气数据参数

大气数据的静温和真空速可以在 MCDU 的进程页面上显示，如图 1.20 所示。

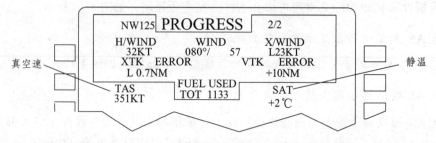

图 1.20　MCDU 的进程页面上显示的大气数据参数

1.5 使用特点

大气数据计算机系统的输出信号除用于仪表的显示（指示）外，还要向飞机的其他设备提供信号。所以在飞机起飞前，就应接通和大气数据计算机系统有关的电门，如大气数据计算机电门、总温传感器加温电门、迎角传感器加温电门等；还要对全静压系统加温、总温传感器加温和迎角传感器的加温装置等进行检查；在驾驶舱中，当电源设备接通，计算机工作正常后，相应的指示仪表上的故障警告旗应不可见，仪表应按飞行手册的说明，指示相应的数值。

为了检查指示仪表的正确性，在有的仪表上有测试电门，应用此电门对仪表进行测试。测试时，仪表的指示应符合飞机的飞行手册要求。

飞行中根据仪表的使用及飞行程序，调节仪表上的电门及旋钮，如高度表的气压调整旋钮，空速/马赫数表上的目标空速游标控制钮等。飞行中，大气数据计算机系统的电动指示仪表的故障旗不能出现。如一套 ADC 故障，就用另一套无故障的 ADC 及相应仪表。同时，注意 ADC 故障会影响相应的设备。假如飞机上仅有的两套大气数据计算机系统均出现故障，就只能用飞机上备用的气压式高度表和指示空速表判断飞机的气压高度和指示空速，且那些需要大气数据计算机的输出信号进行工作的系统将无法正常工作。

假如有的飞机上无静温表，静温就只有用全温表指示的温度值和飞行的马赫数，通过飞行手册查表得到。

复习思考题

1. 大气数据计算机系统的作用是什么？其输入/输出的主要参数有哪些？

2. 说明大气数据计算机的种类有哪些？

3. 比较模拟式大气数据计算机与数字式大气数据计算机的主要特征。

4. 说明电动马赫/空速表上目标空速的设置方法和作用。

5. 说明模拟式大气数据计算机系统和数字式大气数据计算机系统中使用的压力传感器的类型。

6. 说明模拟式大气数据计算机系统和数字式大气数据计算机系统中静压源误差修正的方法。

7. 空速表上的基准游标与空速游标有何不同？在飞行中如何使用？

8. 当高度表上出现 NEG 字符表示什么意思？

9. 电动马赫空速表上哪些参数是由大气数据计算机计算得出的？

10. PFD 上显示的大气数据有哪些？

11. ND 上显示的大气数据有哪些？

12. EICAS 主显示器上显示的大气数据有哪些？

13. EICAS 辅助显示器上显示的大气数据有哪些？

14. S/SD 上显示的大气数据有哪些？

15. CDU 上显示的大气数据有哪些？

第2章 惯性导航系统

2.1 概述

惯性导航系统（INS）是以惯性敏感元件（陀螺和加速度计）为测量装置的导航参数解算系统，该系统根据陀螺的输出建立导航坐标系，根据加速度计的输出，经过一次积分得到速度，再经过一次积分即可得到位移，如图 2.1 所示。

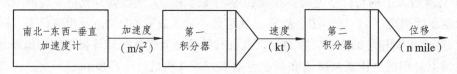

图 2.1　惯导系统的基本原理

惯性导航系统可以提供飞机的位移、飞机目前位置的经纬度，以及航迹和地速。如果向惯性导航系统输入真空速，惯性导航系统还可以计算出风向和风速。此外，从陀螺支架的三个轴上还可以输出飞机的俯仰姿态、横滚姿态和航向。

惯性导航系统有以下优点：

（1）由于它是不依赖于任何外部信息，也不向外部辐射能量的自主式系统，故隐蔽性好，也不受外界电磁干扰的影响；

（2）可全天候、全时间地工作于空中、地球表面乃至水下；

（3）能提供位置、速度、航向和姿态角数据，所产生的导航信息连续性好，噪声低；

（4）数据更新率高、短期精度高、稳定性好。

惯性导航系统有以下缺点：

（1）由于导航信息经过积分而产生，定位误差随时间而增大，所以长期精度差；

（2）每次使用之前需要较长的初始对准时间；

（3）设备的价格较昂贵；

（4）不能给出时间信息。

2.2 计算速度和位置等的原理

2.2.1 计算速度的原理

在惯性导航系统中，对南北方向（N-S）加速度信号进行一次积分，得到南北方向的速度；对东西方向（E-W）的加速度进行一次积分，得到东西方向的速度。这两个速度的矢量和的大小就是飞机沿大圆航线的地速，该矢量的方向就是飞机沿大圆航线的航迹。如图 2.2 中的第一积分器的功能所示。

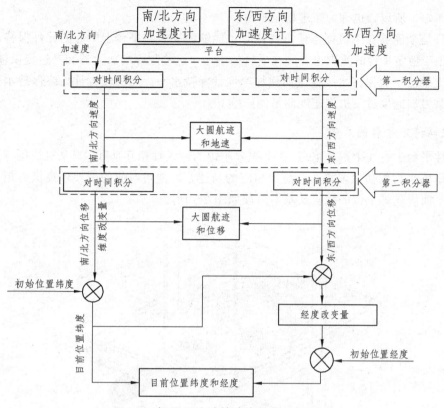

图 2.2　惯导系统计算速度和位置的原理

2.2.2　计算位置的原理

对南北方向的速度进行积分,得到南北方向的位移,该位移除以地球半径,得到经度的改变量,再加上初始经度,得到飞机目前位置的经度;对东西方向的速度进行积分,得到东西方向的位移,该位移除以地球半径与纬度的余弦的乘积,得到纬度的改变量,再加上初始纬度,得到飞机目前位置的纬度。如图 2.2 中的第二积分器的功能所示。

2.2.3　计算高度的原理

与速度和位置计算的原理类似,如果将垂直加速度进行一次积分,可以得到惯性垂直速度,再进行积分,可以得到惯性高度。

2.3　系统种类

惯性导航系统根据发展历程分为平台式惯性导航系统、捷联式惯性导航系统、激光陀螺惯性基准系统、大气数据惯性基准系统 4 种。

2.3.1　平台式惯性导航系统

平台式惯性导航系统中的加速度计直接安装在机械平台上,该平台受陀螺稳定,始终保持在水平面内，所以，也称为陀螺稳定平台。

平台只是个能够在飞机姿态任意变化时也能够使安装在平台上中心的元件保持水平的机械设备。用于稳定平台的陀螺也安装在平台的中心，这些陀螺向放大器和马达提供输入信号，马达控制支架使平台保持水平，进而使加速度计保持水平。当加速度计始终保持水平时，就能够避免重力加速度对飞机加速度测量的影响。

1. 陀螺稳定平台的原理

在惯性平台上有 3 个积分陀螺，3 个积分陀螺的输入轴相互垂直。当飞机绕稳定平台运动时，陀螺敏感平台的初始偏离，并激活相应的马达，以便对对应的框架环提供力矩，使框架恢复到水平面。陀螺平台的结构及基本原理如图 2.3 所示。

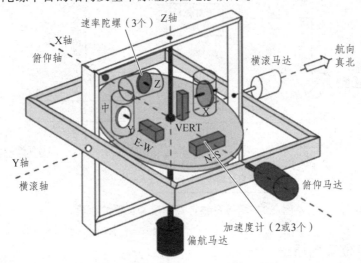

图 2.3　陀螺平台的结构及基本原理

由于加速度计总是保持水平，所以，只会感受到飞机在水平面内的加速度，不会感受到重力加速度。

目前使用的陀螺稳定平台是三轴稳定平台。三轴陀螺稳定平台又分为三环三轴陀螺稳定平台和四环三轴陀螺稳定平台。三环三轴陀螺稳定平台如图 2.3 所示。该平台具有三个支架环和三个陀螺稳定轴。

在三环三轴陀螺稳定平台中，当飞机俯仰角接近 90°时，横滚轴将与方位轴重合，使平台失去了一个转动自由度，破坏了平台的稳定性，出现环架自锁现象。事实上，在俯仰角大到一定程度，还没有出现环架自锁现象时，平台沿横滚轴的稳定性就已经降低，而不能正常工作了。所以，通常给定三环三轴平台式惯性导航系统俯仰角的工作范围为 45°～60°。

如果将三环三轴陀螺稳定平台支撑在一个具有伺服回路的附加的外横滚环上，就构成了四环三轴陀螺稳定平台。增加外横滚环后，能够保证内三环的三轴始终相互垂直，隔离了飞机角运动对内三环三轴的影响，避免了环架自锁现象的出现，飞机的俯仰角可以达到接近 90°。

在现今的各类飞机上，几乎全都采用能够避免环架自锁的四环三轴陀螺稳定平台。

2. 惯性导航系统的方位基准

根据平台三轴所指向的方位，将惯性导航系统分为指北方位惯性导航系统、自由方位惯性导航系统和游动方位惯性导航系统三种。

1）指北方位惯性导航系统

指北方位惯导系统是指平台的三个轴始终分别指向飞机所在地的东西、南北和垂直方向。所以，需要对平台进行修正，使平台的三轴随飞机所在地的东西、南北和垂直方向的改变而转动，使平台坐标系精确地跟踪当地地理坐标系。指北方位惯性导航系统的主要问题是不适于高纬度地区飞行，不能作全球导航用。为解决平台式惯导系统在高纬度区域工作的困难问题，提出了自由方位系统和游动方位系统。

2）自由方位惯性导航系统

在自由方位惯性导航系统中，只要求平台保持在水平面内，其方位轴则只需要相对惯性空间稳定，不一定指向北。

3）游动方位惯性导航系统

在游动方位惯导系统中，只要求平台保持在水平面内，其平台可以在方位上相对于惯性空间按一定的角速率转动，而不需要保持稳定。现行的平台式惯性导航系统大多采用游动方位系统的方案。

3. 指北方位惯性导航系统中的修正

在惯性导航系统的计算中，有两种假设，一是加速度计只能感受到水平面内的加速度，所以，要求陀螺平台必须处于水平，二是地球是圆的。

1）表观漂移及修正

由于地球相对于惯性空间转动，而陀螺相对于惯性空间保持稳定，从而引起的陀螺自转轴偏离水平，称为表观漂移。如图 2.4 中外环上的陀螺所示。

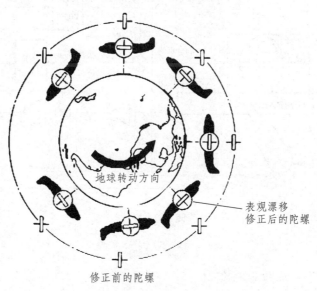

图 2.4　表观漂移及修正前后陀螺的指向

表观漂移修正就是在陀螺上增加力矩马达，该力矩马达使陀螺产生大小等于表观漂移的修正量。表观漂移修正量的大小随纬度变化，等于地球的自转角速度乘以纬度的余弦，即 $\Omega \times \cos\varphi$，式中 Ω 为地球自转角速度，约等于 15.04°/h，φ 为飞机所在地的纬度。如果不考虑其他因素的影响，经过表观漂移修正后，陀螺的自转轴就能够保持在水平了，如图 2.4 中内环上的陀螺所示。

2）速度漂移及修正

由于飞机相对于地球运动，而地球上每一点的水平面是不同的，使得陀螺自转轴不能保持在飞机所在地的水平面，称为速度漂移。

速度漂移修正就是在陀螺上增加力矩马达，使陀螺产生大小等于速度漂移的修正量。速度漂移修正量等于飞机速度除以地球半径，即 V/R，式中 V 为飞机地速，R 为地球半径。如果不考虑其他因素的影响，经过速度漂移修正后，陀螺的自转轴就能够保持水平了。

除以上两种修正之外，惯性导航系统中还需要进行科里奥利效应修正（由于地球是椭圆而不是真正的圆引起的）和向心加速度修正。

3）科里奥利效应及修正

科里奥利效应是由于地球的自转和飞机相对于地球的运动共同作用到加速度计上，使得加速度计感受到了侧向力。该侧向力会影响南北方向和东西方向加速度的输出。所以，必须在加速度的输出中进行修正。

4）向心加速度及修正

当飞机在地球表面运动时，由于移动轨迹是曲线，整个飞机和加速度计的运动是一个以地心为中心，以地球半径为半径的圆周运动，所以，有一个指向地心的恒定加速度，称为向心加速度。该加速度将影响惯性平台上的加速度计，所以，必须对加速度计的输出进行修正。

施加在 INS 的陀螺和加速度的修正如图 2.5 所示。

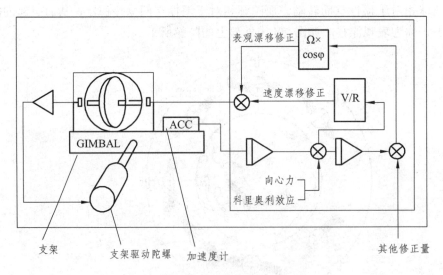

图 2.5　指北方位 INS 的修正

4. 指北方位惯导系统初始对准

惯导系统在进入导航工作状态之前，使惯导平台坐标系与理想平台坐标系（导航坐标系）重合的过程称惯导系统初始对准。初始对准的目的是为加速度计提供测量基准。

初始对准过程分为粗对准和精对准。粗对准要求尽快将平台调整到某一精度范围内。粗对准完成后进行精对准。精对准时先进行水平精对准，使平台精确地处于当地水平面内（这时，方位陀螺不参与对准）。水平精对准完成后再进行方位精对准，使平台方位对准地理北向，以便系统有较好的动态特性。这时，对准精度是主要指标。

平台式惯性导航系统的水平初始对准的精度一般在 10″ 左右，方位初始对准精度一般为 2′ ~ 5′，初始对准所需时间一般为几分钟至十几分钟。在中纬度地区一般为 10 min。

精对准结束时的精度是平台进入导航工作状态时的初始精度，惯导系统导航精度将直接取决于初始对准精度。

2.3.2　捷联式惯性导航系统

捷联式惯性导航系统（SINS）是将加速度计和陀螺仪直接安装在载体上，在计算机中实时计算姿态矩阵，即计算出载体坐标系与导航坐标系之间的关系，从而把载体坐标系的加速度信息转换为导航坐标系下的加速度信息，然后进行导航计算。

1. 优点

由于惯性仪表直接固联在载体上，省去了机电式的导航平台，从而给系统带来了以下优点：

（1）省去了实体导航平台，整个系统的体积、重量和成本大大降低；

（2）惯性仪表便于安装维护，也便于更换；

（3）惯性仪表可以给出载体轴向的线加速度和角速度，这些信息是控制系统所需要的，和平台式系统相比，捷联式系统可以提供更多的导航和制导信息；

（4）惯性仪表便于采用余度配置，提高系统的性能和可靠性。

2. 存在的问题

由于惯性仪表直接固联在载体上，使得捷联式惯性导航系统存在以下问题：

（1）惯性仪表固联在载体上，直接承受载体的振动和冲击，工作环境恶劣；

（2）惯性仪表特别是陀螺仪直接测量载体的角运动，高性能歼击机角速度可达 400°/s，这样，陀螺的测量范围为 0.01°/h ~ 400°/s，这就要求捷联陀螺有大的施矩速度和高性能的再平衡回路；

（3）平台式系统的陀螺仪安装在平台上，可以相对重力加速度和地球自转角速度任意定向来进行测试，便于误差标定。而捷联陀螺则不具备这个条件，因而装机标定比较困难，从而要求捷联陀螺有更高的参数稳定性。

3. 组成及工作原理

捷联式惯性导航系统主要由陀螺仪、加速度计、数学平台、导航计算机及其接口、控制器及显示器、各种功能的电子线路、用于积分定时的精密时钟和电源组成，如图 2.6 所示。

捷联惯性导航系统中把陀螺仪和加速度计的组合体通常称为惯性测量组件（IMU）。三轴陀螺仪和加速度计的指向在安装时要保持严格正交，该组件直接安装在载体上时也要保持与机体坐标系完全一致。

在捷联式惯性导航系统中，通过计算机进行坐标转换，如果将机体坐标系转换为地理坐标系，那么，沿机体坐标系各轴测得的加速度经转换可以得到沿地理坐标系各轴的加速度，然后，导航计算机可按指北方位惯性导航系统的方法计算出各种相应的导航参数。

如图 2.6 所示，"姿态矩阵"描述机体坐标系和导航坐标系之间的关系。如果导航坐标系代表的是地理坐标系，那么，沿机体坐标系测量的加速度分量经坐标变换后，便可得到沿地理坐标系的加速度分量。

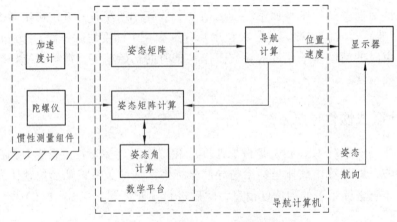

图 2.6　捷联式惯性导航系统原理图

导航计算机向"姿态矩阵计算"提供相当于陀螺修正的信息，以便根据飞机当时的位置在计算机中建立起导航坐标系，并输出飞机的姿态和方位信息。

图中"姿态矩阵""姿态矩阵计算"和"姿态角计算"三个方块起到了平台式惯性导航系统中惯性平台的作用，称为"数学平台"。

"数学平台"的主要作用就是把加速度计的沿机体系各轴的输出转换成沿导航坐标系相应的输出，同时，建立和修正姿态矩阵，并从陀螺输出值中计算出飞机的姿态角。它起着平台式惯性导航系统中电气机械平台的解析作用。

"数学平台"的结构简单，可靠性高。但飞机在空中位置不断变化，使计算机工作负担加重，为保证足够的计算精度，要求计算机的运算速度不低于 40 万次每秒。

捷联式惯性导航系统与平台式惯性导航系统一样，均有控制显示组件和方式选择组件。

4. 系统的对准

捷联式惯性导航系统的对准目的是建立或寻找当地的地垂线和确定当地的真北方向（或与真北建立起稳定的关系），从而得到飞机的俯仰角、倾斜角和航向角，进而利用这些基本参数由计算机建立起始姿态矩阵或逆矩阵。对准的过程分为两个步骤。

1）粗对准

粗对准的任务是利用加速度计感受重力加速度，利用陀螺感受地球自转角速度分量，进而推出飞机的俯仰角、倾斜角和航向角。对粗对准的要求是飞机停在地面，地速为零，只感受地球的自转。

2）精对准

在粗对准的基础上，再估算出陀螺和加速度计的误差以及动态干扰（如装拆货物、旅客上下、风等）误差，并从陀螺和加速度计的输出中提取误差并输入到对准回路，经过滤波和加权去修正姿态矩阵，对系统进行补偿，以提高精度，即为精对准。

2.3.3　激光陀螺惯性基准系统

激光陀螺惯性基准系统是一种使用激光陀螺的捷联式惯性导航系统。它不仅采用了数学平台，而且使用了高精度的激光陀螺，加速度计的性能也得到改善。激光陀螺惯性基准系统的原理如图 2.7 所示。目前的激光陀螺惯性基准系统还能提供飞机的姿态、航向及垂直导航的参数，如垂直速度、惯性高度，增加了垂直导航的功能。

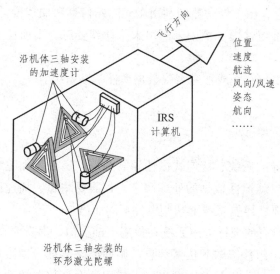

图 2.7　激光陀螺惯性基准系统的原理

2.3.4　大气数据惯性基准系统

在目前的大多数飞机上，将大气数据计算机和激光陀螺惯性基准系统的进行组合，由一个计算机同时完成大气数据的处理功能和惯性基准数据的处理功能，该计算机称为大气数据惯性基准组件（ADIRU）。该组件内有两个独立的信号处理器，分别是大气数据基准（ADR）处理器和惯性基准（IR）处理器。图 2.8 所示是某飞机上的大气数据惯性基准系统的组成图和信号铰链图。

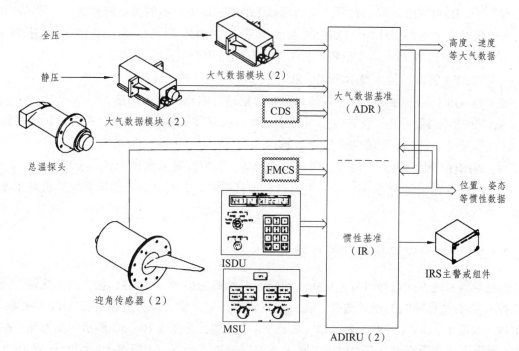

图 2.8　某飞机上的大气数据惯性基准系统的组成图和信号铰链图

其中，大气数据基准（ADR）处理器利用静压和全压等大气数据计算空速和气压高度等大气数据参数；惯性基准（IR）处理器则利用激光陀螺信息和加速度计的信息（激光陀螺和加速度计安装在惯性基准组件内，图中未画出来）计算姿态、当前位置、地速和航向等惯性基准数据。

一般典型飞机上都安装有 2 或 3 套大气数据惯性基准系统。

2.4 系统使用

无论是平台式惯性导航系统、捷连式惯性导航系统，还是激光陀螺惯性基准系统，以及大气数据惯性基准系统，就惯性数据的处理而言，都需要陀螺、加速度计、计算机以及显示和控制组件，只是不同惯性导航系统上这些组件不同而已。

就惯性数据而言，所有的惯性导航系统在使用上都类似，都需要在使用前进行初始对准，在飞行中通过相应的显示组件读取其位置信息、俯仰姿态信息、横滚姿态信息、航向信息、航迹信息等。所以，本教材只以目前大型飞机上使用的大气数据惯性基准系统为例来说明惯性导航系统的使用。在仅仅使用惯性导航系统或惯性基准系统的飞机上，则没有本教材中关于大气数据的显示部分的内容，而只有惯性基准数据的内容。

2.4.1 惯导系统显示组件

惯导系统显示组件（ISDU）的前面板如图 2.9 所示。ISDU 的功用主要有三个方面：一是在初始对准时，输入目前位置经/纬度；二是在飞行过程中显示相关的惯性导航参数；三是在 ATT 方式时，输入磁航向。SYS DSPL（系统显示）旋钮用于选择显示的信息来源是左惯导，还是右惯导。DSPL SEL（显示选择）旋钮选择 ISDU 窗口中显示的数据的种类，一般情况下，该选择旋钮具有 TEST（测试）、TK/GS（航迹/地速）、PPOS（当前位置）、WIND（风速/风向）和 HDG/STS（航向/状态）几个位置。每一个位置的功用如下：

（1）TEST（测试）位：显示测试结果。

（2）TK/GS（航迹/地速）位：左窗口显示真航迹，右窗口显示地速。

（3）PPOS（当前位置）位：左窗口显示纬度，右窗口显示经度。图 2.9 窗口显示的数据就是纬度和经度。在有些系统中该位置为 POS 位。

（4）WIND（风速/风向）位：左窗口显示风速，右窗口显示真风向。

（5）HDG/STS（航向/状态）位：左窗口显示真航向，右窗口显示惯导系统的状态和维护信息。

2.4.2 惯性导航系统方式选择组件

惯性导航系统方式选择组件（MSU）的前面板如图 2.10 所示。MSU 包含两个旋钮，分别用于控制左/右惯性导航的模式选择。在一些系统中，每个模式选择旋钮具有 OFF（关断）、ALIGN（校准）、NAV（导航）和 ATT（姿态）4 个位置，如图 2.10（a）所示。在另外一些系统中，每个模式选择旋钮只有 OFF（关断）、NAV（导航）和 ATT（姿态）3 个位置，如图 2.10

（b）所示。每一个位置对应于 IRS 的一个工作方式。每一个工作方式的作用如下：

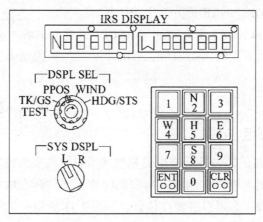

图 2.9　ISDU 前面板

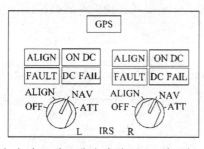

（a）有四种工作方式的 MSU 前面板

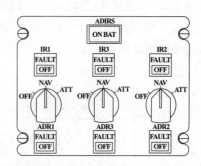

（b）有三种工作方式的 MSU 前面板

图 2.10　MSU 前面板

（1）OFF（关断）位：将 ADIRU 关断。

（2）ALIGN（校准）位：ADIRU 进入初始对准状态。

（3）NAV（导航）位：ADIRU 先进行初始对准，初始对准完成后自动进入导航状态。进入导航方式后 ADIRU 提供位置、姿态、航向、航迹等导航参数。

（4）ATT（姿态）位：ADIRU 进入姿态方式，ADIRU 只提供俯仰姿态、横滚姿态和真航向信号。

为了防止误操作，上述旋钮在从 NAV 位转到 ATT 位，或从 ALIGN 位转到 OFF 位时必须将旋钮拔出才能旋转，其他位置的变化则无此要求。

在 MSU 前面板上还有一些灯，用于指示当前 ADIRU 的状态。不同机型上的灯不同，这些灯燃亮时表示的含义如下：

（1）ALIGN 灯：当 ADIRU 进入校准状态时白色 ALIGN 灯变亮，当 ADIRU 有状态信息时该灯闪亮。

（2）ON DC 或 ON BAT 灯：当 ADIRU 使用 28 V 直流电时该琥珀色灯点亮。

（3）FAULT 灯：当 ADIRU 的 IR 部分出现故障时该琥珀色灯点亮。

（4）DC FAIL 灯：当直流电压小于一定值（比如，某型飞机上为 18 V）时，该琥珀色灯点亮。

（5）IR1、IR2 和 IR3 下方对应的 FAULT 灯燃亮，表示对应 ADIRU 的 IR 部分出现故障，OFF 灯亮表示对应的 ADIRU 的 IR 部分处于关闭状态。

（6）ADR1、ADR2 和 ADR3 下方对应的 FAULT 灯燃亮，表示对应 ADIRU 的 ADR 部分出现故障，OFF 灯亮表示对应的 ADIRU 的 ADR 部分处于关闭状态。

2.4.3　ADIRU 的初始对准

2.4.3.1　初始对准的目的

ADIRU 初始对准的目的是惯性基准组件根据地球自转和重力特性，寻找当地的地垂线和当地的真北方向，估算出飞机停放的姿态角和航向角，并估算当地纬度，但它不能计算当前位置经度。在对准完成前，必须引进现在位置。如图 2.11 所示。

惯性导航系统校准时间十分依赖当地的地理位置，不同的地区校准所需要的时间有所不同，在北纬 70.2°与南纬 70.2°之间，大约需要 10 min；在较高纬度地区，如 70.2° ~ 78.2°，大约需要 17 min。如果纬度高于 78.2°，由于地磁水平分量很弱，IRS 不能被校准，没有磁航向输出，只能采用真航向了。

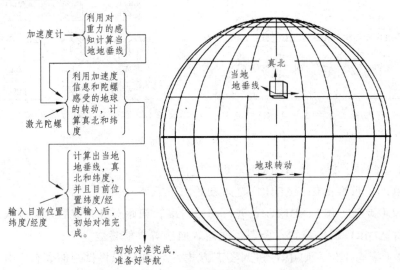

图 2.11　惯导系统的初始对准过程

2.4.3.2　初始对准的要求和种类

初始对准分为完整的初始对准和快速对准两种。在初始对准过程中由于惯性基准组件需要根据地球自转和重力特性，寻找当地的地垂线和当地的真北方向，估算出飞机停放的姿态角和航向角，并估算当地纬度，所以，要求飞机不能移动。若 ADIRU 发现飞机在移动，它将停止校准，直到飞机停下它才开始新一轮校准。

完整的初始对准一般用于本飞机执行的当天的第一个航班，或在执行完一个较长时间的航班（如某型飞机要求是 3 h）后，再执行的其他航班，或更换航班时更换了机组成员的情况。快速对准在过站短停，时间不充裕时进行。完整的初始对准要求向 IRS 提供飞机目前位置的经纬度，而快速对准不要求这一点。

2.4.3.3　初始对准的方法

完整的初始对准可以通过将方式电门搬到 ALIGN 位或 NAV 位完成。无论是将方式电门搬到 ALIGN 位或 NAV 位，IRU 都要对内部的直流电源进行自检，ON DC 灯点亮 5 s，如图 2.12 所示。5 s 后，ON DC 灯熄灭，ALIGN 白色灯点亮。若是电门放在 ALIGN 位，则对准结束，须将开关由 ALIGN 位转到 NAV 位，使系统进入导航状态，ALIGN 灯才熄灭。如果电门是放在 NAV 位进行的对准，初始对准完成后自动进入导航状态，进入导航方式后 ADIRU 提供位置、姿态、航向、航迹等导航参数。

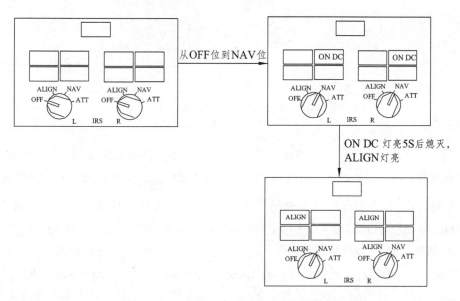

图 2.12　初始对准的方法和显示信息

2.4.3.4　初始位置的提供方法

初始对准需要的经纬度可以由 GPS 自动提供，或机组通过 MCDU 复制合适的位置，或机组通过 MCDU 人工输入当前位置的经纬度，或通过 ISDU 输入当前位置的经纬度。通常使用 MCDU 进行初始位置的输入，而显示组件作为备份输入。如果通过 ISDU 输入当前位置经纬度，ISDU 上的 DSPL SEL 旋钮必须离开 TEST 位。

1. 从 ISDU 输入当前位置

可用 ISDU 键盘为 ADIRU 输入当前位置数据，如图 2.13 所示。

1）输入纬度

按压 N2 或 S8 键输入纬度，字母 N 或 S 显示在左窗口，而 ENT（输入）键上的灯亮。按压该键输入纬度数据。当按压每个键时，数字出现在左窗口的最右边。输入后，数字将移动一个空格到左侧。输入完纬度的全部数字后，按压 ENT 键将数据输送到 ADIRU，ENT 键上的灯灭。如果显示选择器不在 PPOS 位置，在开始位置输入前，IRS 显示将改变显示的信息。

2）输入经度

经度输入与输入纬度类似。按压 W4 或 E6 键输入经度。经度数据显示在窗口的右侧。

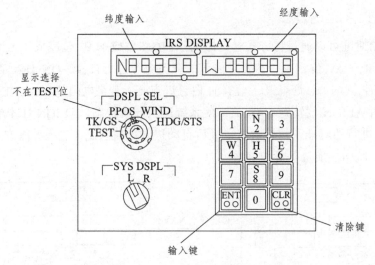

图 2.13　从 ISDU 输入当前位置的方法

3）无效的位置输入

如果输入的纬度大于 90°，和/或经度大于 180°，和/或分钟值大于 59.9，且按压 ENT 键时，输入的数据无效。输入无效数据后将导致 CLR（清除）键灯亮。按压 CLR 键清除无效位置输入。

2. 从 MCDU 上将最后位置、机场参考点位置或停机门的位置复制到惯导系统

用 FMC 的 MCDU 可以输入 ADIRS 初始对准时需要的当前位置，按压 MCDU 上的 INIT/REF（开始/基准）键，显示位置起始页。在该页的右 4 行有方框，方框的标题是 SET IRS POS（设置惯导位置），如图 2.14 所示。可以将 LAST POS（最后位置）、REF AIRPORT（机场参考点位置）或 GATE（停机门）的位置复制到该行。这 3 种方法相似，这里只介绍将 LAST POS 行的数据复制到 SET IRS POS 行的方法，如图 2.14 所示。

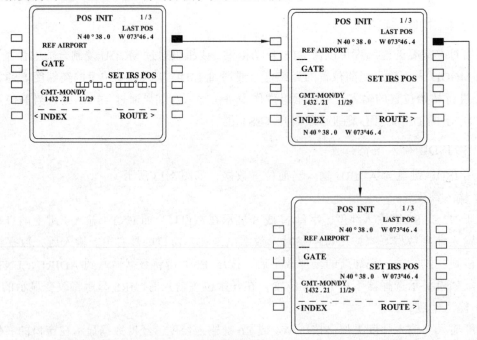

图 2.14　将 LAST POS 行的数据复制到 SET IRS POS 方框内的方法

按压行选择键 1R，LAST POS 行的数据复制到草稿栏。按压行选择键 4R，位置数据从草稿栏移到 SET IRS POS 行的方框内。

3. 从 MCDU 上将停机处位置输入 ADIRU

如果 LAST POS、REF AIRPORT 和 GATE 的位置都不可用，可以直接通过草稿栏输入停机处的位置，方法如图 2.15 所示。用键盘将位置数据输入到草稿栏。不需要使用空格或小数点，按压行选择键 4R，位置数据从草稿栏复制到 SET IRS POS 行的方框内。

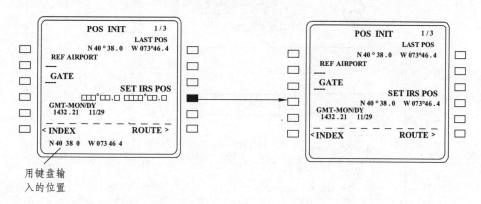

图 2.15　当前位置输入到 ADIRU 的方法

当位置输入到 SET IRS POS 的方框后，该数据将经过飞行管理计算机输送到惯导计算机，惯导计算机将判定该数据是否有效，并向输入数据的人员反馈初始对准的状态。如果输入有效，SET IRS POS 行的标题、方框和数据都将消失。

2.4.3.5　ADIRU 初始对准的监控

在惯导初始对准过程中，需要将 DSPL SEL 旋钮拨到 HDG/STS 位，通过右窗口可以监控初始对准还需要的分钟数或初始对准错误的信息。

1. 初始对准还需要的时间的监控

图 2.16 所示显示的是初始对准还需要的分钟数。

2. 初始对准出现错误的显示信息

如果初始对准出现了错误，右窗口中就会显示状态码，且显示和控制组件上的 ALIGN 灯闪亮，且 MCDU 上还会出现提醒信息。初始对准错误的原因有飞机移动、输入位置错误以及初始对准时间已过，还没有输入位置 3 种，不同的原因对应的状态码不同。这 3 种原因及对应的状态码是：

1）初始对准过程中飞机移动后的显示信息

如果初始对准过程中飞机移动，状态码为 03，MCDU 上的信息为 IRS MOTION。如图 2.17 所示。

2）输入位置错误的显示信息

初始对准输入位置错误或没有及时输入位置时的显示信息如图 2.18 所示。

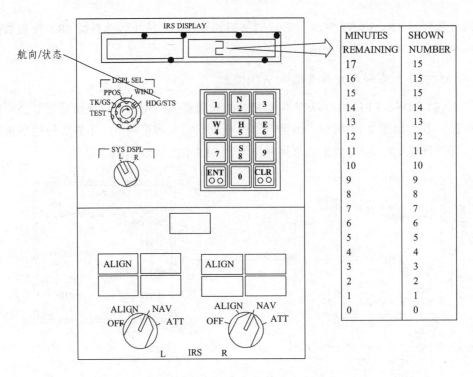

图 2.16 利用 ISDU 的 HDG／STS 位置显示初始对准还需要的分钟数

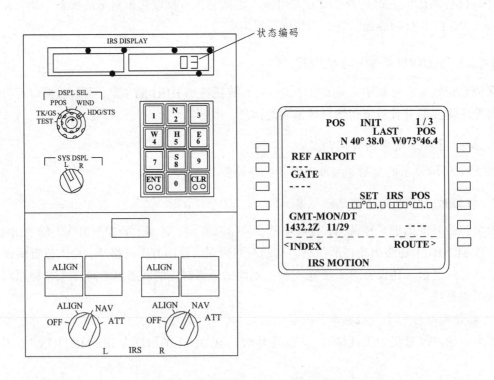

图 2.17 初始对准过程中飞机移动的显示

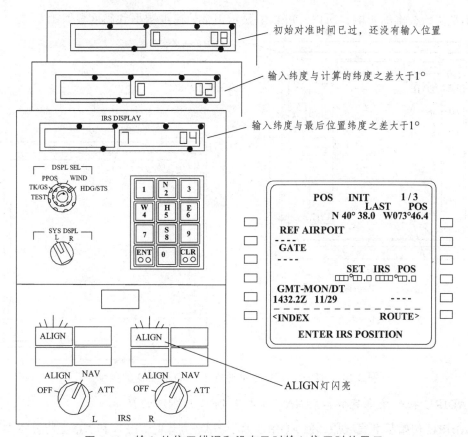

图 2.18　输入的位置错误和没有及时输入位置时的显示

（1）输入位置的纬度和 LAST POS（最后位置）的纬度之差大于 1°的显示信息。

如果输入位置的纬度和 LAST POS 的纬度之差大于 1°，状态码为 04，MCDU 上显示的信息为 ENTER IRS POSITION。

（2）输入位置的纬度和计算的纬度之差大于 1°的显示信息。

在初始对准的最后，如果惯导计算的纬度和输入的纬度之差大于 1°，将出现如下显示：ALIGN 灯闪亮，MCDU 上显示 SET IRS POSITION 的信息，对准还需要的分钟数显示 0，状态代码不可见。

如果再次输入相同的纬度，将出现如下显示：ALIGN 灯燃亮，FAULT 灯燃亮，MCDU 上的 SET IRS POSITION 的信息消失，对准还需要的分钟数显示 0，态代码显示 02。

（3）初始对准时间已过，而机组还没有输入目前位置经纬度。

当初始对准时间已经到期，而机组还没有输入目前位置经纬度时，ALIGN 将闪亮，ISDU 将显示状态码 08，MCDU 将显示 ENTER IRS POSITION（输入位置）信息。

2.4.4　惯性导航系统信息在 PFD 和 ND 上的显示

1. INS 初始对准过程中 PFD 和 ND 上显示的 INS 的信息

ADIRS 初始校准过程中 PFD 和 ND 上的显示情况如图 2.19 所示。PFD 上的姿态、航向、航迹、升降速度都显示无计算数据；ND 上航向、航迹显示为无计算数据。ADIRU 提供的大气数据不受初始校准的影响，所以，PFD 上显示正常的速度数据和高度数据。

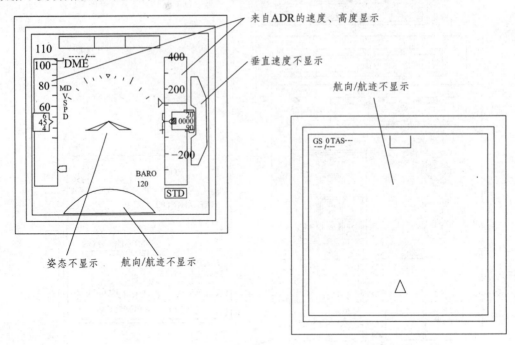

图 2.19　ADIRU 初始校准过程中 PFD 和 ND 的显示

2. ADIRU 初始校准完成后，NAV 方式下 PFD 和 ND 的显示

当 ADIRU 初始基准完成后，且 ADIRU 处于 NAV 方式时，PFD 和 ND 上将显示大气数据和惯导数据，如图 2.20 所示。PFD 上显示的 IR 数据包括：天/地背景、俯仰刻度盘、坡度（横滚）指针、侧滑显示器、航向指针、航迹线、飞行轨迹指引仪、预选航向、磁航向（航迹）/真航向（航迹）通告器、升降速度刻度盘。此外，还包括速度信息和高度信息 2 个大气数据信息。

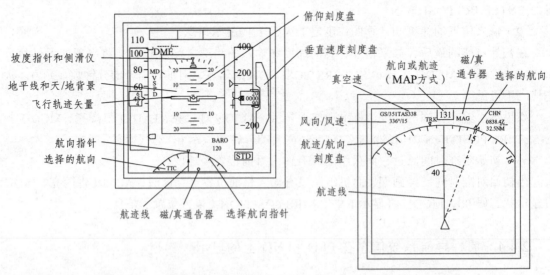

图 2.20　ADIRU 初始校准完成后，NAV 方式下 PFD 和 ND 的显示

当 ADIRU 初始对准完成后，且 ADIRU 处于 NAV 方式时，ND 上显示的 IR 数据包括：航向或航迹、磁航向（航迹）/真航向（航迹）通告器、航向/航迹刻度盘、预选航向、地速、

航迹线。在飞行中，ND 上还会显示真空速、风速和风向。

注意 1：通常情况下，航迹和地速的数据来自 FMC，当 FMC 失效后，才会显示来自 ADIRU 的航迹和地速数据。

注意 2：在真空速大于 100 kt 之后真空速才显示，在真空速小于等于 100 kt 时，真空速显示为 3 段虚线。

注意 3：在真空速大于 100 kt 之后风速和风向才显示，在真空速小于等于 100 kt 时，风速和风向处显示空白。

注意 4：当在 EFIS 控制板上选择了 FPV 后，飞行航迹指引才显示。

2.4.5　惯性导航系统信息的故障显示

当 ADIRU 的 IR 数据或 ADR 数据无效时，PFD 上和 ND 上将出现相应的警告旗。如图 2.21 所示。其中，PFD 上的警告旗及含义如表 2.1 所示。

表 2.1　PFD 上和 ND 上的警告旗及含义

警告旗	含义	受到影响而不再显示的信息
ATT（姿态）	姿态信号无效	天/地背景、地平线，俯仰刻度盘、坡度（横滚）指针、侧滑显示器
ALT（高度）	高度信号无效	高度带
FPV（飞行轨迹指引）	飞行轨迹指引无效	飞行轨迹指引指针
HDG/TRK（航向/航迹）	航向信号无效	航向/航迹
SPD（速度）	速度信号无效	速度带
VERT（垂直速度）	垂直速度信号无效	垂直速度刻度盘和指针

注意：在 VOR 方式和 APP 方式，ND 上显示 HDG 警告旗，在 MAP 方式和 PLAN 方式，ND 显示 TRK（航迹）警告旗。

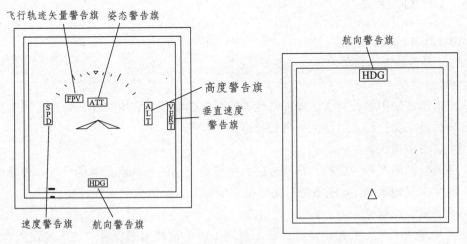

图 2.21　PFD 和 ND 上显示的与 ADIRU 有关的警告旗

2.4.6　姿态方式

当惯导的导航功能失效时，或只需要俯仰姿态信息和横滚姿态信息时，可以使用 ATT 方式。在地面和空中都可以选择 ATT 方式。将方式选择电门置于 ATT 位，就选择了 ATT 方式。

1. 姿态对准

选择 ATT 方式后，ALIGN 灯燃亮 30 s，在此期间，惯导校准到 0°俯仰角和 0°横滚角。如果飞机在空中，在 ALIGN 灯熄灭之前，飞行员必须保持飞机平直飞行，不能做加速运动。

2. 航向输入

在 ATT 方式，惯导使用人工输入的航向。在输入磁航向之前状态代码 09 显示在右窗口中。可以使用 ASDU 或 CDU 输入磁航向。

在 ISDU 上输入磁航向的方法是，按压 H5 键和相应的数字键，在左窗口中显示输入的磁航向。按压 ENT 按钮将窗口中的磁航向输入到惯导计算机中。

在 MCDU 上输入磁航向的方法是，利用 POS INIT（位置起始页）的 SET IRS HDG 行输入磁航向。

2.5　误差

所有惯性导航系统都有误差，这些误差主要是由于平台没有对准，或加速度计和陀螺的测量误差造成的，而且加速度和角速度的微小测量误差通过积分逐渐变成较大的速度误差，进而复合成较大的位置误差。由于新的位置是从前面计算出的位置和所测量的加速度和角速度计算而来的，这些误差随输入初始位置开始后的时间成比例地增加。

由于惯性导航系统的误差随时间而积累，所以，该位置必须由一些其他类型的导航系统定期校正。关于 IRS 位置校正的内容请参照第 4 章。

一个优质的导航系统的位置误差一般小于 0.6 nm/h，方位误差为 0.1°/h。

2.6　CCAR 规定

CCAR-121-R4 的相关规定。

附件 I　多普勒雷达和惯性导航系统

1. 申请的批准

（a）申请批准使用多普勒雷达或者惯性导航系统的申请人，应当在开始进行评审飞行 30 天之前，向民航局提交请求对该系统进行评审的申请书。

（b）申请书应当包含：

（1）该系统的简要经历资料，向局方证明所申请使用的系统有足够的精度和可靠性。

（2）按照本规则第 121.405 条进行初始批准所需要的训练大纲课程计划。

（4）设备安装说明。

（5）对《使用手册》的建议修订，该手册列出所申请使用系统有关的所有正常和应急程序，包括当设备部分或者全部失效时继续保持导航功能的详细方法，以及当系统之间发生异常的较大差异时确定最精确的系统的方法。就本附件而言，较大差异是指导致航迹超出准许范围的差异。

（7）使用该系统实施的运行计划，包括在航路长度、磁罗盘可靠性、航路设施的可利用性，以及为支持该系统所用的进出口点和终端区无线电设施的充分性等方面对每条航路的分析。就本附件而言，进出口点是指长距离航行开始或者终止使用远程导航的特定导航定位点。

2. 设备和设备安装的一般要求

（a）惯性导航和多普勒雷达系统应当按照适用的适航要求安装。

（b）驾驶舱布局应当便于坐在值勤位置上的每个驾驶员观看和使用。

（c）当系统内部发生可能的失效或者故障时，该设备应当以目视的、机械的或者电气的输出信号表明输出信息无效。

（d）系统内部可能的失效或者故障，不得导致丧失飞机必需的导航能力。

（e）系统位置的校准、更新和导航计算机功能不得因飞机的正常电源中断和转换而失效。

（f）系统不得成为有害的射频干扰源，也不得受飞机其他系统的射频干扰而严重影响工作。

（g）经批准的飞机飞行手册及其补充，应当包含必需的有关资料，以确定正常和应急使用程序，并应包含惯性导航和多普勒性能相关的使用限制（例如提供地面校准能力的最高纬度，或者系统之间的差异）。

3. 设备和设备的安装——惯性导航系统（INS）

（a）如果申请人选定使用惯性导航系统，它应当至少是双套系统（包括导航计算机和基准组件）。在起飞时应当至少有两套系统是工作的。双套系统可以由两套惯性导航系统装置组成，也可以由一套惯性导航装置和一套多普勒雷达装置组成。

（b）每套惯性导航系统应当具有：

（1）适合于该装置计划用途的所有纬度下有效的地面校准能力。

（2）校准状态显示或者完成导航准备的灯光显示，向飞行机组表明已完成校准。

（3）以准确的坐标表示飞机的现在位置。

（4）相对于目的地机场或者航路点位置的信息：

（i）为进入与保持预定航迹和为确定偏离预定航迹的偏差所需要的信息。

（ii）为确定到达下一航路点或者目的地机场的距离和时间所需要的信息。

（c）当安装的惯性导航系统（INS）没有存贮器或者其他飞行中校准手段时，应当有一单独电源（与主推进系统无关），至少能提供足够的电力（根据分析证明或者在飞机上演示）维持惯性导航系统达5分钟，以便在电源恢复正常供电时能恢复其全部能力。

（d）该设备应当提供飞行机组探测系统中可能的故障或者失效所需的目视、机械或者电气输出信号。

5. 训练大纲

对惯性导航系统的初始训练大纲应当包括：

（a）飞行机组成员、签派员和维修人员的任务和职责。

（b）对于驾驶员，讲解下述内容：

（1）原理和程序，限制，故障探测，飞行前和飞行中测试，交叉检查的方法。

（2）计算机的使用，所有系统的介绍，高纬度下罗盘的限制，领航方法复习，飞行的计划，适用的气象学内容。

（3）利用可靠的定位点进行位置更新的方法。

（4）定位点的实用图上作业方法。

（c）非正常和应急程序。

6. 设备精度和可靠性

每套惯性导航系统应当满足下述相应精度要求：

（1）对于飞行时间不足 10 小时（含）的飞行，允许在所完成的系统飞行的 95% 中，不大于每小时 3.7 公里（2 海里）圆圈误差。

（2）对于飞行时间超过 10 小时的飞行，允许在所完成的系统飞行的 95% 中，误差最大为偏离航迹 ±32 公里（20 英里）和沿航迹 ±40 公里（25 英里）。

不满足本条要求的系统应认为是不合格的系统。

复习思考题

1. 惯性导航系统中的传感器是什么？

2. 惯性导航系统如何计算飞机的地速和航迹？

3. 惯性导航系统是如何计算飞机的位移的？

4. 惯性导航系统是如何计算飞机目前位置经纬度的？

5. 惯性导航系统的平台有哪几种？

6. 平台式惯性导航系统中陀螺的作用是什么？

7. 平台式惯性导航系统中是如何进行表观漂移修正的？

8. 平台式惯性导航系统中是如何进行速度漂移修正的？

9. 根据惯性导航系统的平台坐标系的指向将惯性导航系统分为哪几类？

10. 指北方位惯性导航系统的平台三轴分别指向哪里？

11. 指北方位惯性导航系统的初始对准的目的是什么？

12. 指北方位惯性导航系统初始对准的初对准的目的是什么？

13. 指北方位惯性导航系统初始对准的水平精对准的目的是什么？

14. 指北方位惯性导航系统初始对准的方位精对准的目的是什么？

15. 惯性导航系统初始对准大约需要多少时间？

16. 惯性导航系统的误差的特点是什么？

17. 惯性导航系统初始对准时需要的经纬度可以通过哪几个方式输入？

18. 惯性导航系统的工作方式有哪几种？

19. 惯性导航系统的 NAV 方式可以提供的信号有哪些？

20. 惯性导航系统的 ATT 方式可以提供的信号有哪些？

第 3 章　低高度无线电高度表

机载低高度无线电高度表（LRRA）主要用于起飞和最后进近阶段测量飞机离地面的垂直距离，测量范围通常为 0 ~ 2 500 ft；另外它也提供所选决断高度的声响和灯光警告信号，并向许多机载电子系统提供无线电高度信号，用于触发这些系统的接通、断开、报警和抑制等。

3.1　组　成

无线电高度表通常由收发机、发射天线、接收天线和指示器组成，如图 3.1 所示。

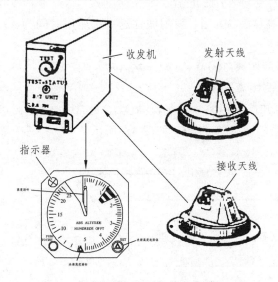

图 3.1　无线电高度表的组成

1. 收发机

收发机是无线电高度表的核心部分。发射机产生并输出中心频率为 4 300 MHz 的调频等幅信号；接收机接收地面反射回来的信号，并与发射频率比较，产生对应于无线电高度的差频信号。

2. 天线

高度表的天线有两个：发射天线和接收天线。发射天线用于发射由发射机产生的高频信号，接收天线用于接收地面反射回来的回波信号。天线装于机身下部。

3. 高度指示器

在非 EFIS 飞机上，高度信号由专门的无线电高度指示器指示；在 EFIS 飞机上，高度信号在 EFIS 显示组件上显示。

3.2 基本原理

无线电高度表是利用无线电波从飞机到地面，再从地面返回飞机，测量其所经历的时间而指示出垂直距离的。

发射机产生载波频率为（4 300±50）MHz 的恒幅、调频连续波射频信号，通过发射天线向下发射到地面，地面反射回来的回波由接收天线接收，并送往接收机。由于射频信号为调频波，其频率在 4 250 ~ 4 350 MHz 变化，接收时刻的发射频率不同于回波信号的频率，其差值与电波的往返时间成正比，也即与飞机的飞行高度成正比。因此，只要测出频率差，即可计算出飞行高度。

图 3.2 中，假定在 t_1 时刻，频率为 f_1 的射频信号发向地面，经地面反射，在 t_2 时刻返回到飞机。因为发射频率在 4 250 ~ 4 350 MHz 变化，所以在 t_2 时刻，发射频率不再是 f_1，假定是 f_2，则 $\Delta T = t_2 - t_1$ 是射频信号自发出经地表反射回到飞机往返一次所需时间。飞机离地表越高（即待测高度越大），ΔT 越大，待测高度与 ΔT 成正比。$\Delta F = f_2 - f_1$ 是在 ΔT 时间内发射波频率的变化量，所以 ΔF 也与 ΔT 成正比。

假定飞机离地表的高度为 300 ft，发射波往返一次所用时间为 Δt，Δt 时间内频率变化量设为 Δf，因此，

$$待测距离/300\ \text{ft} = \Delta T / \Delta t = \Delta F / \Delta f$$

所以　　　　　　待测距离 $=300\ \text{ft} \times (\Delta F / \Delta f)$

测定 ΔF 和 Δf 即可知待测距离（即飞机高度）。通常，Δf 是通过 300 ft 基准信号发生器得到的，300 ft 基准信号的频率等于 Δf，如图 3.3 所示。

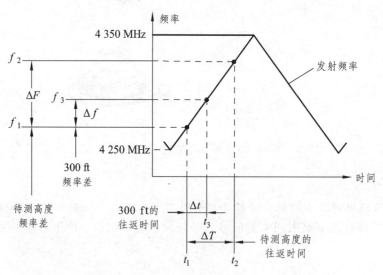

图 3.2　三角调制波

在无线电高度表系统中有两个 300 ft 的基准信号发生器，分别用于高度处理器和监视器处理器进行计算。高度处理器采用来自 1 号 300 ft 基准信号发生器的信号，而监视器处理器采用 2 号 300 ft 基准信号发生器来的信号。两个处理器进行完全相同的计算，处理结果在监视器处理器中进行比较。

在高度处理器中，来自混频器的频率差 ΔF 与 300 ft 基准信号频率 Δf 进行比较，以建立

$\Delta F/\Delta f$。此比值乘以 300 ft 即为待测距离。计算出的高度数据送至高度指示器、飞行控制计算机、警告组件等。

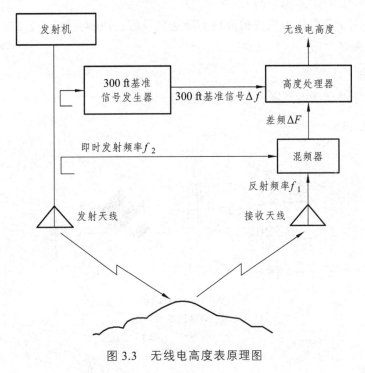

图 3.3　无线电高度表原理图

3.3　高度显示

3.3.1　无线电高度指示器

无线电高度指示器提供-20~2 500 ft 的模拟高度显示。其表面如图 3.4 所示。

1. 高度刻度

在无线电高度指示器上，其高度刻度在-20~500 ft 通常采用线性刻度，500~2 500 ft 通常采用对数刻度。

当飞机在地面上时，无线电高度表可能指示一个小的负值，因为设备被校准成当主起落架着陆接地时指 0。

2. 高度指针

高度指针用于指示飞机的离地高度。当飞机离地高度超出测量范围时，高度指针被遮挡板所遮蔽。

3. 警告旗

当测试无线电高度表时或无线电高度失效时，警告旗出现。

4. 决断高度游标及旋钮

决断高度游标及旋钮用于设置决断高度。决断高度游标由决断高度选择旋钮控制，转动旋钮将游标设置在某一预定的高度上，就调定了决断高度。

5. 决断高度灯

决断高度灯用于通告机组飞机的离地高度达到设置的决断高度。当飞机的无线电高度等于或小于所选决断高度时，该灯点亮。

6. 测试按钮

测试按钮用于对无线电高度表系统进行自测。

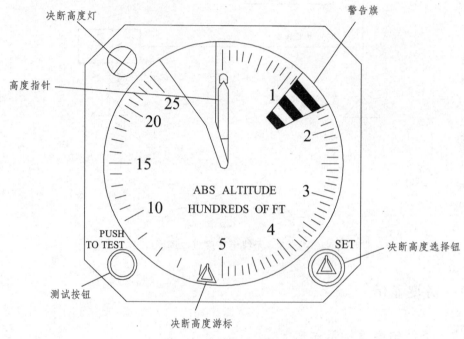

图 3.4　无线电高度指示器

3.3.2　无线电高度在 EFIS 显示组件上的显示

在现代飞机上，无线电高度通常显示在 EADI/PFD 上。

无线电高度在 EADI 上的一种显示情况如图 3.5（a）所示。无线电高度以数字形式显示在右上角，颜色为白色，显示范围为 -20 ~ 2 500 ft。当无线电高度高于 2 500 ft 时，显示为空白。在某些飞机上，当无线电高度低于 1 000 ft 时，无线电高度由数字显示变为用圆形刻度盘进行模拟显示，并且随着高度的降低，圆形刻度盘沿逆时针方向逐渐消失，如图 3.5（b）所示。

当飞机下降到 2 500 ft 时，EADI 显示器的底部出现绿色跑道标志。无线电高度 200 ft 以上，跑道标志处于显示底部的最低位置；无线电高度 200 ft 以下，随着无线电高度的不断减小，跑道标志将不断上升；无线电高度为 0 时，跑道标志上升到与飞机标志相连。

当飞机下降到 2 500 ft 时，EADI 显示器的左上角还将出现白色的 ALT 字符。当飞机下降到 500 ft 或上升到 2 500 ft 以上时，ALT 字符自动消失。

决断高度显示在无线电高度的上面一行，由字母 DH 后跟所选决断高度数字（0 ~ 999 ft）组成，显示的数字为绿色。如果所选决断高度为负值，决断高度数字显示处为空白。当飞机下降到所选决断高度时，出现决断高度警告。无线电高度采用数字显示的显示器上，无线电高度数字变为黄色，决断高度数字消失，DH 字符变为黄色且闪亮，并伴有音响警告。无线电高度采用圆形高度刻度盘的显示器上，圆形高度刻度盘和决断高度变为黄色并闪亮，同时伴有音响警告。

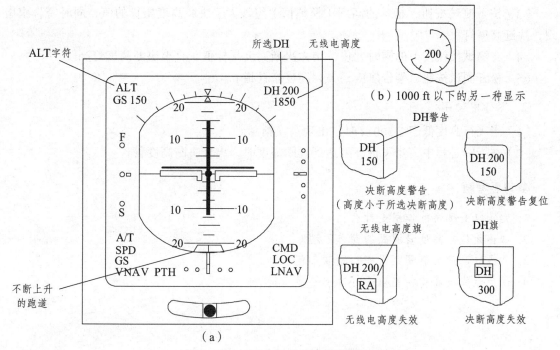

图 3.5　EADI 上无线电高度的显示

当飞机下降到决断高度以下一定值或飞机爬升到决断高度以上时，决断高度警告自动终止；按压 EFIS 控制板上的 RST 按钮，可人工复位决断高度警告。决断高度警告复位后，恢复为正常显示，即无线电高度变为白色，黄色的 DH 字符由绿色的 DH 字符后跟所选决断高度数字代替。

当出现黄色的方框内加黄色的 RA 字符时，表示无线电高度失效。当出现黄色的方框内加黄色的 DH 字符时，表示决断高度失效。

3.4　误差

如果发射天线和接收天线装得太远，当飞机靠近地面时，发射天线、反射点和接收天线形成了一个三角形，电波走过的实际距离将变为飞机和地面之间垂直距离的两倍多，因此将给出错误的高度指示。

如果发射天线和接收天线安装得太靠近，泄漏的旁瓣信号可能会直接进入接收天线，从而会造成错误的高度指示。

3.5　通电使用

1. 飞行前检查

无线电高度表的飞行前检查因机型不同而不同，下面为某飞机上无线电高度表的飞行前通电检查方法。

（1）接通机上主电源，按下无线电高度表自动保险电门。

（2）在无线电高度表上调节决断高度旋钮，使决断高度指标调到规定值。

（3）按下测试按钮，指示的高度（模拟值）应该大于决断高度指标的值，同时警告旗出现，决断高度灯灭。

（4）在测试按钮按下的同时，慢慢增大决断高度指标值，直至决断高度灯亮。

（5）松开测试按钮，警告旗应消失，高度指针指 0。

2. 飞行中使用

（1）当飞行高度低于 2 500 ft 时，出现高度指示。

（2）在下降过程中，当飞行高度达到决断高度时，出现决断高度警告。

复习思考题

1. 无线电高度表的作用是什么？

2. 试述无线电高度表测高的简单原理。

3. 无线电高度表有哪些误差？精度如何？

4. 试述无线电高度在 EADI/PFD 上的显示情况。

第4章 飞行管理计算机系统

4.1 FMCS 的功能

飞行管理计算机系统（FMCS）的主要功能是帮助飞行员对飞行进行管理，具体体现为导航功能、性能管理功能、制导功能。此外，飞行管理计算机系统一般还具有飞行计划功能、无线电调谐功能、数据链通信功能，与操作人员的接口功能以及对 FMCS 系统的监控和对其他系统的测试功能等，如图 4.1 所示。

在一些飞机上，将导航功能、飞行计划功能和无线电调谐功能统称为导航功能，将性能管理功能称为性能优化和轨迹预报功能。

在有些系统中，将导航与性能功能统称为飞行管理功能，而制导功能是单独的一项功能。所以，在这样的系统中，称飞行管理计算机系统具有飞行管理（FM）功能和飞行制导（FG）功能，并将具有这两大功能的系统称为飞行管理与制导计算机系统（FMGCS）。

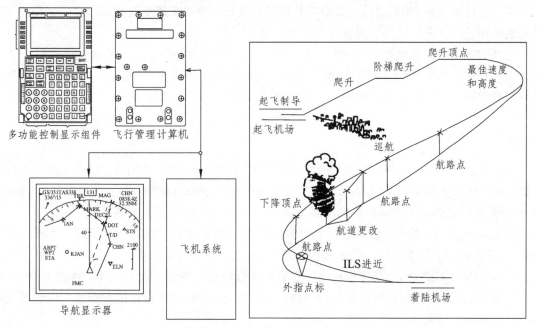

图 4.1 FMCS 的功能

4.1.1 导航功能

导航功能完成的主要任务是计算飞机位置、估算位置精度、无线电调谐管理和对惯性导航系统进行初始对准。导航功能使用所有合适的信号源来确定飞机的位置和速度，为机组提供连续的、实时的飞机位置（纬度、经度、高度）、飞机速度、偏流角（选装）、航迹角、磁差（选装）、风速和风向、时间、所需导航性能（RNP）和估算的实际性能等导航参数。

4.1.2　飞行计划功能

飞行计划功能提供从起飞机场到目的地机场，和/或备降机场的一系列的航路点、航路、高度层、离场程序、和进场程序。飞行计划可以由机组通过 MCDU 选择公司航路、或机组通过 MCDU 输入起飞机场/目的地机场对，并输入各航路点和航段、或通过空-地数据链自动上传来完成。飞行管理计算机内的导航数据库包含了飞行区域内所有和飞行计划有关的数据。

有的飞行管理计算机系统只能输入 1 个飞行计划，有的飞行管理计算机系统则可以同时输入生效的飞行计划和备用的飞行计划。生效的飞行计划用于本次航班正常运行，备用飞行计划准备用于从另外一条跑道起飞、转场，或为下一个航班做好准备。在有的系统中，还为生效的飞行计划和备用的飞行计划准备备降的飞行计划。

每一个飞行计划都有 1 个水平剖面和 1 个垂直剖面。水平剖面定义了包括起飞机场/目的地机场对、各航路点和航段相关的位置、距离等信息，在有的系统中将其称为水平飞行计划。垂直剖面主要包括沿水平剖面飞行时各航路点的高度限制、速度限制等信息，在有的系统中将其称为垂直飞行计划。在有的系统中，垂直剖面或垂直飞行计划是根据飞行计划的水平剖面或水平飞行计划自动计算的，而在有的系统中，垂直剖面或垂直飞行计划需要单独做成 1 个飞行计划。

飞行计划输入到 FMC 之后，需要将其激活并执行，使其变成生效的飞行计划航路。飞行计划航路生效后，整个航班将按该计划进行计算。

在地面或空中，机组还可以对已经生效的飞行计划进行修改。正在修改的飞行计划称为临时飞行计划，临时飞行计划在生效之前不会对生效的飞行计划产生影响。但是，被修改的计划一旦生效，则所有计算按修改后的计划进行。

4.1.3　制导功能

制导功能将飞行轨迹和操纵指令传送到数字式飞行控制系统（DFCS）和自动油门（A/T）系统。制导有水平制导方式（LNAV）和垂直制导方式（VNAV）两种。在这两种方式下，DFCS 和 A/T 使用来自 FMCS 的制导信号控制飞机。

在 LNAV 方式，FMC 计算航路，并将航路和 FMC 位置进行比较。如果这两者不一致，FMC 将计算出一个横滚指令，并发送到 DFCS。

在 VNAV 方式，FMC 计算目标高度和目标垂直速度，并发送到 DFCS。FMC 还计算 N1 限制。并将 N1 限制和目标速度发送到 A/T。A/T 和 AP 追踪这些目标值和指令，以便将飞机保持在计算的飞行轨迹上。

在爬升或下降过程中，FMCS 向 DFCS 发送目标高度和目标速度，在平飞过程中，FMCS 向 A/T 发送目标速度。

4.1.4　性能优化和飞行轨迹预报功能

在 FMC 中的性能数据库包含有飞机和发动机的模型数据。FMC 利用飞行机组输入的飞机总重、巡航高度和成本指数等性能参数，计算出经济速度、最佳飞行高度、下降顶点等，以便给出飞行轨迹垂直剖面和目标 N1。所以，性能功能能够让飞机在最经济的高度和速度上飞行，以使本次飞行的成本最低。ND 上可以显示各航路点上的速度限制和高度限制。

飞行轨迹预报功能用于预报到飞行计划航路上后续各航路点（包括爬升顶点和下降顶点）的距离、时间、速度、高度和全重。机组可以在爬升页面和下降页面查看有关参数。

4.1.5 空-地数据链功能

空-地数据链功能可以向航空公司运营机构和空中交通服务设施提供双向的数据通信功能。航空运营通信（AOC）（数据链直接连接在航空运营机构和飞行管理计算机之间）用于飞行计划、气象数据、起飞速度、起飞前初始化等数据通信。空中交通管制数据链用于通过 MCDU 进行预先设定的 ATS 管制员到飞行员之间的信息上传通信和飞行员到管制员之间的信息下传通信。

4.1.6 与使用人员的接口功能

FMC 主要通过 MCDU 和 EFIS 和操作人员进行人机接口。MCDU 是飞行员和 FMC 之间的接口，它将按钮按下的信号发送到 FMC，并在 MCDU 上显示来自 FMC 的数据。如果两个 FMC 同时失效，MCDU 还可以提供反馈信息。

FMC 产生 EFIS 的 PFD 上显示的指令数据和基准数据，也产生 ND 上飞行计划地图显示和诸如地速、风等动态数据。

4.1.7 其他功能

除了以上所述的功能外，FMCS 还具有监控和自检功能，能够对 FMC 内部及相关的传感器进行监控，在 FMC 内部、传感器或 FMC 与传感器之间的接口发生故障时，向机组发出警告或咨询，并将相应故障储存。维修人员可以通过 MCDU 进行故障查询和排除。

此外，维修人员还可以通过 MCDU 对飞机上的其他系统进行测试、故障查询和排除。

4.2 FMCS 的结构和构型

飞行管理计算机系统的重要组成部件是飞行管理计算机（FMC）和多功能控制显示组件（MCDU）（在某些飞机上也称为显示控制组件（CDU））。

FMC 的主要功能是完成导航，性能和制导等各项功能的计算。MCDU 用于飞行数据的显示与控制，以及操作人员对 FMC 和其他飞机系统进行测试和故障诊断。

根据 FMC 和 MCDU 的数量的不同，FMCS 分为单系统构型、双系统构型、多系统构型和其他构型系统 4 大类。

4.2.1 单系统构型的 FMCS

在单系统构型中，只有 1 个 FMC，和 1 个 MCDU，也可以选装第 2 个 MCDU，如图 4.2 虚线框中的 MCDU "B" 就是选装的。FMC 接收来自惯性基准系统（IRS）或大气数据惯性基准系统（ADIRS）、GNSS 传感器、大气数据系统、VOR 和/或 DME、以及 ILS 或微波着陆系统（MLS）的信号，进行各种功能的计算。

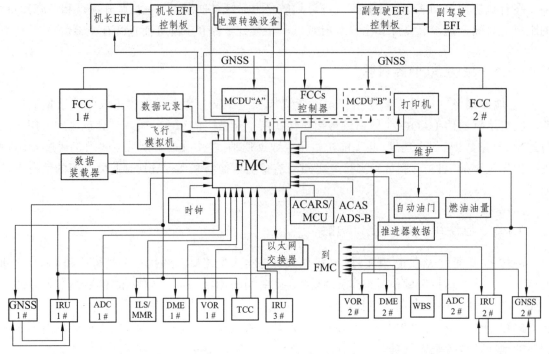

图 4.2　单系统构型的 FMCS 和单系统/双 MCDU 构型的 FMCS

该 FMC 还提供软件和导航数据库的装载的接口功能，以及数据链通信的接口功能。

FMC 接受燃油量、燃油流量和发动机/飞机机型参数的输入，来自飞行控制计算机（包括有些飞机上安装的推力控制计算机）的输入，以及大气数据输入，进行性能和预报功能的计算。

初始状态的输入信号可以通过 MCDU 人工输入，也可以自动从飞机的传感器系统或用数据链功能自动装载。

该 FMC 能够独立驱动 2 个飞行控制计算机、2 个导航显示器以及 2 个通信管理组件。

4.2.2　单系统/双 MCDU 构型的 FMCS

单系统/双 MCDU 构型中，也只有 1 个 FMC，但必须有 2 个 MCDU，第 2 个 MCDU 就是图 4.2 中虚线框中的 MCDU "B"。在这种构型中，FMC 的接口和单系统的接口是一样的。两个 MCDU 具有独立的数据输入和显示能力。

4.2.3　双系统构型的 FMCS

典型的 FMCS 是双系统安装的，包括 2 个 FMC 和 2 个 MCDU。2 个 FMC 通过系统总线连接在一起，2 个 MCDU 都和 2 个 FMC 连接，如图 4.3 所示。左/右 MCDU 可以独立操作，可以显示不同的数据页面，机组可以使用任何一个 MCDU 输入数据。2 个 FMC 之间相互发送一些特定的数据，以进行比较和验证。比如，如果 2 个 FMC 计算的位置之间的差值超过设定值，就会向机组发出报警信号。

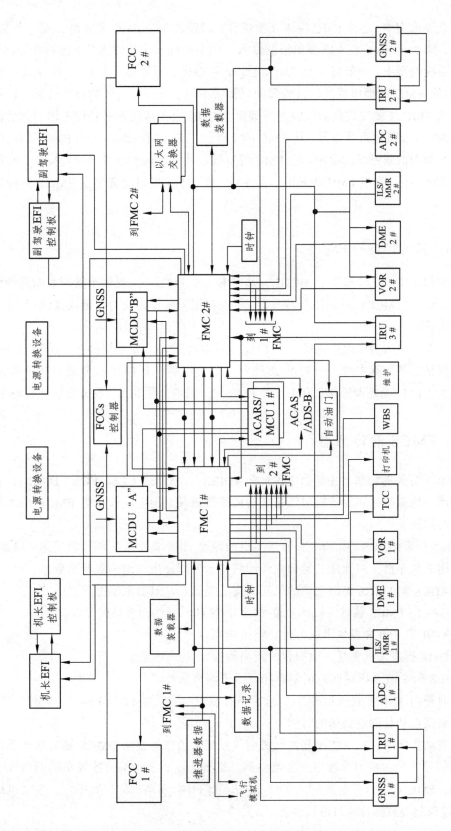

图 4.3　双系统构型的 FMCS

在双系统构型中，2个FMC应该互换信息，以便在1个FMC失效时，或一个FMC的电源丢失时，第2个FMC在不需要机组的输入、也不出现不连续的情况下能够和输出衔接上。

在双系统构型中，一般将一个FMC设计成主FMC，而另外一个FMC设计成从FMC。主FMC的指派FMC的操作状态、自动驾驶仪衔接逻辑、飞行指引仪的衔接逻辑，以及信号源的选择。从FMC主要完成调谐无线电、确定MCDU上按钮按下的处理工作、初始化飞行计划航段序列，以及其他系统事件。从FMC的工作是主FMC指派的。2个FMC是独立工作的。

也有在个别的双系统构型中，主FMC可以被设计成完成所有飞行管理操作，并将其数据同步到从FMC中，当主FMC失效时，从FMC可以人工或自动选作主FMC，并开始飞行管理操作。

4.2.4 其他构型的FMCS

在某些构型中。安装有3个MCDU，其中的1个MCDU主要用于管理数据链动作。在这种构型中，第3个MCDU可以用作转发器，可以根据需要设置成IN（地-空数据上传）或OUT（空-地数据下传）。

另外，在一些构型中也提供第3个FMC。通常情况下，第3个FMC与前2个FMC是不同步的。但是，如果其中的一个FMC故障时，需要将第3个FMC设置成替代失效的FMC，这时，第3个FMC与还能够与正常工作的FMC完全同步，同步后，系统处于双系统构型状态。

4.3 FMCS的传感器

与FMCS有关的传感器主要有IRS（或ADIRS）、ADCS、GPS、VOR、DME、ILS、时钟、发动机防冰、机翼防冰和发动机引气系统的传感器以及空地电门等。对FMCS系统来说，各传感器的功用如下：

（1）IRS（或ADIRS）向FMCS输送飞机的经度/纬度/高度等三维位置信息，以及真航向、磁航向、南北和东西方向地速、俯仰角和倾斜角、升降速度、地速等导航数据。

（2）ADCS向FMCS提供飞机的气压高度、空速、马赫数和温度信息。

（3）GPS向FMCS输送飞机的经度/纬度/高度和时间的四维导航参数。

（4）VOR向FMCS提供飞机方位和航道偏离信号。

（5）DME提供飞机到某一地面台的距离数据。

（6）ILS向FMCS提供航向道偏离和下滑道偏离信号。

（7）时钟向FMCS提供世界时（UT）格林威治时间（GMT），FMCS利用这个时间来预报到达各航路点和目的地机场的时间。

（8）发动机防冰、机翼防冰和发动机引气系统的传感器也向FMCS输送这些系统工作情况的离散信号。发动机引气被用于客舱空调、机翼防冰、发动机防冰等系统的用气时，其推力要下降，FMC利用这些系统的工作情况的离散信号对发动机的目标推力、发动机推力限制或N1转速限制等数据计算时进行修正。

（9）空/地电门将空或地信号输送到FMCS。FMC利用"空"信号启动只能在空中实施的功能，利用"地"信号启动只能在地面实施的功能，并限制只能在空中实施的功能的启动。比如利用"地"信号，可以进行导航数据库的更新，并进行一些维护页面的显示，利用"空"信号启动位置更新等功能。

4.4 FMC 中的数据库

在 FMC 内部有存储卡，存储卡内存储的内容主要有：飞行操作程序、导航数据库、性能缺省数据库以及机型/发动机数据库。其中，操作程序飞行是一款计算机软件，FMCS 使用飞行操作程序实施导航、性能和制导功能。

4.4.1 导航数据库

在 FMC 中有两个导航数据库，即生效的导航数据库的和一套待更新修订的导航数据库。生效数据库中需包含当日的日期。所有导航计算都是基于生效的导航数据库中的内容进行的。导航数据库要求按不大于 28 天的时间间隔进行更新。

导航数据库包含飞机在一个确定的航路网络上运营所必需的全部数据。包括：航路点、导航台、机场数据、航路数据、标准仪表离场（SID）、标准终端进场航路（STAR）等。

导航数据库中关于航路点的数据有导航设备的类型、位置、频率、标高、识别、级别（低高度、高高度和终端级）。

导航数据库内关于机场的数据包括归航位置（机场经纬度位置）、登机门位置、跑道长度和方位（每条跑道有从两个方向进出的方位数值）、标高（机场的海拔高度）等。

导航数据库内关于航路的数据包括航路的类型（高空、低空、机场附近的终端航路等）、高度、航向、航段距离、航路点说明等。

导航数据库内关于公司航路的数据包括航空公司正在飞行的固定航线数据，该数据由航空公司确定。

导航数据库内关于终端区域程序的数据包括标准仪表离场程序、进场程序、过渡和仪表进近程序的飞机航向、距离、高度等，以及 ILS 标识和频率、穿越高度、复飞程序等数据。

4.4.2 性能数据库

FMC 中有两个性能数据库：缺省性能数据库和机型/发动机性能数据库。

缺省性能数据库是飞行操作程序的一部分，是某一系列飞机的空气动力模型，和某一特定发动机的燃油流量/N1 推力模型。该数据用于预测飞机的最佳垂直剖面的性能特征。

空气动力模型包含的数据有：最佳高度、速度计划、工作极限以及作为双/单发操作的阻力数据；燃油流量/N1 推力模型用于计算燃油流量和推力限制，作为对空调和机身防冰引气需求的修正。

机型/发动机性能数据库与缺省性能数据库具有相同类型的信息和相同的功能。但是，机型/发动机性能数据库包含的是更为具体的某飞机所要求的数据。机型/发动机性能数据库可通过数据库装载机装载。

4.5 飞机位置的计算

每一个 FMC 都要对所有可用的 IRS 位置按一定的权重进行计算,得到 MIX IRS POS(组合惯导位置)。每一个 FMC 再使用 MIX IRS POS 和计算的无线电位置或 GPS 位置来计算 FMC POS(FMC 位置)。FMCS 系统在考虑到估算精度和每一个设备的完整性后,选择 1 个最准确的 FMC 位置,作为飞机位置。

4.5.1 IRS 位置

如果飞机上安装了 3 套 IRS,每 1 个 FMC 都要接收来自 3 个 IRS 的位置数据,按平均权重,计算出一个 MIX IRS POS 位置。如图 4.4 所示。

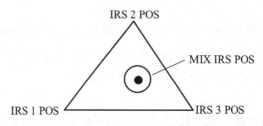

图 4.4　IRS 位置和 MIX IRS POS 位置计算

如果有 1 个 IRS 出现了非正常偏离,则通过降低非正常偏离的 IRS 影响的算法(降低其权重),计算 MIX IRS POS,如图 4.5 所示。

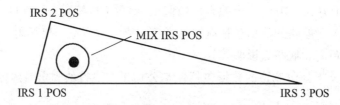

图 4.5　有一个 IRS 出现非正常偏离时的 MIX IRS POS 位置计算

如果有 1 个 IRS 失效,每个 FMC 则只使用 1 个 IRS 的数据(本侧的 IRS 或 IRS3),此时,每个 IRS 位置和 IRS 速度需要进行连续的测试。如果测试失败,相应的 IRS 就被弃用。此时,MCDU 上会出现"检查 IRS(1,2 或 3)"/FMC(或 FM)POSITIOM 信息。

在只有 2 套 IRS 的飞机上,则直接使用 2 套 IRS 的平均值作为 IRS 综合位置。

4.5.2 GPS 位置

每个 IRS 能够独立选择合适的 GPS 信号源,以获得最有效的 GPS 位置数据,称为 GPS 位置。

在正常情况下,ADIRU1 选择 GPS1,ADIRU2 选择 GPS2。ADIRU3 对 GPS 的选择依赖于有关设置。如果有 1 个 GPS 信号源被 ADIRU 弃用,则所有 ADIRU 都会选择相同的 GPS 信号源。

4.5.3 无线电位置

每个FMC都可以使用无线电助航设施计算自己的无线电位置,可用的无线电助航实施有:DME/DME,VOR/DME,DME/DME-LOC,VOR/DME-LOC。图 4.6 是 DME/DME 无线电位置,图 4.7 是 DME/VOR 无线电位置。

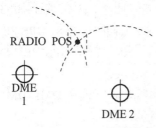
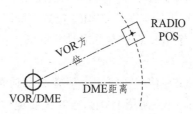

图 4.6 DME/DME 无线电位置　　　　图 4.7 DME/VOR 无线电位置

4.6 导航方式和飞机位置的更新

在飞行中,如果 GPS 信号或无线电助航设备信号有效,FMC 位置会根据飞机高度的不同,按一定的速率靠近无线电位置或 GPS 位置,这称为位置更新。FMC 可以使用多种不同的导航方式来进行位置更新。

4.6.1 导航方式

在安装了 GPS 的飞机上,FMCS 主要有 GPS-IRS 方式、DME/DME-IRS 方式、DME/VOR-IRS 导航方式、IRS 的推算方式(或 IRS ONLY 方式)等。在没有安装 GPS 的飞机上,则没有 GPS-IRS 方式。在有的系统中,还专门设置了一种"飞机在地面方式"。各导航方式及所需的输入信号如表 4.1 所示(表中的 IRS 在某些资料中使用的是 ADIRS)。

表 4.1 FMC 的导航方式及各方式所需的输入信号

导航方式	所需输入信号
GPS-IRS 方式	GPS 经/纬度和高度、IRS 经/纬度、IRS 北向和东向速度、IRS 高度和垂直速度、IRS 真和磁航向、气压高度和真空速
DME/DME-IRS 方式	2 个 DME 距离、IRS 经/纬度、IRS 北向和东向速度、IRS 高度和垂直速度、IRS 真和磁航向、气压高度和真空速
DME/VOR-IRS 方式	1 个 DME 距离和 1 个 VOR 方位、IRS 经/纬度、IRS 北向和东向速度、IRS 高度和垂直速度、IRS 真和磁航向、气压高度和真空速
IRS 的推算(或 IRS ONLY)方式	IRS 经/纬度、IRS 北向和东向速度、IRS 高度和垂直速度、IRS 真和磁航向、气压高度和真空速
飞机在地面方式	IRS 经/纬度、IRS 北向和东向速度、IRS 高度和垂直速度、IRS 真和磁航向、气压高度

FMCS 根据传感器的状态、助航设施(DME、VOR/DME、VORTAC)地面台的可用性,自动选择相应的正确的导航方式,以确定最佳的飞机当前位置和速度。

FMC 每隔一段时间（比如 5 s）检查所有导航传感器的状态一次，并进行一次可用的最佳导航方式的选择。

4.6.2　位置更新

当 GPS 信号可用时，FMC 优先选择 GPS-IRS 导航方式，此时，FMC 会利用 GPS 位置对位置进行更新，得到 GPIRS 位置。系统会在 MCDU 上和 ND 上向机组提供 GPS PRIMARY 的信息。当 GPS 信号不可用时，系统会在 MCDU 上和 ND 上向机组提供 GPS PRIMARY LOST 的信息。

当 GPS 信号不可用，但有 2 个独立的 DME 距离可用时，系统选择 DME/DME-IRS 导航方式。此时，使用 DME/DME 无线电位置对 FMC 位置进行更新。

当只有 1 个 DME 台的距离可用，且配套的 VOR 方位信号可用时，选择 DME/VOR-IRS 导航方式，此时，使用 DME/VOR 无线电位置对位置进行更新。

当 GPS 和无线电信号都不可用时，选择 IRS ONLY 方式，由于只使用 IRS 来确定飞机位置，导航精度将降低，系统会在显示器的适当位置向机组提供 IRS ONLY 的信息。

当飞机在地面时选择"飞机在地面方式"。此时，系统只对 IRS 位置进行初始化。

在一些系统中，飞行开始时，每个 FMC 显示 1 个 FMC 位置，该位置是 MIX IRS/GPS 位置（GPIRS 位置）；起飞时，FMC 位置被自动更新到储存在导航数据库中的跑道入口位置。如果飞机不在跑道头开始起飞滑跑，而在某交叉口开始起飞滑跑，机组可以将交叉口偏离跑道入口的距离偏差输入到起飞性能页，进一步修正起飞位置。

起飞更新要求起飞跑道是飞行计划的一部分，这样能够提供最准确的位置更新。起飞更新可以保证在这个离场过程中位置的准确性。

4.6.3　位置偏差

每个 FMC 计算 1 个从 MIX POS 指向无线电位置或 GPIRS 位置的矢量，该矢量被称为"偏差"，如图 4.8 所示。

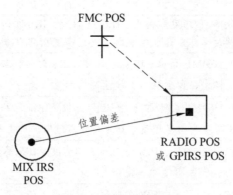

图 4.8　位置偏差矢量

只要无线电位置或 GPIRS 位置可用，每个 FMC 就会连续更新这个偏差。

如果 FMC 丢失其无线电位置和 GPIRS 位置，它就会储存该偏差，并使用该偏差来计算 FMC 位置，此时的 FMC 位置等于组合惯导位置（MIX IRS POS）加上该偏差。在无线电位置或 GPIRS 位置恢复之前，该偏差保持不变。

机组可以人工更新 FMC 位置。人工更新 FMC 位置时，也同时更新了偏差。

4.6.4 位置监控

机组可以用 GPS MONITOR 页面或 POSITION MONITOR 页面检查位置计算。在 GPS MONITOR 页面，可以查看 GPS1 的位置和 GPS2 的位置，如图 4.9 所示。在 POSITION MONITOR 页面，可以查看 FMC1 位置、FMC2 位置、无线电位置、IRS 综合位置以及 IRS1、IRS2 和 IRS3 的位置偏差，如图 4.10 所示。

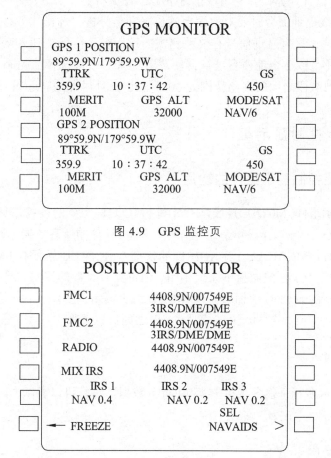

图 4.9　GPS 监控页

图 4.10　位置监控页

4.7　无线电调谐

机载无线电助航设备可以人工调谐，也可以自动调谐。人工调谐的助航设备的信息用于显示目的，自动调谐的助航设备的信息用于位置更新。在一些系统中，1 个机载无线电助航设备只能在人工调谐或自动调谐方式中二选一，在这样的系统中，当 2 套机载无线电助航设备都处于自动调谐方式时，FMC 利用 2 套无线电助航设备所调谐的台的 DME 距离，进行 DME/DME 无线电位置计算，并利用该位置进行位置更新。如果有一套无线电助航设备处于人工调谐方式，则利用还处于自动调谐状态的那套设备按一定的时间间隔调谐两个地面 VOR/DME 或 DME 台，进行 DME/DME 无线电位置计算，并利用该位置进行位置更新。如果没有寻找到 2 个合适的 VOR/DME 或 DME 台，则只调谐一个 VOR/DME，利用 DME 距离和 VOR 方位进行位置计算，并利用该位置进行位置更新。

在一些系统中，1 个机载无线电助航设备可以同时处于人工调谐和自动调谐的状态。在这样的系统中，FMC 利用本侧机载设备按一定的时间间隔调谐两个地面 VOR/DME 或 DME 台进行 VOR/DME 或 DME 台，进行 DME/DME 无线电位置计算，并利用该位置进行位置更新。如果没有寻找到 2 个合适的 VOR/DME 或 DME 台，则只调谐 1 个 VOR/DME，利用 DME 距离和 VOR 方位进行位置计算，并利用该位置进行位置更新。

FMC 在调谐无线电地面台时要对地面台的位置和信号进行选择。FMC 首先对地面台的信号的有效性进行测试，只有通过信号有效性测试的地面台才可能被列入调谐列表，并从调谐列表中限制最佳的 1 个或 2 个地面台进行自动调谐。FMC 一般选择 30 n mile 范围内，且两个地面台的连线与生效航段之间的夹角范围为 30°~150°，且尽可能靠近 90°的两个地面台。

4.8　多功能控制显示组件

4.8.1　多功能控制显示组件的功用

多功能控制显示组件（MCDU）是操作人员和 FMC 之间主要的接口，飞行机组使用 MCDU 向 FMC 输入飞行数据，并选择显示及工作方式。FMC 计算的所有数据也通过 MCDU 显示给飞行人员查看。同时，MCDU 也用于 ADIRU 的校准。MCDU 还用于对 FMCS 和其他系统进行测试。不同系统的 MCDU 前面板不完全相同，但都具有类似的控制和显示功能。图 4.11 所示是某型飞机上安装的 MCDU 前面板。该 MCDU 的页面示例如图 4.12 所示。

飞机上一般有 2 个或 3 个 MCDU，各 MCDU 之间可以互换。

4.8.2　显示模式

MCDU 可以显示多行（很多飞机上为 14 行）数据。每行可以显示 24 个字符，字符可以是字母、数字和符号。

4.8.3　显示布局

第 1 行显示状态、标题和页号。状态显示表示页面的状态，ACT 表示已经生效的计划，MOD 表示正在修改的计划；空白表示该页面的数据还没有被生效，或不是飞行计划的一部分。标题表示页面的名称，比如 POS INIT 为位置起始页。第 1 行的最后显示页码，如 "1/3" 表示该页面总共有 3 页，目前是第 1 页。

第 2 行至第 13 行的数据（数据区）适用于飞机的应用。每行数据都具有数据名称和数据本身。数据名表示数据的类型。

第 14 行是从键盘输入数据所用的便笺行。同时，该行还显示故障信息、在操作期间的提醒和建议提示等。

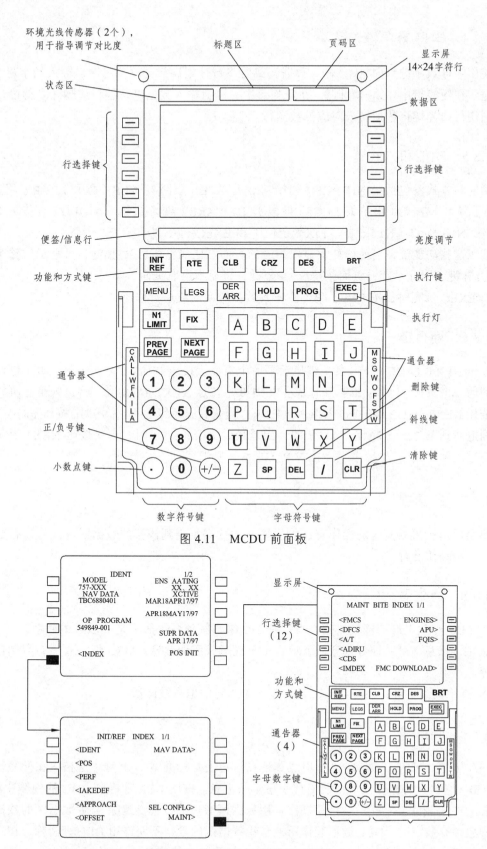

图 4.11　MCDU 前面板

图 4.12　MCDU 的页面显示示例

4.8.4 字母/数字键盘

使用字母数字键盘向 FMC 输入数据，或对飞行计划进行更改。用键盘输入的字母数字，首先显示在便笺行中（第 14 行）。在便笺行中，可对输入数据进行编辑或删除。待确认无误后再利用行选择键将数据转入对应的数据行。

4.8.5 功能和方式键

功能和方式键包括：INIT REF（初始基准）、RTE（航路）、CLB（爬升）、CRZ（巡航）、DES（下降）、MENU（菜单）、LEGS（航段）、DEP/ARR（离场/进场）、HOLD（等待）、PROG（进程）、N1 LIMIT（N1 限制）、FIX（定位）和 EXEC（执行）。

按压这些功能键，可使屏幕上显示相应的页面。比如，按压 RTE 键，可显示航路页面。按压 CLB 键，可显示爬升页面。按压 CRZ 键，可显示巡航页面。

当 EXEC 灯亮时，按 EXEC 键可使输入数据的激活或进行修改。

4.8.6 翻页键

按压 NEXT PAGE（下一页）键显示下一个页面。按压 PREV PAGE（前一页）键使显示退回到前一个页面。比如：如果目前显示为（1/9），按压 NEXT PAGE 键，将进入第 2 页（2/9），再次按压 NEXT PAGE 键，将进入第 3 页（3/9）。当正在显示第 3 页（3/9）时，按压 PREV PAGE 键，则退回到第 2 页（2/9）。当显示的页面是最后一页（9/9）时，再次按压 NEXT PAGE 键键，将进入第 1 页（1/9）。按压 PREV PAGE 键，则退回到（8/9）页。

4.8.7 行选键

使用行选键可以实现的操作有：将便笺行的数据复制到该行的数据区，或将该行数据区的数据复制到便笺行。

4.8.8 通告器

CALL（呼叫）灯：该灯点亮，表示有 1 个来自其他系统而不是 FMCS 的呼叫。

MSG（信息）灯：该灯点亮，表示有 1 个提醒或咨询信息，MSG 灯一直亮，直到信息被清除掉。

OFST（偏离）灯：该灯点亮，表示有 1 个并行的偏离被激活。

4.8.9 特殊键

"+/−"（符号改变）键和"/"（斜线）键在键盘上是标准键。SP 键（空格）在便笺行放置 1 个空格，它将允许操作人员在便笺行中写 1 条消息。按压 DEL 键将在 CDU 的便笺中放置 1 个 DELETE（删除）字样，这将使操作者用数据区旁边的行选键删除 1 个数据区的数据。当便笺中包含有数据时，DEL 键不起作用。有些数据区的数据不允许用 DEL 键清除，在这种情况下，便笺中将显示"INVALID DELETE"（无效删除）的信息。

按压 CLR 键一次，在便笺中去掉 1 个字母字符或从便笺行删除 1 个提醒或咨询信息。按压 CLR 键 1 s 以上，可清除便笺行内的所有数据。

4.9 FMCS 的飞行前页面

飞行前页面是飞行机组用来向 FMCS 输入飞行前数据的一组页面。在飞行前准备工作中使用的页面如图 4.13 所示，主要有：识别页、位置初始页、航路页、离场/进场索引页、性能起始页、N1 限制页和起飞基准页。

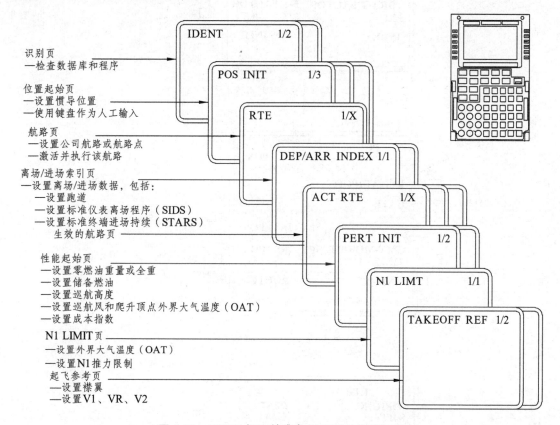

识别页
—检查数据库和程序

位置起始页
—设置惯导位置
—使用键盘作为人工输入

航路页
—设置公司航路或航路点
—激活并执行该航路

离场/进场索引页
—设置离场/进场数据，包括：
—设置跑道
—设置标准仪表离场程序（SIDS）
—设置标准终端进场持续（STARS）
生效的航路页

性能起始页
—设置零燃油重量或全重
—设置储备燃油
—设置巡航高度
—设置巡航风和爬升顶点外界大气温度（OAT）
—设置成本指数

N1 LIMIT 页
—设置外界大气温度（OAT）
—设置 N1 推力限制
起飞参考页
—设置襟翼
—设置V1、VR、V2

图 4.13 FMCS 起飞前准备所用到的页面汇总

1. 识别页

识别页允许飞行机组确认 FMCS 的飞行操作程序和数据库识别码，确认飞机型号和发动机型号，确认生效的导航数据库包含当日的日期，如图 4.14 所示。

2. 位置起始页

位置起始页使飞行机组设置 ADIRU 初始校准位置。需要在该页的 SET IRS POS 行输入 ADIRU 校准所必需的初始位置，如图 4.15 所示。

3. 航路页

航路页使飞行机组制定飞行计划航路，或从导航数据库中调用公司航路，或通过数据链上传飞行计划航路。航路页如图 4.16 所示。航路中包括起飞机场、目的地机场、公司航路、航班号、经由的路径以及经过的航路点等信息。如果所输入的航路或公司航路没有离场程序或进场程序，则机组还必须选择一个离场程序或进场程序。

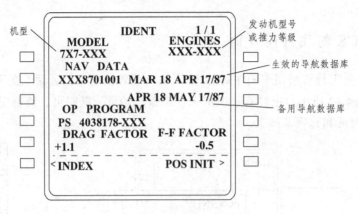

图 4.14　识别页面

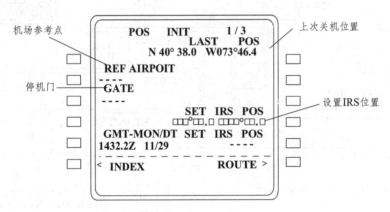

图 4.15　位置起始页面

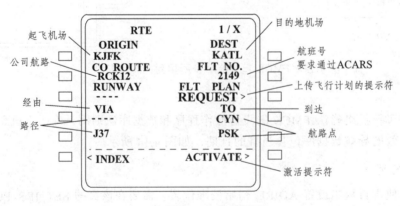

图 4.16　航路页面

4. 离场/进场索引页

离场/进场索引页允许飞行机组选择起飞机场的 SID 和 STAR，也可以选择目的地机场的 STAR，如图 4.17 所示。

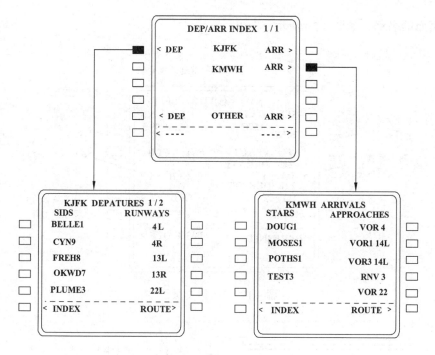

图 4.17 离场/进场页面

5. 性能起始页

性能起始页允许飞行机组输入 FMCS 计算垂直飞行剖面性能数据所必需的飞机和大气参数，如图 4.18 所示，主要参数有飞机全重、零燃油重量、储备燃油量、成本指数和巡航高度等。

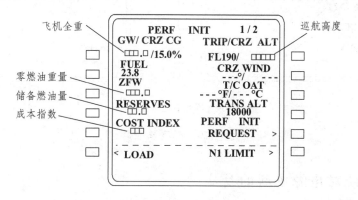

图 4.18 性能起始页面

6. N1 限制页

N1 限制页允许飞行机组选择在发动机显示器上的 N1 限制指针的指示值，和用于自动油门的发动机推力限制，外界大气温度也在该页上选择。还可以输入假设温度，用于计算减推力起飞值。此外，该页还显示减推力爬升值，如图 4.19 所示。

7. 起飞基准页

起飞基准页允许飞行机组选择起飞襟翼设置和起飞速度值，并检查起飞前准备页面是否完成。如果完成，显示 PRE-FLT COMPLETE，如果没有完成，则显示 PRE-FLT STATUS 以及未完成的页面的名称，如图 4.20 所示。

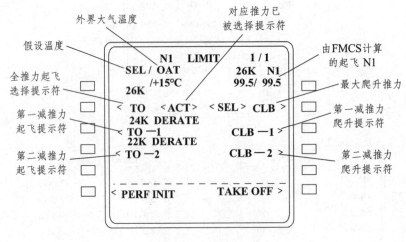

图 4.19　N1 限制页面

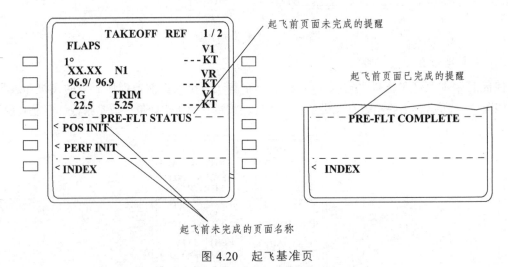

图 4.20　起飞基准页

4.10　系统对电源中断的反应

　　FMC 内部设定了一个特定的时间段（通常是 5 ~ 10 s）来区分系统是处于偶然的电源丢失状态，还是正常的接通状态。设置这一时间段是为了确定系统是否需要进行重新初始化。

　　如果电源中断超过这一个时间段，系统应该自动执行上电测试循环。如果该测试循环不能够完成，应该在驾驶舱内产生相应的警告。系统还应该重置和飞行有关的数据，比如惯性位置、飞行计划、性能初始化等，并提醒飞行机组输入这些数据。来自程序自带的、构型文件或飞机个性模块等的和构型有关的数据应该能够阅读。

　　如果电源中断时间小于这一时间段，系统应该能够尽快恢复正常功能，而不执行上电测试循环，初始化、构型和飞行计划数据不应该被重置，也不应该提醒机组进行数据输入。机组可以被提示选择合适的"飞向"航路点，因为飞行计划上的点可能已经在断电期间飞过了。

在双系统构型中，2个FMC应该互换信息，以便在1个FMC失效时，或1个FMC的电源丢失时，第2个FMC在不需要机组的输入，也没有重要的不连续的情况下有能力和输出衔接上。

4.11 MCDU的显示信息

当出现系统性能下降的情况时，FMCS显示提醒或咨询信息，FMCS还显示输入错误信息。信息显示在CDU便笺行。

信息具有优先级，其优先级从高到低的顺序为：数据输入错误咨询、提醒信息和咨询信息。具有最高优先级的信息将显示在便笺行。如果有两条具有相同优先级的信息，那么首先出现的将被显示。当它被清除后，下一条信息再显示。

要清除一条信息，按压CLR（清除）键或去掉造成该信息的状态即可。有些信息改变页面时自动清除。"程序销钉错误"信息不能用CLR键或页面的改变来清除。

4.11.1 数据输入错误咨询

输入错误信息显示所输入的数据是不正确的。必须首先清除输入错误信息后，才能再次输入数据。这些信息仅显示在输入数据不正确的MCDU页面上。在无效输入的MCDU页面上的MSG通告器将变亮。表4.2是输入错误信息及改正措施（部分）。

表4.2　输入错误信息及改正措施（部分）

输入错误信息	原因	改正措施
ALT CONSTRAINT XXXXX	巡航高度的改变或高度限制的编辑造成与航路点XXXXX的高冲突	检查备用点，并清除信息
DATA BASE FULL	输入数据超出了临时数据库或辅助数据库的容量	从数据库中删除不必要临时航路点、助航设施或机场
INVALID DELETE	对选择的数据区域删键键不起作用	清除信息，并在选择DEL键之后选择恰当的数据区域
INVALID ENTRY	在选择的数据区域内输入数据模式或范围不正确	清除信息和便笺行的输入，重新输入正确的数据

4.11.2 提醒信息

提醒信息显示FMC的状态，这种状态必须在进一步的FMC工作被建议或可能之前显示给飞行机组并加以改正。当有提醒信息时，MSG通告器燃亮，ASA（自动着陆状态信号器）上的FMC警告灯燃亮。表4.3是提醒信息及改正措施（部分）。

4.11.3 咨询信息

咨询信息显示FMCS状态和某些飞行剖面参数和要求，MSG通告器亮。表4.4是咨询信息及改正措施（部分）。

表 4.3　提醒信息及改正措施（部分）

ALERTING MESSAGE	原因	改正措施
CYCLE IRS OFF -NAV	惯性基准组件的逻辑要求人工重新校准惯导	将 IRS 的方式选择开关扳到 OFF 位，再扳到 NAV 位
DATA BASE INVALID	导航数据库有效性测试失败	重新装载导航数据库
DISCO INSRTD AFTR XXXXX	如果不旁通一个以上的航路点，下一个航路点的几何参数将不允许 FMC 沿生效的飞行计划航路飞行	改变生效的飞行计划航路
DISCONTINUITY	在航路诊断之前，飞过了最后一个航路点	选择 RTE 页或 RTE LEGS 页来选择航路中一个连续的航路点，或截获下一个航段

表 4.4　咨询信息（部分）

ADVISORY MESSAGE	原因	改正措施
ABOVE MAX CERT ALT	飞机超过了其最大认证高度	下降到最大认证高度以下
ALT CONSTRAINT XXXXX	飞行计划的编辑造成了一个高度限制与航路上其他航路点高度限制的冲突。XXXXX 是第一个航路点	编辑飞行计划，解决高度冲突，并清除信息
APPRCH VREF NOT SELECTED	FMC 处于进近的环境，但还未选择速度基准	在进近页面上选择速度基准
ARR N/A FOR RUNWAY	选择的跑道或进近程序不适合所选择的进近机场	到进近页面更新有关选项

4.12　FMCS 飞行计划航图显示

FMCS 为 ND 的地图方式和 PLAN 方式提供导航数据。有两种类型的导航数据，即动态数据和背景数据。动态数据随时间变化，而背景数据是静止的，不随时间变化。

4.12.1　地图方式（MAP）

ND 的 CTR MAP 方式和 EXP MAP 方式是机组在飞行中用来导航的正常显示。这两个方式显示动态的飞行计划航图，航图随着飞机的移动而移动，且以飞机的航迹为基准，显示前方的航图。在地图方式，可以显示的信息如图 4.21 所示。具体信息包括：生效航路点（在生效的航路中下一个航路点，品红色）、到生效航路点的距离（白色）、生效航路点的 ETA（预计到达生效航路点的时间，白色）、T/C 爬升顶点（在生效的航路中爬升顶点位置，绿色）、T/D 下降顶点（在生效的航路中下降顶点的位置，绿色）、E/D 下降终点（在生效的航路中下降结束点的位置，绿色）、S/C 阶梯爬升点（在生效的航路中阶梯爬升的位置，绿色）、速度剖面点（在生效的航路中的减速度点，绿色）、到达高度距离弧（飞机将到达 MCP 高度的距离，绿色）、趋势矢量（在 30、60、90 秒间隔结束时预计的飞机位置，白色）、未生效的航路点（在生效的航路中除下一个航路点之外的航路点，白色）、垂直偏离刻度（与计算的下降剖面的垂直偏离，刻度是白色，指针是品红色）、地图选择（在 EFIS 控制面板上所做的选项，淡蓝）、风的数据（风速和风向，白色）、地图源（动态和背景数据源，绿色）、导航台（在所选地图范围内的导航站，淡蓝）、不在航路的航路点（航路点在所选的地图区域内但不在生效的航路中，淡蓝）、机场（在所选地图区域内的机场）、航路数据（在生效的航路中航路点的高度限制和预计到达时间 ETA，品红或白色）、航迹角（飞机的航迹，白色）。

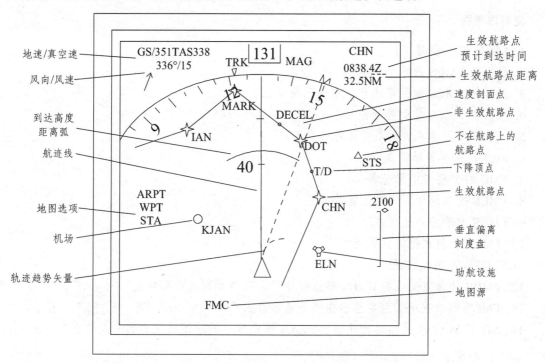

图 4.21　ND 的 EXP MAP 方式显示的飞行计划航路信息

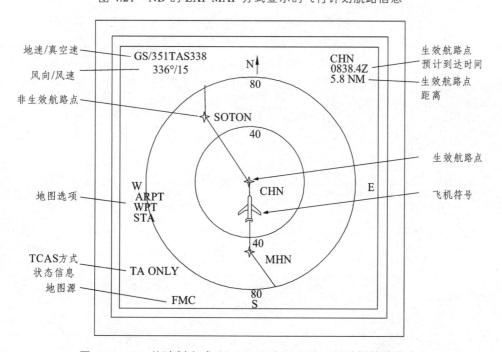

图 4.22　ND 的计划方式（PLAN）上显示的飞行计划航路信息

4.12.2 计划方式（PLAN）

计划方式以真北为基准显示静止的飞行计划航图，如图 4.22 所示。机组使用计划方式检查航路。图中各符号的含义与 MAP 模式相同。

复习思考题

1. FMCS 有哪些功能？

2. 什么是 FMCS 的导航功能？

3. 什么是 FMCS 的性能优化和航迹预报功能？

4. 什么是 FMCS 的制导功能？

5. 飞行管理计算机内的数据库有哪些？

6. MCDU 的主要功能是什么？

7. FMC 的主要传感器有哪些？

8. FMCS 是如何计算飞机位置的？

9. FMCS 有哪些导航方式？

10. FMCS 如何进行位置更新？

11. 如何监控飞机位置？

12. FMCS 的起飞前准备页面有哪些？分别说明各页面的主要功能。

13. FMCS 的导航地图主要显示在哪个显示器上？

14. ND 的 MAP 模式显示的地图和 PLAN 模式显示的地图的主要区别是什么？

第 5 章　电子仪表系统

随着自动化程度的增加以及机组成员数量的减少，飞行员已经很难通过传统的仪表显示来完成对飞机和系统的监控及操作。现代飞机上广泛采用电子仪表系统（EIS）来代替传统的仪表，进行信息的综合显示。

电子仪表系统 EIS 分为两部分，一部分是电子飞行仪表系统（EFIS）；另一部分是发动机指示及机组警告系统（EICAS）或电子集中飞机监控系统（ECAM）。EFIS 主要用于飞行信息和导航信息的显示及控制；EICAS 或 ECAM 主要用于发动机和系统信息的显示。EICAS 一般安装在波音飞机上，而 ECAM 一般安装在空客飞机上。

在 A320 和 B737NG 飞机上，电子仪表系统显示组件的布局如图 5.1 所示。在 A320 飞机上，左、右仪表板上装有 EFIS 的显示组件，中央仪表板上装有 ECAM 的显示组件。在 B737NG 飞机上，左、右仪表板上装有 EFIS 的显示组件，中央仪表板上装有 EICAS 的显示组件。

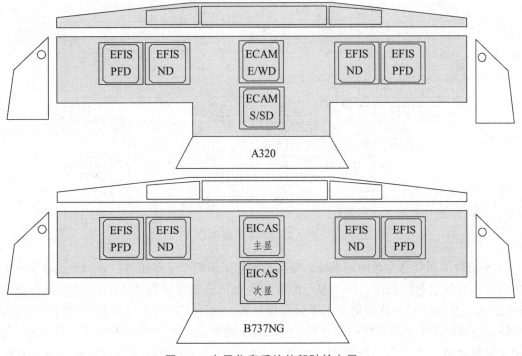

图 5.1　电子仪表系统的驾驶舱布局

5.1　电子飞行仪表系统

电子飞行仪表系统（EFIS）采用阴极射线管（CRT）或发光二极管（LED）提供姿态、速度、航向等飞行信息和导航信息的显示。该系统替代机电仪表，提供了更高的安全操作可靠性。

5.1.1 EFIS 系统的组成

EFIS 的基本组成如图 5.2 所示。

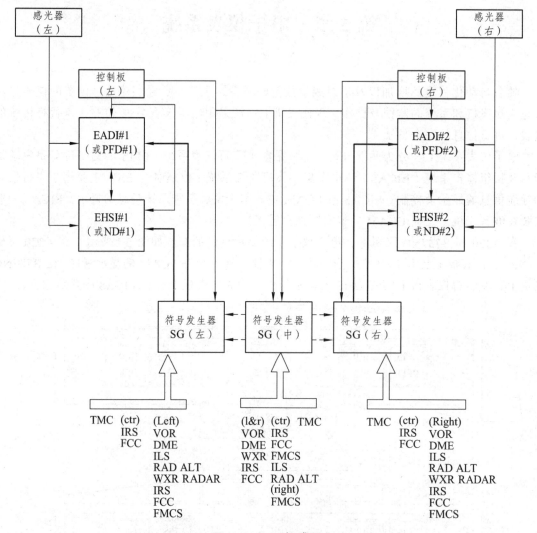

图 5.2　EFIS 组成图

　　EFIS 包含了两套完全相同的系统，每套系统都采用两个显示组件，分别为正副驾驶提供飞行信息和导航信息的显示。一个显示组件称为电子姿态显示器（EADI）或主飞行显示器（PFD），另一个显示组件称为电子水平状态指示器（EHSI）或导航显示器（ND）。电子姿态指引指示器和电子水平状态指示器在左右仪表板上的布局一般采用上下排列，而主飞行显示器和导航显示器一般采用内外排列。每套 EFIS 都有一个独立的显示控制板和符号发生器（SG），显示组件上的显示信息由符号发生器提供。如果某套 EFIS 的符号发生器失效，备用符号发生器为其显示组件提供显示信息。

　　符号发生器是电子仪表系统的核心，它将内部和外部导航源送来的输入数据进行模/数转换、比较、字符发生、图像生成，然后以标准模式送往显示组件进行显示。另外，符号发生器还对整个系统的工作进行监控和控制。

由图 5.2 可知，正副驾驶的显示组件受控制板和感光器控制。控制板用于控制 EADI 和 EHSI 的显示，感光器根据驾驶舱的光线自动调节显示组件的显示亮度。

5.1.2　EFIS 系统的显示和控制

5.1.2.1　EADI/EHSI 的显示和控制

1. EADI/EHSI 显示控制板

EADI/EHSI 的显示控制板分为两部分，一部分控制 EADI 的显示，另一部分控制 EHSI 的显示。一种 EADI/EHSI 的显示控制面板如图 5.3 所示。

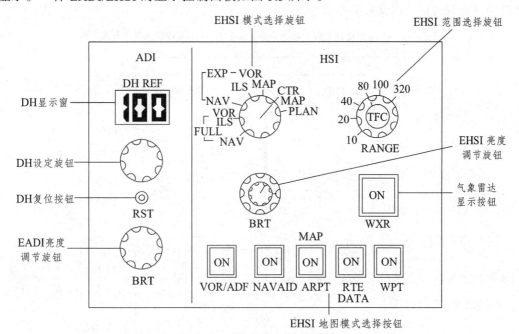

图 5.3　EADI/EHSI 显示控制板

（1）EHSI 模式选择开关：用于选择 EHSI 的显示模式。EHSI 有 FULL NAV（全罗盘导航）、FULL VOR（全罗盘 VOR）、FULL ILS（全罗盘 ILS）、EXP NAV（扩展导航）、EXP VOR（扩展 VOR）、EXP ILS（扩展 ILS）、CTR MAP（中心地图）、MAP 和 PLAN 等 9 种显示模式。

（2）EHSI 范围选择旋钮/TFC 按钮：范围选择旋钮用于选择 EHSI 的显示范围，范围选择旋钮上的 TFC 按钮，用于接通或断开 TCAS 信息在 EHSI 上的显示。

（3）EHSI 亮度调节旋钮：用于人工调节 EHSI 的显示亮度。

（4）气象雷达显示按钮：用于人工接通和断开 EHSI 上的气象雷达信息显示。

（5）地图模式选择按钮：用于接通和断开 EHSI 上的附加信息显示，如机场、航路点、航路限制数据、导航台等。这 5 个按钮均为带灯按钮，按下则灯亮。可单选、多选或不选。按下 ARPT 按钮、VOR/ADF 按钮、NAVAID 按钮、WPT 按钮和 RTE DATA 按钮，可在 EHSI 上显示不在飞行计划之列，但在导航数据库内且在显示范围以内的机场、NDB 台、VOR/DME 台、航路点和航路点的限制数据。

（6）DH 显示窗：用于显示所选的决断高。

（7）DH 设定旋钮：用于人工选择决断高。

（8）DH 复位按钮：用于将高度和决断高的警告显示恢复为正常显示。

（9）EADI 亮度调节旋钮：用于人工调节 EADI 的显示亮度。

2. 电子姿态指引指示器（EADI）

EADI 的典型显示如图 5.4 所示。

EADI 上主要显示飞机的姿态和姿态指引信息。姿态数据通常由惯性基准系统提供。和传统的姿态仪表一样，其上有一条人工天地线，天地线的上部为蓝色，下部为褐色。另外，EADI 上还显示飞行姿态指引信息、无线电高度、决断高度、自动飞行控制系统的工作模式、下滑道和航向道的偏离以及速度偏离等信息。

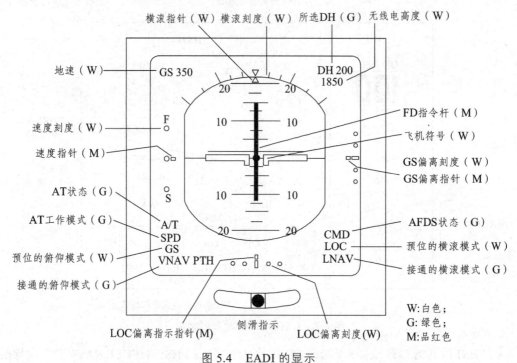

图 5.4　EADI 的显示

3. 电子水平状态指示器（EHSI）

EHSI 主要用于显示导航信息和飞行进程。显示模式通过 EFIS 显示控制板进行选择。电子水平状态指示器主要有 FULL NAV（全罗盘导航）、FULL VOR（全罗盘 VOR）、FULL ILS（全罗盘 ILS）、EXP NAV（扩展导航）、EXP VOR（扩展 VOR）、EXP ILS（扩展 ILS）、CTR MAP（中心地图）、MAP（地图）和 PLAN（计划）等 9 种显示模式。

1）MAP 模式

MAP 模式用于显示航路导航信息。巡航飞行中通常选用该模式。在该模式，飞机符号定位在 EHSI 显示屏的下方，显示器上呈现的是飞机前方的信息，如图 5.5 所示。

在南纬 60° 和北纬 73° 之间，根据需要，刻度盘可以以磁北或真北作为基准，在这些纬度以外，只能以真北作为基准。

航向由惯性基准系统提供。若没有偏流，航向指针和航迹指针对齐。

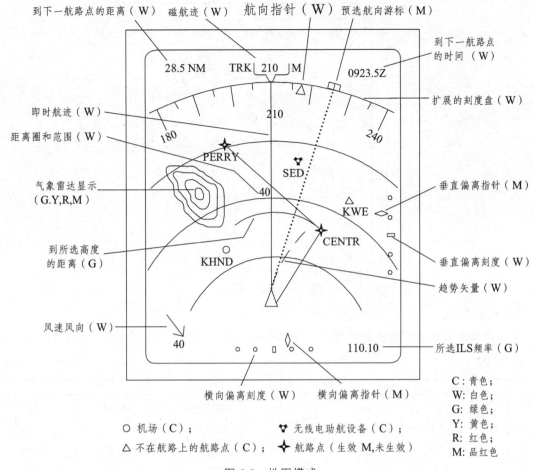

图 5.5　地图模式

垂直偏离刻度和指针用来指示飞机偏在计划航路之上还是之下。横向偏离刻度和指针用来指示飞机偏左还是偏右。

风向和风速显示在显示屏的左下角，风速以数字形式显示，风向用箭头表示。

从三角形的飞机符号引出的实线表示瞬时航迹。弧线代表到所选高度的距离。

所选显示范围的一半显示在第二根距离圈上。

在航向改变期间，会出现一条弧形的虚线趋势矢量，用来指示 30 s、60 s 和 90 s 后的飞机航向。

从飞机符号到航路点的实线连线代表计划航路。

2）CTR MAP 模式

CTR MAP 模式和 MAP 模式基本相同，不同之处是飞机符号定位在显示屏的正中。

3）PLAN 模式

PLAN 模式用于显示计划的航路，如图 5.6 所示。飞行前，向飞行管理系统输入航路点时，或飞行中更改飞行计划时（例如插入航路点），用该模式进行检查特别有用。

在 PLAN 模式，以真北为基准进行显示。生效航路显示在显示屏的下部分。航路附近的一些导航设施如机场、无线电信标台也显示在屏幕上。风速、风向及气象雷达的信息在该模式不显示。航迹、航向、到下一航路点的距离和时间等信息显示在显示屏的顶部。

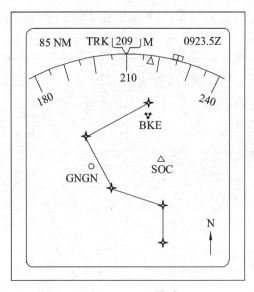

图 5.6　PLAN 模式

4）ILS 模式

ILS 模式主要在进近着陆期间使用,该模式有两种显示模式:全罗盘模式和扩展模式,如图 5.7 所示。

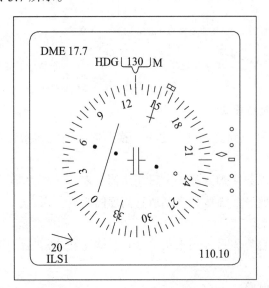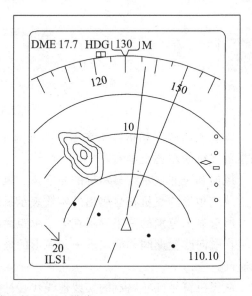

图 5.7　全罗盘 ILS 模式和扩展 ILS 模式

在全罗盘 ILS 模式,飞机符号位于显示屏的正中,有一个完整的刻度盘,偏离刻度和偏离指针用来指示飞机偏离航向道的情况。刻度盘由惯性基准系统送来的航向信号驱动。当飞机航向改变时,刻度盘相对固定的航向指针转动。磁航向或真航向以数字形式显示在航向指针内。在显示屏的左上角,显示的是到所选 DME 的距离。风向、风速、ILS 字符显示在左下角。ILS 频率显示在右下角。显示屏右边的垂直偏离刻度和指针指示飞机相对于下滑道的位置。

当选择扩展 ILS 模式时,在显示屏的顶部出现扩展的刻度盘,三角形的飞机符号定位在显示屏的底部。横向偏离刻度盘穿过飞机符号,从航道指针引出的一条到刻度盘的实线用来指示航向信标发射机的方位。从飞机符号顶点引出的另外一条带有距离刻度的实线用来指示飞机的当前航迹。当选择一个新航向时，飞机符号的顶点与航向游标之间会出现一条虚线。右边的垂直偏离盘和指针用来指示飞机相对于下滑道的位置。如果需要的话，气象雷达的回波信息也可以显示在显示屏上。

5）VOR 模式

VOR 模式也有两种显示模式：全罗盘模式和扩展模式，其显示与 ILS 模式的显示基本相同。但在 VOR 模式时，有向背台指示，没有垂直偏离显示，如图 5.8 所示。当检查飞机相对于所选 VOR/DME 的航迹和航向时，这些模式特别有用。

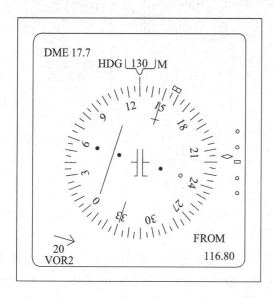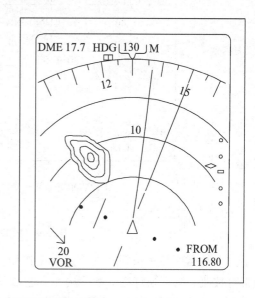

图 5.8　全罗盘 VOR 模式和扩展 VOR 模式

6）NAV 模式

NAV 模式显示横向和垂直导航信息，和传统的 HSI 的模式基本相同。扩展的 NAV 模式显示一个局部刻度盘，全罗盘的 NAV 模式显示一个完整的刻度盘，不能显示气象雷达的回波信息。

5.1.2.2　PFD/ND 的显示和控制

1. PFD/ND 显示控制板

PFD/ND 显示控制板用于控制 PFD 和 ND 的显示内容、显示模式、显示范围等，也分为两部分，一部分控制 ND 的显示，另一部分控制 PFD 的显示。图 5.9（a）所示为 PFD/ND 的一种显示控制面板。

（1）ILS 按钮：按下该按钮，在 PFD 上显示 LOC 和 GS 的刻度和偏离。

（2）FD 按钮：按下该按钮，飞行指引杆在相关的 PFD 上显示。

（3）基准面气压调节旋钮：外旋钮用来选择基准面气压值的单位，百帕（hPa）或英寸汞柱（inHg）；内旋钮用来选择基准面气压值，拉出选择标准气压值（1 013.2 hPa），按入并旋转可选择气压值。

（4）基准面气压显示窗：显示选择的基准面气压值。

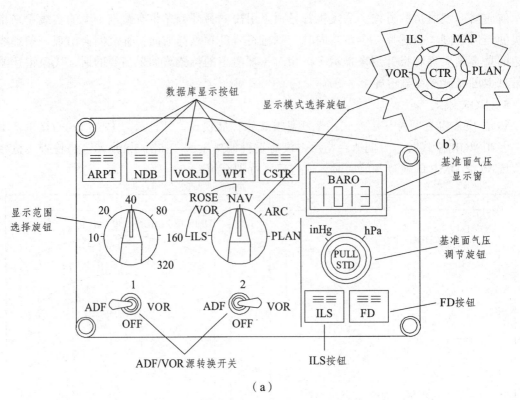

图 5.9　PFD/ND 显示控制板

（5）数据库显示按钮：按下这五个按钮可使一些附加信息显示在 ND 上。这五个按钮均为带灯按钮，按下则灯亮。可单选、多选或不选择。按下 ARPT 按钮、NDB 按钮、VOR/DME 按钮、WPT 按钮和 CSTR 按钮，可在 ND 上显示不在飞行计划之列，但在导航数据库内，且在显示范围以内的机场、NDB 台、VOR/DME 台、航路点和航路点的限制数据。

（6）显示范围选择旋钮：选择 ND 的显示范围。

（7）ADF/VOR 源转换开关：选择在 ND 上显示的 ADF/VOR 方位指针及相应的导航源信息。

（8）显示模式选择旋钮：选择 ND 的显示模式。有五种显示模式：ROSE NAV（全罗盘导航）模式、ROSE VOR（全罗盘 VOR）模式、ROSE ILS（全罗盘 ILS）模式、ARC（弧形）模式和 PLAN（计划）模式。在某些飞机上，EFIS 显示控制板上的显示模式选择旋钮如图 5.9（b）所示。按下 CTR 按钮，为中心模式（类似于全罗盘模式），弹出 CTR 按钮，为扩展模式。共有 7 个模式：中心 VOR 模式、扩展 VOR 模式、中心 ILS 模式、扩展 ILS 模式、中心地图模式、地图模式和计划模式。

2. 主飞行显示器（PFD）

PFD 的主要功能是显示飞机的姿态和姿态指引，另外还显示空速、高度、航向、无线电高度、垂直速度、机场标高等附加信息。PFD 的典型显示如图 5.10 所示。

PFD 的正中为飞机姿态和姿态指引信息显示区，左边为速度带，右边为气压高度带和升降速度带，下方为航向带，上方为自动飞行控制系统模式信号牌。速度、高度、升降速度来自大气数据计算机，姿态和航向来自惯性基准系统。在速度带上，指针不动，速度带滚动。速度带上，除显示飞机的空速外，还可以显示起飞时的 V_1、V_R、指令速度、最小机动速度、抖杆速度、最大速度、襟翼标牌限制速度、起落架放下时的最大空速限制和着陆时的基准速度 V_{REF} 等。气压高度带下面显示基准面气压值，上面显示所选的预定高度。

另外，进近时，在姿态显示区的下面和右面还将显示 LOC 和 GS 偏离，在速度带的下面显示 ILS 频率和 DME 信息。

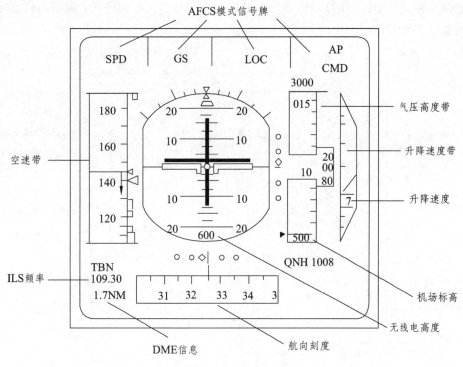

图 5.10 PFD 的显示

3. 导航显示器（ND）

ND 的显示由 EFIS 显示控制板上的模式选择旋钮选择，主要有 ROSE NAV（全罗盘导航）、ROSE VOR（全罗盘 VOR）、ROSE ILS（全罗盘 ILS）、ARC（弧形）和 PLAN（计划）5 种显示模式。

1）ROSE ILS 模式

在 ROSE ILS 模式，ND 上主要显示飞机偏离航向道和下滑道的情况，类似于传统的水平状态指示器上的显示，另外还显示地速、真空速、风向风速、预选航道、ILS 频率、气象雷达回波、方位指针等附加信息，如图 5.11 所示。

2）ROSE VOR 模式

在 ROSE VOR 模式，ND 上的显示和 ROSE ILS 模式的显示类似，不同之处在于显示的是飞机偏离 VOR 径向线的情况，VOR 偏离杆上的箭头给出 TO/FROM（向/背台）指示，没有垂直偏离显示，如图 5.12 所示。

3）ROSE NAV 模式

在 ROSE NAV 模式，ND 上主要显示飞行计划及相关航路点、到下一航路点的时间和距离、下一航路点的方位等信息。另外还显示地速、真空速、风向风速、方位指针及导航源等附加信息，如图 5.13 所示。

4）ARC 模式

在 ARC 模式，ND 上提供的信息与 ROSE NAV 模式相同，但仅显示飞机前方一定扇形范围内的信息，如图 5.14 所示。

5）PLAN 模式

在 PLAN 模式，ND 上仅显示以真北为基准的飞行计划。在该模式，航道指针、气象雷达信息和刻度盘不显示，如图 5.15 所示。

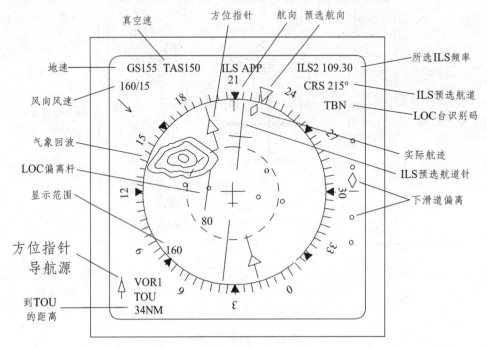

图 5.11　全罗盘 ILS 模式

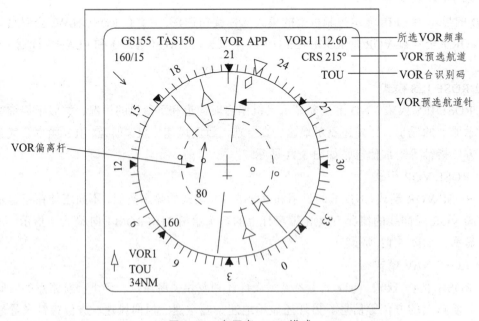

图 5.12　全罗盘 VOR 模式

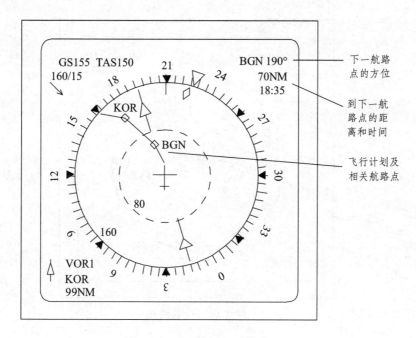

图 5.13　全罗盘 NAV 模式

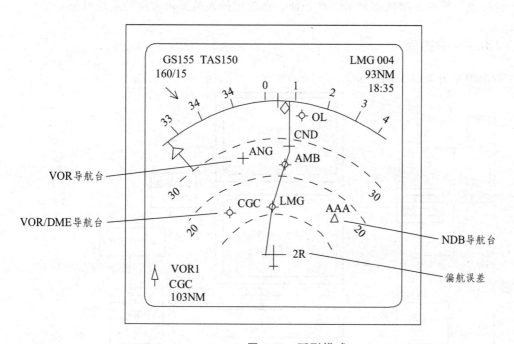

图 5.14　弧形模式

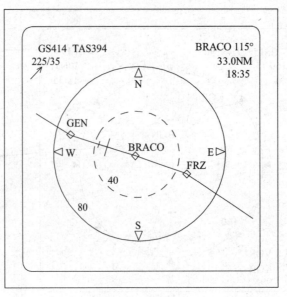

图 5.15 计划模式

5.2 发动机指示及机组警告系统

发动机指示及机组警告系统（EICAS）用于显示主要的发动机参数，在非正常状态为机组提供警告，也提供飞机系统的状态显示。在地面，还向维护人员提供大量的系统数据。

5.2.1 EICAS 的组成

EICAS 的典型组成如图 5.16 所示。

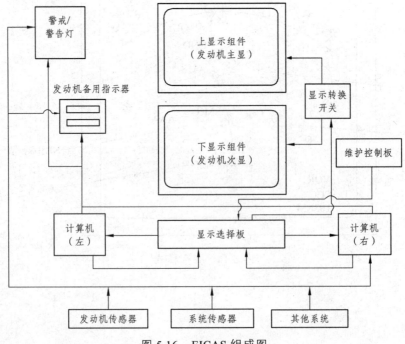

图 5.16 EICAS 组成图

EICAS 包含有两个显示组件，能够呈现所有的发动机信息和系统操作数据。两个显示组件通常安装在仪表板正中，上下排列。安装在上面的显示组件称为发动机主显，通常只显示重要的发动机信息（如 EPR、N1 和 EGT 等）以及警告/警戒信息。下面的显示组件称为发动机次显，用来显示次要的发动机信息（如 N2、燃油流量 FF、滑油压力、滑油温度、发动机振动等）以及发动机和系统非正常情况下的细节。

EICAS 的显示信息由两台计算机提供，它们连续地接收从发动机和飞机的各个系统送来的数据。在任一时间，一台计算机工作，另一台计算机备用。

5.2.2　EICAS 的显示模式

EICAS 有三种显示模式：工作模式、状态模式和维护模式。飞行员通过显示选择板可以进行工作模式和状态模式的选择。维护模式仅在地面有效，主要供维护人员使用。

1. 工作模式

工作模式用于整个飞行期间。在该模式，上显示组件显示主要的发动机信息，只要发动机和飞机系统的操作参数正常，下显示组件一直保持空白显示。一旦出现非正常状态，报警信息将显示在上显示组件上，下显示组件以模拟和数字形式显示非正常状态的细节。图 5.17 为正常情况下，上显示组件的显示情况。

EICAS 连续地监控来自发动机和飞机系统传感器的大量输入信息，当非正常的发动机或飞机系统工作情况出现时，在上显示组件的左边出现适当的警告和警戒信息，同时一排箭头指针指向下显示组件，在下显示组件上，出现模拟的和数字的非正常细节显示，如图 5.18 所示。

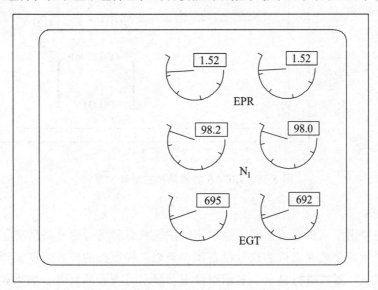

图 5.17　EICAS 的主显示组件

与非正常状态相关联的报警信息分为三级：A 级、B 级和 C 级。由 EICAS 计算机决定优先级。

A 级：警告信息，需要机组立即采取行动。该信息用红色显示。出现该信息时，主警告灯点亮，中央警告系统给出音响警告。

B 级：警戒信息，需要机组立即知晓，但不需立即采取行动。该信息用琥珀色显示。出现该信息时，主警戒灯点亮，并伴随有音响信息。

C 级：咨询信息，需要机组知晓。该信息也用琥珀色显示。为了区分警戒信息，该信息在显示组件上退后一个字符显示，没有音响报警。

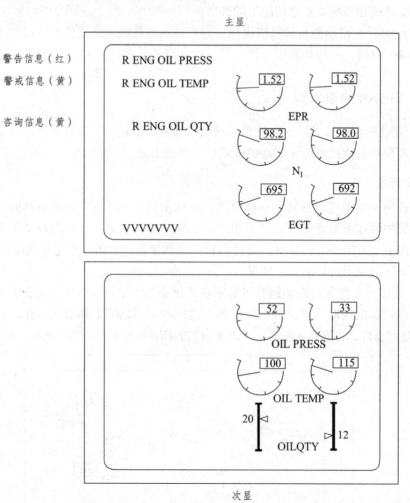

图 5.18　EICAS 的发动机主显和次显

2. 状态模式

状态模式主要用于飞机准备期间，显示飞机系统状态和飞行的准备情况，信息显示在下显示组件上。显示的信息和飞机的最低设备清单类似。操纵面的位置以模拟形式进行显示，系统状态信息以数字形式进行显示。显示组件上会显示可查看的页数，如果要显示的可用信息量太多，可用"页"查看。典型的状态模式显示如图 5.19 所示。

3. 维护模式

维护模式用于维护人员进行故障诊断。它包含发动机和系统的工作情况记录，只有飞机在地面才可用。有一个单独的控制板用来选择显示维护数据。

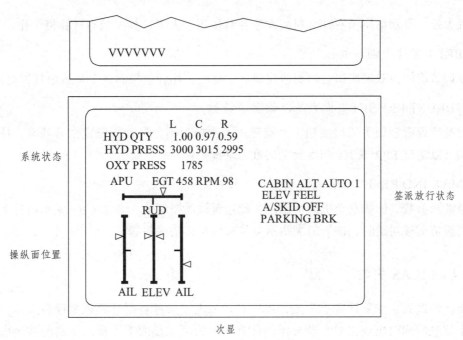

图 5.19　EICAS 的状态模式显示

5.2.3　EICAS 的显示选择板

EICAS 的显示选择板通常安装在中央操纵台上，紧挨显示组件。一种典型的 EICAS 显示选择板如图 5.20 所示。

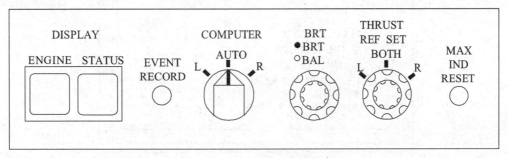

图 5.20　EICAS 的显示选择板

1. DISPLAY（显示）按钮

显示按钮有两个：ENGINE（发动机）按钮和 STATUS（状态）按钮。ENGINE 按钮用于在下显示组件上显示次要的发动机信息，STATUS 按钮用于选择状态模式。

2. EVENT RECORD（事件记录）按钮

飞行中，发动机或系统失效会被自动记录并存储在 EICAS 计算机的存储器内。如果机组怀疑出现了短时故障，按下事件记录按钮，计算机存储器内记录的相关数据将高亮，便于维护人员随后查找。

3. COMPUTER（计算机）转换开关

计算机转换开关用于选择哪台计算机工作。在 AUTO 位，左计算机工作，右计算机备用，如果出现失效，自动切换为右计算机。左位和右位用于人工选择左或右计算机工作。

4. BRT（亮度）调节旋钮

亮度调节旋钮为双层旋钮。内旋钮控制显示亮度，外旋钮控制两个显示组件的亮度平衡。

5. THRUST REF SET（推力基准设置）旋钮

推力基准设置旋钮为双层旋钮。外旋钮用于选择为哪台发动机设置推力基准，拉出内旋钮并转动可以定位 EPR 或 N1 刻度盘上的推力基准游标。

6. MAX IND RESET（最大指示复位）按钮

如果被测参数，例如发动机滑油温度，超过预设的限制值，在 EICAS 显示组件上将出现报警。当该情况被纠正时，按下最大指示复位按钮可以消除报警。

5.2.4　EICAS 失效

前面已经提到，如果计算机失效，可以自动或人工选择备用计算机来接替工作。如果次显在显示信息的同时出现失效，所显示的信息将转换到主显的下半部以简略的数字模式显示出来，这称为紧凑显示，如图 5.21 所示。如果一个显示组件失效，状态模式的使用会被抑制。

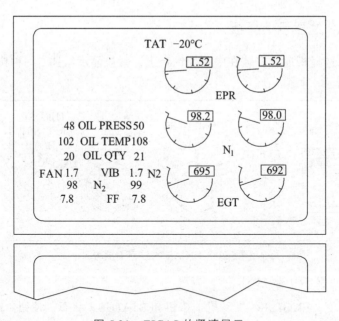

图 5.21　EICAS 的紧凑显示

如果两个显示组件都失效，发动机备用指示器将显示主要的发动机性能数据，如图 5.22 所示。指示器上有一个两位控制开关，开关在 AUTO（自动）位，备用指示器起作用，但不显示任何数据，除非 EICAS 的两个显示组件都失效。开关在 ON 位，该指示器连续显示。测试开关为三位开关，用来测试到指示器的备用电源。

如果显示选择板失效，失效信息会显示在主显上。主显连续显示主要的发动机信息，次显自动显示次要的发动机信息，但控制板上的按钮不起作用。

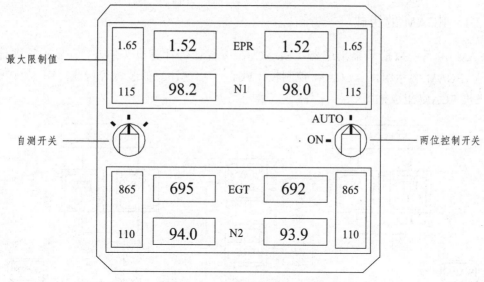

图 5.22　发动机备用指示器

5.3　电子集中飞机监控系统

电子集中飞机监控系统（ECAM）用来在正常/非正常情况下帮助机组对系统进行管理。ECAM 包含两个显示组件，这两个显示组件分别称为发动机/警告显示器（E/WD）和系统/状态显示器（S/SD）。ECAM 显示组件的布局取决于座舱的布局，图 5.23 为 A320 和 MD11 飞机上 ECAM 显示组件的驾驶舱布局图。

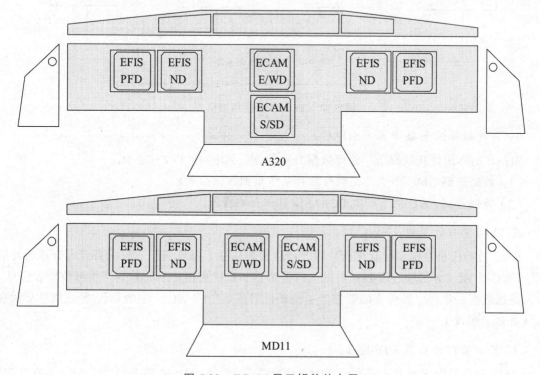

图 5.23　ECAM 显示组件的布局

5.3.1 ECAM 的组成

ECAM 由系统数据采集集中器（SDAC）、飞行警告计算机（FWC）、显示管理计算机（DMC）、ECAM 显示组件、ECAM 控制板（ECP）、引起注意的装置等构成。图 5.24 所示为 A320 飞机 ECAM 组成框图。

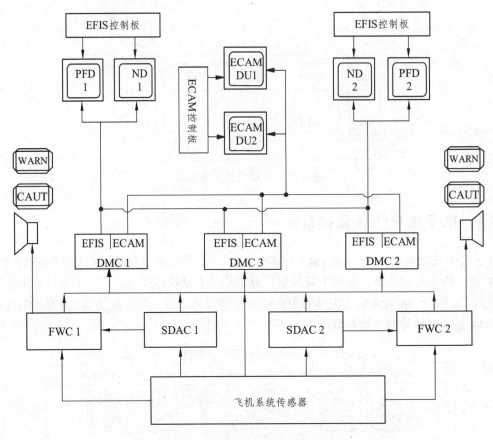

图 5.24 ECAM 系统组成框图

1. 系统数据采集集中器（SDAC）

SDAC 的作用是获取数据、处理数据并将数据送到 DMC 和 FWC 中。

（1）数据送到 DMC 用于发动机参数和系统页面数据的显示。

（2）数据送到 FWC 用于产生 ECAM 信息和音响警告。

2. 飞行警告计算机（FWC）

FWC 监控飞机系统和计算飞行阶段，产生警告信息、备忘信息、音响警告和合成语音信息。FWC 是 ECAM 的核心部分，根据飞机传感器和系统直接传来的数据产生红色警告信息，根据系统数据采集集中器传来的数据产生琥珀色警戒信息。FWC 产生的警告/警戒信息显示在 ECAM 显示组件上。

3. 显示管理计算机（DMC）

DMC 和符号发生器的功能类似。DMC 通常有三个，每个 DMC 都包括两个独立部分：EFIS

部分和 ECAM 部分。显示管理计算机的 EFIS 部分将飞机上其他系统送来的数据进行处理后送往 PFD 和 ND 上显示。显示管理计算机的 ECAM 部分把直接从飞机系统接收到的数据进行处理后显示在 E/W 的上部，把 FWC 送来的信息进行处理后显示在 E/WD 显示器的下部，把 SDAC 送来的信息进行处理后显示在 S/SD 显示器上。正常操作时，E/WD 显示器和 S/SD 显示器的数据来自 DMC3 的 ECAM 部分。

4. ECAM 显示组件

1）发动机/警告显示器（E/WD）

E/WD 的显示如图 5.25 所示。E/WD 显示器的上半部分主要显示发动机参数、燃油量、缝翼和襟翼位置，下半部分主要显示警告信息、警戒信息、备忘录等。

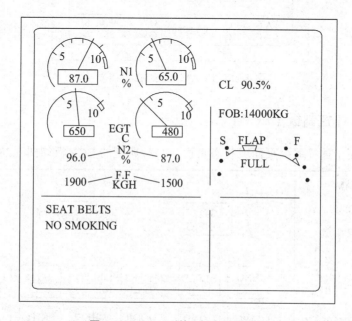

图 5.25　ECAM 的 E/WD 显示器

一旦 FWC 探测到故障，并且没有飞行阶段抑制，E/WD 显示器的下半部分就显示故障名称和须采取的行动。当执行完要求的动作后，动作显示行自动消失。

若 ECAM 信息太多，E/WD 显示器的下半部分不够用，则在显示底部出现一向下的箭头，表示还有信息未显示在屏幕上。可按压 ECAM 控制板上的 CLR 键滚动显示这些信息。

2）系统/状态显示器（S/SD）

S/SD 主要显示系统工作简图页面和状态页面，如图 5.26 所示。S/SD 显示器可以显示十多个系统页面。S/SD 上各类系统部件用专门符号表示，例如：泵用矩形表示，活门用圆圈表示。系统在正常运行时，用绿色表示；因故障而无法使用时，用琥珀色表示。S/SD 显示器的下部有一个固定数据显示区，主要显示的数据有：总温（TAT）、静温（SAT）、世界协调时、第一台发动机起动后全重（GW）、载荷因数、所选的预定高度等。

5. 引起注意的装置

非正常情况下，ECAM 通过目视和音响等装置来引起机组的注意。这些装置由飞行警告计算机驱动，包括红色的主警告灯、琥珀色的主警戒灯、喇叭等。

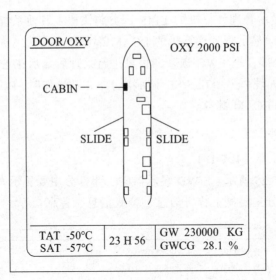

图 5.26 ECAM 的 S/SD 显示器

5.3.2 ECAM 控制板（ECP）

ECP 板主要用于选择系统页面或状态页面。一种典型的 ECP 板如图 5.27 所示。

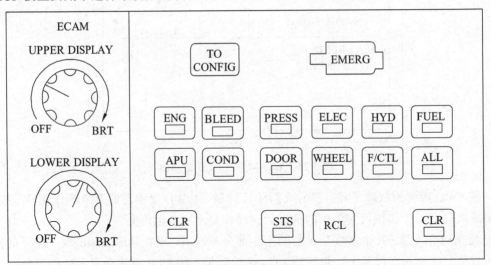

图 5.27 ECAM 控制板

1. 系统页面选择按钮

系统页面选择按钮用于人工选择 S/SD 显示器上的系统显示页面。按下某一按钮，S/SD 显示器上即显示对应系统的工作简图页面。系统页面主要有 ENG（发动机次要参数）、BLEED（引气系统）、PRESS（座舱增压系统）、ELEC（交直流电源系统）、HYD（液压系统）、APU（辅助动力装置）、COND（空调系统）、DOOR（舱门/氧气）、WHEEL（起落架、机轮、刹车）、F/CTL（飞行操纵系统）和 FUEL（燃油系统）。

2. STS（状态）按钮

状态按钮用于调出 S/SD 显示器上的状态页。按下该按钮，S/SD 显示器上显示状态页；

如果没有状态信息显示，在 S/SD 显示器上显示 NORMAL 字符，5 s 后消失。

3. CLR（清除）按钮

清除按钮用来清除显示在 E/WD 显示器下部的警告和警戒信息。当 S/SD 显示器上出现非正常系统页面显示时，按压该钮，可使该页面消失，返回到先前显示的页面。

如果 ECAM 显示组件上的警告/警戒信息需要机组采取行动或确认，将点亮该开关。在 CLR 按钮点亮的同时，按压该按钮可以改变 ECAM 的显示直到 ECAM 系统需要的所有行动被执行。

4. ALL（所有）按钮

按下 ALL 按钮并保持，所有的系统页面按每秒一次的间隔依次显示。此时，若需要显示某一页面，只需在显示该页面时，松开该按钮即可。

如果 ECAM 控制板失效，可以用该按钮调出所需要的系统页面。

5. EMER CANC（应急取消）按钮

如果失效情况存在，按下 EMERG 按钮将取消（停止）音响警告，熄灭主警告灯，并在余下的飞行中，取消所有警戒（显示器上的信息、主警戒灯和单谐音），自动调出状态页面，显示字符"CANCELLED CAUTION"及被抑制的失效名称。

6. TO CONFIG（起飞形态）按钮

起飞形态按钮用于检查起飞前飞机形态。按下该按钮，模拟起飞功率，如果飞机不在起飞形态，将触发警告。如果形态正确，E/WD 显示器上显示信息"TO. CONFIG NORMAL"（起飞形态正常）。

7. OFF/BRT（亮度）调节旋钮

亮度调节旋钮用来控制 E/WD 显示器和 S/SD 显示器的接通/断开以及显示亮度调节。

8. RCL（再现）按钮

再现按钮用来再现被 CLR 按钮或飞行阶段自动抑制的警告或警戒信息。如果警告信息被清除，但是相关的故障依然存在，按压该按钮，被清除掉的信息可以在显示组件上再现。若没有警告或警戒信息，"NORMAL"字符在 E/W 显示器上显示 5 s。

5.3.3　ECAM 的显示模式

ECAM 有 4 种显示模式：人工模式、失效模式、咨询模式和飞行阶段模式。

1. 人工模式

按压 ECAM 控制板上任一系统页面按钮（ENG、HYD、ELEC、BLEED、COND、PRESS、FUEL、APU、F/CTL、DOOR 和 WHEEL），则立即显示该系统的工作简图页面。

2. 失效模式

在整个飞行期间，ECAM 连续监控一些系统的参数，如果超过正常范围，自动显示失效系统页面，包括失效系统名称、失效系统的工作简图和采取的行动。

3. 咨询模式（或状态模式）

咨询模式用于 ECAM 在 S/SD 显示器上向机组提供飞机系统的工作状态概况页面显示，如图 5.28 所示。

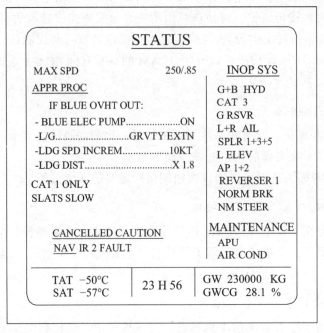

图 5.28　状态页面

4. 飞行阶段模式

ECAM 根据飞行阶段，自动显示与当前飞行阶段相关的系统页面。飞行阶段由飞行警告计算机计算完成，一次完整的飞行包括 10 个飞行阶段。在每个飞行阶段，ECAM 自动显示相应的系统页面。A320 飞机上，ECAM 的 10 个飞行阶段如图 5.29 所示。第 1 和 10 阶段显示舱门/氧气页面，第 2 阶段显示机轮页面或飞行操纵页面（当任一侧杆移动大于 3°或方向舵脚蹬偏移大于 22°，飞行操纵页面代替机轮页面 20 s），第 3、4 和 5 阶段显示发动机参数页面，第 6 阶段显示巡航页面，第 7、8 和 9 阶段显示机轮页面。舱门页面和巡航页面的显示如图 5.30 所示。

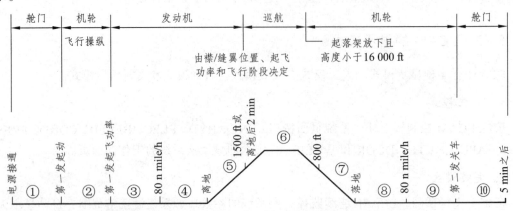

图 5.29　ECAM 飞行阶段图

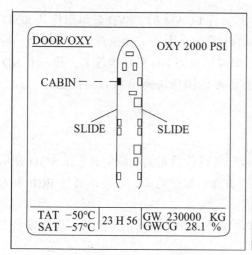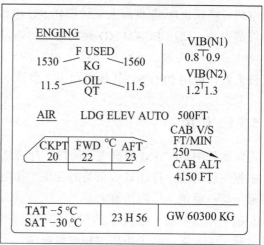

图 5.30 舱门页面和巡航页面

5.3.4 ECAM 显示组件失效

如果出现显示组件失效的情况，ECAM 自动将失效组件上的信息切换到其他显示组件上显示，机组也可以人工将某一显示组件的信息切换到其他显示组件上显示，保持全操作运行能力，如图 5.31 所示。

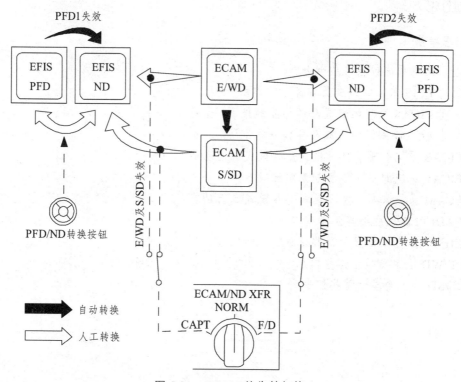

图 5.31 ECAM 的失效切换

由图 5.31 可见，若 ECAM 的 E/WD 显示组件失效或关闭，发动机/警告页面自动转换到 S/SD 显示组件上，取代系统/状态页面。若 ECAM 的 S/SD 显示组件失效或关闭，使用 ECAM/ND

转换电门可将系统/状态页面人工转换到 ND 组件上。若 ECAM 的 E/WD 显示组件和 S/SD 显示组件都失效，使用 ECAM/ND 转换电门可将发动机/警告页面人工转换到 ND 组件上。若一个 PFD 显示组件失效，系统自动将该 PFD 的显示图像转换到 ND 显示组件上。若一个 ND 显示组件失效，可用 PFD/ND 转换电门人工将该 ND 的显示图像转换到 PFD 组件上。

5.3.5 使用

正常运行中，ECAM 根据飞行阶段，自动显示与飞行阶段相关联的信息。在 S/SD 显示器上，根据飞行阶段，自动显示相关的系统工作简图页面；根据需要，也可以通过 ECP 板人工选择显示某一系统工作简图页面。

在整个飞行期间，ECAM 连续监控一些系统的参数，如果超过正常范围，自动显示失效系统名称、失效系统的工作简图和相应程序：

（1）E/WD 显示器上出现警告和警戒信息，警告信息包括失效系统名称、相应程序等。

（2）主警告灯或主警戒灯点亮。

（3）出现音响报警。

（4）S/SD 显示器上显示失效系统的工作简图。

（5）ECP 板上的 CLR 按钮点亮。

按压 CLR 按钮，当所有与失效相关的信息和工作简图页面被机组查看后，显示正常构形，CLR 按钮灯熄灭。

复习思考题

1. 电子仪表系统包括哪些部分？
2. 简述 EFIS 系统的组成及各部分的作用。
3. 简述 EICAS 系统的组成及各部分的作用。
4. 简述 ECAM 系统的组成及各部分的作用。
5. EICAS 系统有哪些显示模式？各模式有何功能？
6. EICAS 系统的报警信息分为哪三级？
7. ECAM 系统有哪些显示模式？各模式有何功能？
8. EADI/PFD 上主要显示哪些信息？
9. EHSI/ND 上主要显示哪些信息？
10. E/WD 上主要显示哪些信息？
11. S/SD 上主要显示哪些信息？

第6章 自动飞行控制系统

在现代运输飞机上，为了减轻机组的工作负荷，提高飞机飞行精度，保证飞行安全，高质量地完成各种任务，一般都装有自动飞行控制系统（AFCS）。从起飞到接地滑跑的整个飞行过程中，自动飞行控制系统都能自动控制飞机的飞行轨迹，从而把飞行员从单调烦闷的操纵劳动中解脱出来，将精力集中在其他工作上。

自动飞行控制系统主要完成以下功能：

（1）控制飞机的姿态与航向；

（2）控制飞机的轨迹；

（3）控制飞机的飞行速度；

（4）改善飞机的操纵性和稳定性。

自动飞行控制系统一般由以下子系统组成：

（1）自动驾驶飞行指引系统（AFDS）；

（2）偏航阻尼系统（YD）；

（3）自动俯仰配平系统（APT）；

（4）自动油门系统（A/T）。

自动驾驶飞行指引系统包含两部分：自动驾驶仪（AP）和飞行指引仪（FD）。自动驾驶仪根据飞行员选定的模式和飞机上传感器送来的信号，经处理后，向副翼、升降舵和方向舵提供输出指令，使这些舵面上、下、左、右偏转，操纵飞机爬升、下降、左转或右转。飞行指引仪在 EFIS 显示组件上向飞行员提供目视飞行指引指令。

偏航阻尼系统检测飞机的"荷兰滚"振荡，并通过操纵方向舵偏转来抵消飞机的偏航速率从而使该振荡降到最低。

自动俯仰配平系统通过移动水平安定面来保持飞机在纵向的平衡。水平安定面是可动翼面，提供飞机俯仰轴方向的配平。

自动油门系统是一个计算机控制的机电系统。该系统控制发动机的推力在设计的参数以内。在所有飞行期间，通过控制每台发动机的油门位置来保持特定的发动机推力或目标速度。该系统主要和 AFDS、FMCS 联用。

自动飞行控制系统可在起飞、爬升、巡航、下降和进近着陆的整个飞行阶段中使用。

6.1　飞行指引仪

在简单的仪表飞行中，飞行员通过扫视基本的飞行仪表来了解飞机的状态，判断飞机的当前状态和预定飞行轨迹之间的偏差，并由此调整飞机的姿态来达到预定的飞行轨迹。

在飞行指引系统中，飞行指引计算机根据飞行员选定的工作模式，通过综合各种传感器的输入信号，自动计算操纵指令，指引驾驶员操纵飞机，使飞机保持某一特定的飞行状态或使飞机进入给定轨迹并保持在给定轨迹上。因此，减少了扫视，简化了说明，省掉了机组在做必要的控制输入前进行输入分析的需要。

飞行指引仪在起飞、爬升、巡航、下降、进近以及复飞的整个飞行阶段都能使用。

6.1.1　FD 的指引形式

FD 将俯仰和横滚引导信息以指引针的形式显示在姿态指示器上。指引针有两种：十字指引针和八字指引针。

1. 十字指引针

十字指引针如图 6.1（a）所示。它利用纵向指引针和横侧指引针来分别进行俯仰指引和横滚指引。当两针的交点位于飞机符号中央时，表示达到预定状态。若纵向指引针在飞机符号上面，驾驶员应操纵飞机抬头，反之应操纵飞机低头，使纵向指引针与飞机符号对齐，以达到预定的俯仰角。若横侧指引针在飞机符号左边，驾驶员应操纵飞机向左压坡度，反之应向右压坡度，使横侧指引针与飞机符号对齐，以达到预定坡度角。

2. 八字指引针

八字指引针又称"V"形指引针，如图 6.1（b）所示。它利用八字指引针与飞机符号的上下关系来进行俯仰指引，利用八字指引针与飞机符号的左右关系来进行横滚指引。当八字指引针包围飞机符号时表示达到预定状态。若八字指引针在飞机符号之上，驾驶员应操纵飞机抬头，反之则应操纵飞机低头以达到预定的俯仰角。若八字指引针相对飞机符号右倾斜，应向右压坡度，反之应向左压坡度，以达到预定的坡度角。

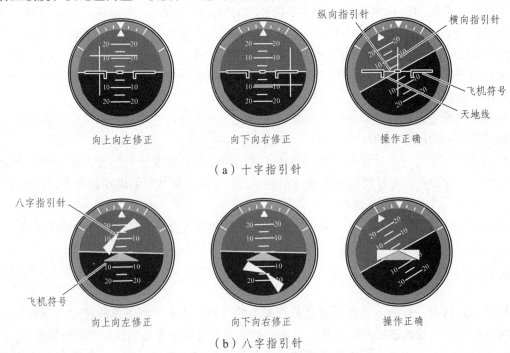

（a）十字指引针

（b）八字指引针

图 6.1　十字指引针和八字指引针

指引针没有具体的偏离刻度指示。但是，指引针离开中立位置越远，需要做的姿态修正应越大。离得越近，需做的姿态修正量越小。

需要注意的是，当飞机没有平直飞行时，指引针也可能定中。例如：转向一个所选航向，当达到需要的坡度时，横滚指引针将定中，并在整个转弯期间，保持定中。当接近预定航向时，横滚指引针将指引一个反向的输入以减少飞机的坡度，直到机翼改平，飞机达到所选航向上。

通常，FD的俯仰指引指令限制为+25°/−10°的俯仰姿态，而横滚指引指令限制为30°坡度。

在人工飞行期间，FD提供的飞行姿态指令和自动飞行期间提供的完全相同，只是坡度和截获协议稍有不同。

在自动驾驶仪接通的同时，FD的指引针可以显示，这样容易从自动飞行过渡到人工飞行。

6.1.2 FD的基本工作原理

FD由飞行指引计算机、模式控制板、模式信号牌、姿态指引指示器等组成。

飞行指引计算机是飞行指引系统的核心，有两个通道：横滚通道和俯仰通道。横滚通道用来计算横滚指引指令，俯仰通道用来计算俯仰指引指令。计算机根据控制板上选择的模式以及其他系统送来的数据，将飞机的实际飞行轨迹与预定路线进行比较，算出应飞姿态角。然后与实际的姿态角进行比较，其差值送给指引针伺服系统，使指示器上的指引针相对小飞机符号移动，形成俯仰和横滚指引指令。其工作原理框图如图6.2所示。

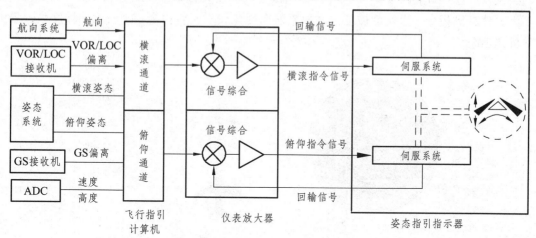

图6.2　飞行指引仪工作原理框图

例如，接通飞行指引仪的航向模式，若未输入预定航向，指引仪将工作在航向保持指引模式。如果飞机航向发生偏离，计算机横滚通道根据航向偏差信号，经计算转换成指引指令信号，飞行员按该指引指令操纵飞机，将消除飞机的航向偏差，偏差消除的同时，指引指令信号变为0。如果要改变飞机航向，在控制板上设置预定航向，该信号送入计算机，计算出应飞坡度值，然后与现时的飞机坡度相比较，得出一个操纵飞机的坡度指引指令信号。此信号经放大处理后，输至伺服系统，驱使指引针转动，形成相对小飞机符号的指引，同时产生回输信号去抵消坡度指令信号，使输入至放大器的信号为零。飞行员根据指引操纵飞机带坡度转弯，当坡度满足指引计算机的要求时，指引信号为零，指引针回中。在稳定转弯过程中，指引针一直处于正中。当飞机航向接近预定航向时，计算机输出反向指引指令信号，通过伺服系统操纵指引针反向转动，飞行员继续跟随指引指令操纵飞机改平坡度，飞机就保持在新的航向上。

6.1.3 十字指引针的基本使用

下面以操纵飞机右转弯到某一预定航向为例，说明横滚指引针的操作。为了简化，将俯仰指引针去掉。图 6.3 给出了飞机保持在当前航向上（0°航向）横滚指引针的指示情况。

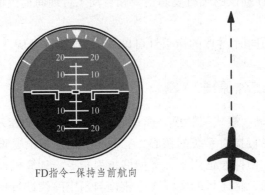

图 6.3 横滚指引针的操作（1）

当飞行员选择新航向（90°航向）时，横滚指引针朝右移动，如图 6.4 所示。如果航向变化不大，计算机指令一个小的坡度角；如果航向变化较大，将指令一个较大的坡度角，最大通常可达 30°。

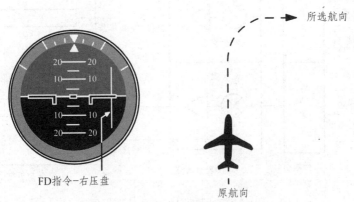

图 6.4 横滚指引针的操作（2）

当飞行员右压坡度，横滚指引针将朝中心位置移动。随着横滚指引针指令的减小，飞行员应减小横滚控制输入，当坡度满足飞行指引计算机的要求时，横滚指引针回中，横滚控制输入减小为零，如图 6.5 所示。在稳定转弯过程中，横滚指引针一直处于正中。

当接近所选航向时，横滚指引针移动，指令一个朝左的横滚，也就是减小坡度，如图 6.6 所示。

随着飞行员左压盘，坡度逐渐减小，指引针将定中。跟随指引针给出的引导，飞机将在所选新航向上改平机翼，如图 6.7 所示。

图 6.5 横滚指引针的操作（3）

图 6.6 横滚指引针的操作（4）

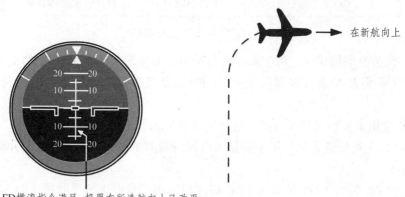

图 6.7 横滚指引针的操作（5）

　　俯仰指引针的工作和横滚指引针类似。俯仰指引针与姿态指示器上的飞机符号平行，可以相对于飞机符号上下移动。俯仰指引针移动到飞机符号之下，要求机头朝下的姿态变化；移动到飞机符号之上，要求机头朝上的姿态变化；当满足俯仰指令时，将定中。俯仰指引针的操作如图 6.8 所示。

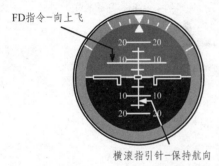

图 6.8　俯仰指引针的操作

6.1.4　FD 的模式控制板

一种 FD 模式控制板如图 6.9 所示。

1. MODE SELECTOR（模式选择）旋钮

模式选择旋钮有 6 个位置：GA（复飞模式）位、OFF（关断）位、HDG（航向模式）位、VOR/LOC（VOR 模式或 LOC 模式）位、APP AUTO（自动进近模式）位和 APP MAN（人工进近模式）位。

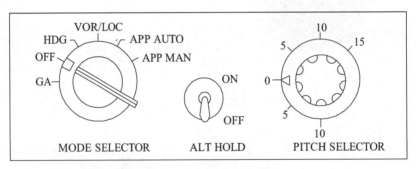

图 6.9　飞行指引仪控制板

（1）GA 位为复飞模式位。用于复飞姿态指引，通常为机翼水平、15°的上仰姿态（或者单发时 13°的上仰姿态）。在许多现代飞机上，FD 的复飞指引功能通过按压油门杆上的复飞按钮来激活。

（2）OFF 位用于关断飞行指引仪，使指引针从显示器上消失。

（3）HDG 位为航向模式位。用于引导飞机保持当前航向或飞向预定航向并保持在预定航向上。

（4）VOR/LOC 位为 VOR 模式或 LOC 模式位。用于指引飞机飞向所选的 VOR 径向线上或调谐的 LOC 航向道上。

（5）APP AUTO 位为自动进近模式位。用于指引飞机去截获航向道和下滑道并保持在航向道和下滑道上。在一些飞机上，在航向道截获前，系统不能截获下滑道。

（6）APP MAN 位为人工进近模式位。用于指引飞机立即去截获航向道和下滑道，操控其他任何的横滚模式或俯仰模式。例如：如果飞机在下滑道之下，飞机将爬升去截获下滑道，并以 25°坡度转弯建立 45°的切入角去截获航向道。在某些飞机上，该模式也称为 MAN G/S

模式。

2. ALT HOLD（高度保持）开关

高度保持开关用于接通高度保持指引模式。该模式指引飞机保持在当前的气压高度上。如果 ALT HOLD 接通时，飞机有显著的垂直速度，飞行指引仪将指引一个平滑的过渡防止冲出预定高度过多，然后回到预定高度。

3. PITCH SELECTOR（俯仰选择）旋钮

当没有其他模式控制飞机的俯仰时，驾驶员可用此旋钮为飞行指引仪选择一个人工俯仰基准，转动此旋钮，指引针将上移或下移。此模式可在起飞后的飞机爬高中使用。应注意的是，当飞机爬升到所需高度上改平后，指引针仍是指引上仰的。所以要用俯仰钮及时地将指引针调回飞机符号上。

俯仰选择旋钮允许飞行员设置期望的俯仰姿态，通常在 10°下俯和 15°上仰之间。一旦选择，指引针将指引所需的俯仰姿态，以达到和保持希望的俯仰角。

6.1.5 FD 的模式信号牌

模式信号牌用于向机组通告飞行指引系统正在使用何种模式指引飞机的飞行姿态。它是一个十分重要的显示，飞行指引系统的工作模式以信号牌为准，而不是以接通了或者按压了飞行指引模式控制板上的哪一个电门为准。

FD 的一种模式信号牌如图 6.10 所示。它使用颜色灯来指示当前的指引仪状态。例如：绿色的 HEADING 灯亮，表示航向模式工作；琥珀色的 GLIDESLOPE 灯亮，表示下滑道截获模式预位；绿色的 GLIDESLOPE 灯亮，表示下滑道截获模式工作。

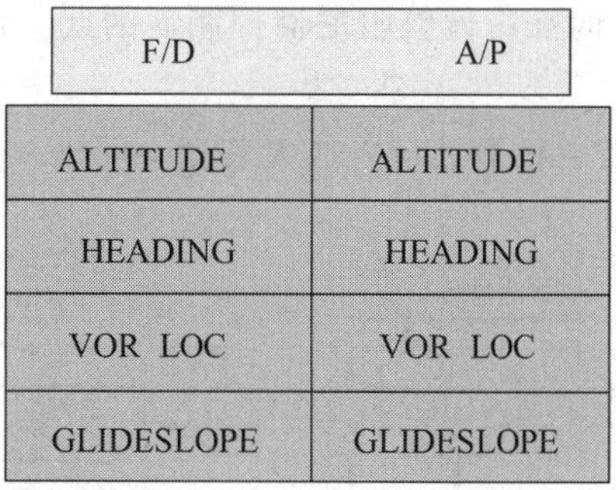

F/D	A/P
ALTITUDE	ALTITUDE
HEADING	HEADING
VOR LOC	VOR LOC
GLIDESLOPE	GLIDESLOPE

图 6.10　FD 模式信号牌

6.2　自动驾驶仪

AP 的基本功能是在飞行中代替飞行员控制飞机舵面，使飞机稳定在某一状态或操纵飞机从一种状态进入另一种状态。

AP 把机组从烦闷的体力劳动中解脱了出来，在长时间的飞行中不再需要机组对飞机进行连续的操作和控制。这样，飞行员可以把精力更多地集中在管理和其他工作上。自动驾驶仪响应快捷，能操纵飞机保持更精确的飞行轨迹。并且自动驾驶仪的响应总是恒定的，而飞行员的响应要受疲劳、工作负荷和压力的影响。因此，自动驾驶仪能够提供更精确的飞行轨迹控制，甚至可用于低能见度情况下的全自动着陆。

6.2.1　AP 的分类

按照控制的轴数，自动驾驶仪可分成三种：单轴自动驾驶仪、双轴自动驾驶仪和三轴自动驾驶仪。

1. 单轴自动驾驶仪

单轴自动驾驶仪通过操纵副翼提供绕横滚轴的控制。

2. 双轴自动驾驶仪

双轴自动驾驶仪通过操纵副翼和升降舵分别提供绕横滚轴和俯仰轴的控制。

3. 三轴自动驾驶仪

三轴自动驾驶仪通过操纵升降舵、副翼和方向舵分别提供绕俯仰轴、横滚轴和偏航轴的控制。

6.2.2　AP 的控制通道及组成

AP 通过三套控制回路分别去控制飞机的副翼、升降舵和方向舵，从而实现对飞机的控制。每套自动控制回路称为自动驾驶仪的一个控制通道（Channel）。控制飞机升降舵的回路，称为俯仰通道；控制飞机副翼的回路，称为横滚通道；控制飞机方向舵的回路，称为航向通道。三个通道既独立，又相互联系，相互响应，共同完成对飞机的控制。有的飞机上，自动驾驶仪只控制副翼和升降舵，而方向舵由偏航阻尼器控制。因此，自动驾驶仪接通时，偏航阻尼器也自动接通。

AP 的每个通道由测量装置、计算装置、放大装置、舵机、回输装置和控制显示装置等组成，如图 6.11 所示。

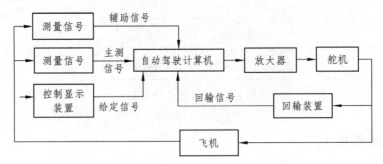

图 6.11　自动驾驶仪单通道组成方块图

1. 测量装置

测量装置包括主测装置和辅助测量装置。主测装置用来感受飞机偏离初始位置的角位移信号，辅助测量装置用来感受飞机的角速度和角加速度信号。

不同的飞机上测量装置可能不一样。如输出飞机俯仰角和倾斜角信号的测量装置，在有的飞机上用陀螺平台，有的飞机上用惯性基准系统，有的飞机上用垂直陀螺等。输出飞机航向信号的测量装置，有的飞机上用罗盘系统，有的飞机上用陀螺半罗盘，有的飞机上用惯性基准系统等。

2. 自动驾驶计算机

自动驾驶计算机接收自动驾驶仪操纵飞机时的各种输入信号，经过计算处理后，将操纵信号送给放大器。早期的计算机是机械式，后来发展为电磁耦合式、电子元件组合式，现在为数字式飞行控制计算机。

3. 放大器

放大器接收自动驾驶计算机送来的微小操纵信号，放大后将信号送至舵机。

4. 舵机

舵机是自动驾驶仪操纵飞机舵面的执行机构。自动驾驶仪的舵机有电动舵机和液压舵机两种。

5. 回输装置

回输装置反映舵面的偏转角和偏转角速度，并控制舵面的回收。

6. 控制显示装置

控制显示装置用于接通/断开自动驾驶仪、选取自动驾驶仪的工作模式以及进行模式信号显示等。不同型号的自动驾驶仪，其控制显示装置的式样有所不同。从控制板上的开关、旋钮和按钮就可了解此型自动驾驶仪的功能。

6.2.3 AP 的内环稳定原理

1. 基本原理

自动驾驶仪三个通道的工作原理类似，只是测量信号不同，所控制的舵面不同。下面以俯仰通道为例进行分析。

自动驾驶仪俯仰通道的基本工作原理如图 6.12 所示。姿态传感器感受飞机绕相关轴的姿态变化；偏差检测器计算姿态偏差信号；信号处理器处理姿态偏差信号，并向舵机提供输出指令信号；舵机根据信号处理器来的指令信号操纵舵面偏转；位置反馈环路向信号处理器提供舵面的偏转情况。

正常情况下，自动驾驶仪保持飞机在接通时的俯仰姿态，如图 6.12（a）所示。此时，偏差信号为零，舵面中立，回输信号为零。

如果由于气动扰动或配平失效，飞机偏离原位置，例如飞机下俯，如图 6.12（b）所示。姿态传感器将感受飞机姿态的变化情况，并将偏差信号送给信号处理器，经处理放大后，向舵机提供所需的修正控制输入，舵机操纵舵面向上偏转。舵机在操纵舵面偏转的同时，还向回输装置提供舵面的位置偏转情况。当回输信号等于偏差信号时，舵面停止偏转。在舵面的作用下，飞机开始往回修正，偏差信号减小，此时回输信号大于偏差信号。此信号差经计算、放大后送给舵机，舵机带动舵面反向偏转，使舵面回收，舵面的回收使回输信号减小。飞机在舵面的作用下继续往原始位置修正，造成偏差信号又减小，偏差信号与回输信号的差值又会使舵机带动舵面继续往回偏转，回输信号进一步减小，飞机在舵面的作用下又往回修正。如此周而复始，当飞机回到原始位置时，偏差信号为零，舵面中立，回输信号也为零。

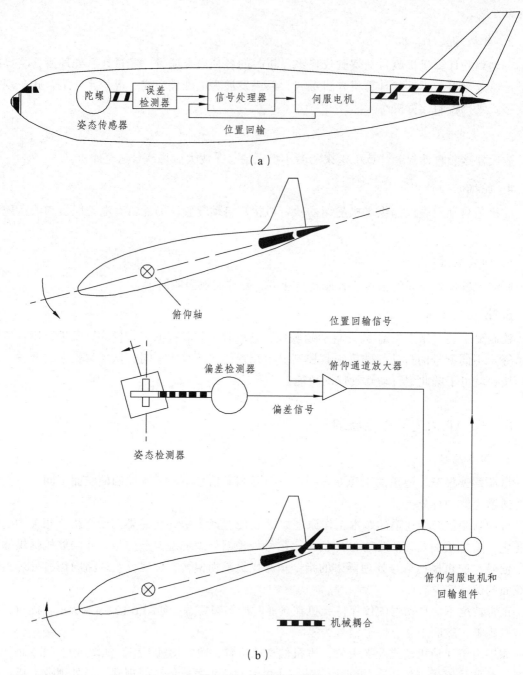

（a）

（b）

图 6.12 内环稳定原理

2. 引入飞机角速度信号的原因

由上面的分析可知：飞机受干扰下俯后，自动驾驶仪使升降舵向上偏转。升降舵偏转的角度与飞机下俯的角度成正比。在升降舵的上仰操纵力矩作用下，飞机下俯角速度逐渐减小为零，此时，飞机下俯的角度和舵面偏转的角度均为最大值。以后，随着飞机下俯角逐渐减小，升降舵相应地回收。当飞机回到给定俯仰角时，俯仰角信号为零，在回输信号的作用下，舵机带动升降舵回到起始位置，飞机上仰的角速度为最大值。因此，飞机不能稳定在给定俯仰角上，必然产生过调。

飞机的俯仰角大于给定俯仰角后，俯仰角信号改变方向，舵机带着升降舵向下偏转，制止飞机继续上仰，并进而使飞机下俯。如此周而复始，飞机的稳定过程便是振荡的。由于空气的阻力作用，这种振荡为衰减振荡，飞机俯仰角和升降舵的变化规律如图 6.13 所示。图中，$\theta-\theta_{给}$ 为飞机俯仰角度的偏差角，$\delta_{升}$ 为升降舵偏转角。

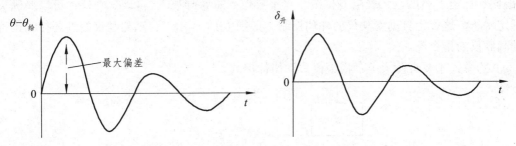

图 6.13 最简单的比例式自动驾驶仪稳定飞机俯仰角的过程

为了减小调节过程的振荡次数，提高自动驾驶仪操纵飞机的稳定性，在自动驾驶仪中引入了飞机的角速度信号，与角度信号一起共同控制飞机。由于角速度是角度的微分，所以角速度信号在相位上要超前角度信号 90°，飞机俯仰角和俯仰角速度的变化规律及升降舵转角的变化规律如图 6.14 所示。

飞机偏离给定俯仰角阶段（$t_0 \sim t_1$），俯仰角速度信号和俯仰角信号方向相同，升降舵转角比没有俯仰角速度信号时要大一些。所以，飞机的偏离能够很快地被制止，俯仰角的最大偏差，比没有俯仰角速度信号时要小一些。

飞机恢复给定俯仰角阶段（$t_1 \sim t_2$），俯仰角速度信号改变方向，使升降舵先迅速回收，以致产生向上的偏转角，阻止飞机向给定俯仰角恢复，减小过调量。

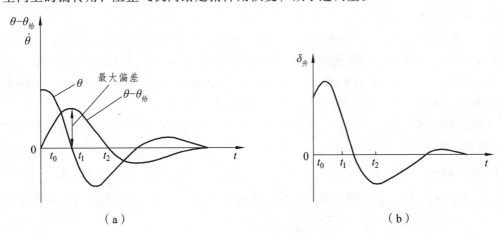

图 6.14 具有俯仰角速度信号的比例式自动驾驶仪稳定飞机俯仰角的过程

比较图 6.13 和图 6.14，可以看出，前者的俯仰偏差角和升降舵转角，同时达到最大值，同时达到零值，同时改变方向；后者则不同，升降舵转角总是超前一些，即俯仰偏差角为零时（起始时），升降舵已经偏转一定的角度，俯仰偏差角还没有达到最大值时，升降舵转角已经达到最大值，俯仰偏差角恢复为零时，升降舵转角已经改变了方向。升降舵的迅速偏转、迅速回收、提前"反舵"，起到了阻止飞机来回摆动的作用，减小了振荡次数，有效地缩短了稳定时间，提高了稳定性。

6.2.4 AP 的外环控制模式

AP 的主要功能是通过内环控制来稳定飞机。如果通过模式控制板向内环输入一些数据（如航向、空速、高度、无线电方位线、水平导航、垂直导航），自动驾驶仪也可以操纵飞机到预定状态，这称为自动驾驶仪的外环控制，如图 6.15 所示。自动驾驶仪的外环控制也称为自动驾驶仪的指令模式。

AP 的模式主要有两大类：横滚模式和俯仰模式。

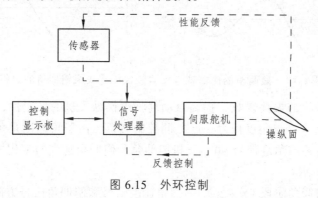

图 6.15　外环控制

1. 横滚模式

（1）HDG HOLD（航向保持）模式：当选用该模式时，自动驾驶仪操纵飞机保持在当前航向上。

（2）HDG SEL（航向选择）模式：当选用该模式时，自动驾驶仪操纵飞机转到所选航向并保持在该航向上。

（3）VOR/LOC 模式：当选用该模式时，自动驾驶仪操纵飞机按航向模式靠近所选的 VOR 径向线或 LOC 航向道时，若传感器检测到 VOR/LOC 信号强度达到预定的信号强度（即到达截获点），系统工作在 VOR/LOC 模式，截获和跟踪 VOR 径向线或 LOC 航向道。甚高频导航系统提供截获和跟踪 VOR 径向线及 LOC 航向道的输入信号。

（4）LNAV（水平导航）模式：当选用该模式时，飞行管理计算机将控制自动驾驶仪，操纵飞机按预定的生效航路飞行。

2. 俯仰模式

（1）ALT HOLD（高度保持）模式：当选用该模式时，自动驾驶仪操纵飞机保持在当前高度上。

（2）ALT CAP 或 ALT ACQ（高度截获）模式：该模式生效时，自动驾驶仪操纵飞机截获预设高度，自动改平并保持在预设高度上。在到达预设高度前，将出现高度截获提醒。

（3）VS（垂直速度）模式：当选用该模式时，自动驾驶仪操纵飞机按照预定的垂直速度爬升或下降到某一预设的高度上。使用该模式时，必须确保发动机推力设置适合所需的爬升率或下降率，并且要不断监控飞机速度。该模式通常和自动油门系统配合使用。

（4）G/S（下滑道）模式：当选用了进近模式，并且截获了下滑道时，自动驾驶仪操纵飞机沿着下滑道飞行一直到跑道入口。

（5）VNAV（垂直导航）模式：当选用该模式时，自动驾驶仪操纵飞机沿着飞行管理计算机系统计算的垂直飞行剖面飞行。

（6）FL CH（飞行高度层改变）模式：当选用该模式时，自动驾驶仪操纵飞机按照预定的速度/马赫数爬升或下降到某一预设的高度上。

6.2.5　AP 模式信号牌

AP 的模式信号牌和 FD 的模式信号牌功能类似，用于通告飞行员自动驾驶仪正在以何种方式控制飞机。AP 的一种模式信号牌如图 6.10 右边所示。如果飞机上装备了 EFIS，AP 和 FD 的模式信号通常显示在 EFIS 显示组件上。在使用按钮而不是旋钮来选择模式的系统中，模式信号也可以组合在每个按钮上。

6.2.6　AP 的控制显示面板

AP 的一种控制显示面板如图 6.16 所示。

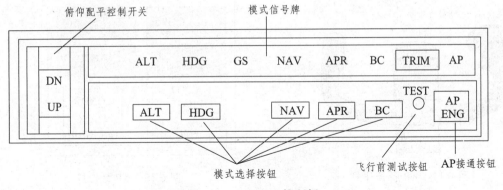

图 6.16　AP 显示控制板

（1）模式选择按钮：模式选择按钮有 ALT（高度保持）、HDG（航向）、NAV（导航）、APR（进近）和 BC（反航道）。接通这些按钮，即可选择 AP 工作在相应模式。

（2）AP 接通按钮：按下则接通 AP；再次按下则断开接通的 AP。

（3）AP 模式信号牌：AP 模式信号牌用于通告自动驾驶仪正在以什么模式控制飞机。飞行中，驾驶员应以模式信号牌的显示来判断自动驾驶仪的工作模式。

（4）飞行前测试按钮：该按钮用于 AP 的飞行前测试。

（5）俯仰配平控制开关：拨动此开关，可操纵飞机俯仰。

6.2.7　AP 的接通

AP 的使用范围是除起飞以外的所有飞行阶段。当到达自动驾驶仪的接通高度并满足其他接通条件后，按下自动驾驶仪的接通电门即可接通自动驾驶仪。

自动驾驶仪接通后，根据需要选取自动驾驶仪的工作模式。飞行中根据需要，可以转换工作模式。

6.2.8 AP 的脱开和脱开警告

为了便于飞行员进行操纵和控制，飞机上安装有专门的自动驾驶仪脱开电门。此电门一般安装在驾驶盘上，如图 6.17 所示。按下该按钮，可以脱开接通的自动驾驶仪。这是脱开自动驾驶仪的最常用方法。在脱开自动驾驶仪时，飞行员一定要控制好飞机，以防出现意外。另外，还有一些其他方法也可以脱开自动驾驶仪，如断开自动驾驶仪接通电门进行脱开；向自动驾驶仪的俯仰、横滚和航向通道施加足够的力，人工强行脱开等。

安装在现代飞机上的自动驾驶仪，都带有一个独特的声音和灯光警告系统来提醒飞行员自动驾驶仪的脱开。无论是人工脱开还是由于故障使自动驾驶仪脱开，该警告系统都工作。飞行员可以通过按压取消按钮来静音声音警告和熄灭灯光警告。安装脱开警告系统是为了安全起见，自动驾驶仪失效的情况下进行脱开报警尤其显得重要。

在图 6.18 中，A/P DISC（AP 脱开）灯用来指示自动驾驶仪的脱开。无论是失效引起的脱开还是人工脱开，该灯都会点亮。AUTOPILOT 灯用来指示自动驾驶仪的接通模式故障。当情况得到改正或受影响的自动驾驶仪脱开时，灯熄灭。

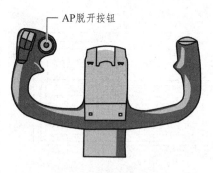

图 6.17　AP 脱开开关

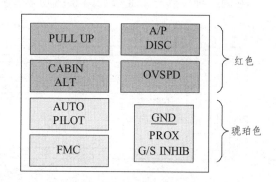

图 6.18　AP 警告灯

6.3　自动驾驶飞行指引系统

由于自动驾驶仪和飞行指引仪的操作原理非常类似，因此，在现代飞机上一般将这两种系统综合在一起，共享某些处理功能，组成自动驾驶飞行指引系统（AFDS）。在 AFDS 中，自动驾驶仪的计算机和飞行指引仪的计算机通常合为一体，称为飞行控制计算机（FCC）。FCC不但输出信号去控制指引针，还输出信号去控制飞机舵面和飞行模式信号牌。

AFDS 通常由飞行控制计算机（FCC）、AFDS 模式控制板（MCP）、AFDS 飞行模式信号牌（FMA）、起飞/复位（TO/GA）电门、AP 脱开电门、伺服机构等构成。

6.3.1　MCP 板

图 6.19 所示为 B767 飞机上 AFDS 的 MCP 板。该控制板通常位于遮光板下面。上面有 FD

和 AP 的接通、断开及模式选择电门，另外还有自动油门系统的有关控制部件。

在该 MCP 板上，模式选择开关为按压式开关，每个开关上都有一个灯条用于指示该模式是否已被选用。预位和接通状态显示在 EFIS 显示组件上，预位模式通常显示为白色或琥珀色，接通模式显示为绿色。

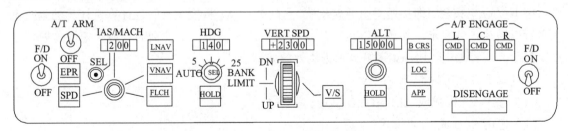

图 6.19　AFDS 的 MCP 板

1. F/D ON/OFF（FD 接通/断开）开关

该开关有两个，供正、副驾驶用。开关置于"OFF"位时，姿态指引指示器上无 FD 指引针出现。开关置于"ON"位，指示器上将出现指引针并进行相关模式指引。

当首次选用"ON"位时，如果飞机在地面，指引针进行 TO（起飞）模式指引，如果在空中，进行航向保持和当前垂直速度保持指引。在起飞模式，指引针给出机翼水平和 8°～10° 的上仰指引。

2. A/P ENGAGE（AP 接通）开关

AP 接通开关用于接通 AP 工作在指令模式（CMD）。有的飞机上，AP 也可以接通工作在驾驶盘操作模式（CWS）。CMD 模式是指由机上的设备输出信号给自动驾驶仪，由自动驾驶仪自动操纵飞机；CWS 模式是指驾驶员通过驾驶盘去控制自动驾驶仪，操纵飞机上升、下降或转弯。驾驶员松开驾驶盘后，飞机仍在自动驾驶仪的控制中。

接通自动驾驶仪时，自动驾驶仪将工作在航向保持和垂直速度保持模式；如果飞行指引仪已接通，就工作在飞行指引仪选用的模式。

正常飞行中，除 ILS 进近外，自动驾驶仪只能接通一部。一部自动驾驶仪的接通将使另一部已经接通的自动驾驶仪自动脱开。

当工作在 APP（进近）模式时，按压未接通的自动驾驶仪的 CMD 按钮将预位自动着陆系统，并将电气系统隔离为三个通道。当飞机截获航向道和下滑道时，所有的自动驾驶仪全接通，对准跑道、拉平、着陆和滑跑等自动着陆功能均预位。

3. DISENGAGE（脱开）杆

按下 MCP 板底部的 AP 脱开杆，将脱开所有接通的自动驾驶仪。此时可看到红色的警告条。提起 AP 脱开杆，自动驾驶仪才能再次接通。

4. 导航模式

1）LNAV（水平导航）模式

当满足水平导航截获标准时，按下 LNAV 按钮，飞行管理计算机将控制自动驾驶仪，操纵飞机按预定的生效航路飞行。

如果生效航段在飞机的转弯半径之内，EADI 上 LNAV 字符显示为绿色，AFDS 操纵飞机跟随生效航路。如果生效航路航段在飞机的转弯半径之外，在 EADI 上 LNAV 字符显示为白色或琥珀色，先前接通的横向模式继续生效。

选择 HDG HOLD 模式、HDG SEL 模式或航向道被截获时，LNAV 模式断开。

2）VNAV（垂直导航）模式

按下 VNAV 按钮，即接通垂直导航模式。AFDS 和 AT 将按飞行管理计算机计算的垂直剖面飞行以满足各种要求，如预选高度、巡航高度、最大速率、最佳剖面、最大速度、航路点高度限制等。EADI 上 VNAV 字符显示为生效的俯仰模式。

通过以下方法可以断开 VNAV 模式：

（1）选用 VS 模式或 ALT HOLD 模式；

（2）选用 SPD 或 EPR 模式；

（3）选用 FL CH 模式；

（4）截获下滑道；

（5）在达到 FMCS 的目标高度前飞机到达了 MCP 板上设定的高度。

5. 航向控制

1）HDG HOLD（航向保持）模式

按下航向保持钮，即接通航向保持模式，自动驾驶仪将操纵飞机保持在当前航向上。当选用 HDG HOLD 模式时，如果飞机正在转弯，自动驾驶仪将改平飞机机翼，保持飞机在机翼改平时的航向上。在 EADI 上横滚模式显示为 HDG HOLD。

如果没有接通其他的横滚模式，航向保持模式是飞行指引仪和自动驾驶仪的基本横滚模式。

2）HDG SEL（航向预选）模式

航向预选模式按钮位于坡度限制旋钮之内。

转动预选航向旋钮可以设置预定航向，同时也定位 EHSI 上的航向游标位置。所选航向值显示在旋钮上方的显示窗中。按压航向预选模式旋钮，自动驾驶仪将操纵飞机转到所选航向并保持在该航向上。随着航向预选模式的接通，可以通过转动预选航向旋钮来操纵飞机以调节飞机航向。在 EADI 上横滚模式显示为 HDG SEL。

航向道截获之前，航向指示窗中显示的是所选的磁航向。航向道截获后，它将指示跑道方向。

3）BANK LIMIT（坡度限制）选择旋钮

BANK LIMIT 选择旋钮和 HDG SEL 旋钮组合在一起。预选航向选择钮的外层旋钮即为坡度限制旋钮。该旋钮用于飞行员选择自动驾驶仪可用的坡度限制值，目的是提高乘客的舒适性。AUTO 位允许自动驾驶仪决定所需的坡度，该位为最常用位置。LNAV 模式时，不设置坡度限制值。

6. 高度控制

1）ALT HOLD（高度保持）模式

按下高度保持钮，即接通高度保持模式，自动驾驶仪将操纵飞机保持在当前气压高度上。如果飞机正在爬升或下降时选用了 ALT HOLD 模式，自动驾驶仪将操纵飞机平滑过渡，截获按下高度保持按钮时飞机的高度（需注意的是，ALT HOLD 所保持的高度并不一定是高度预选窗中设置的高度）。在 EADI 上俯仰模式显示为 ALT HOLD。

2）ALT SEL（高度预选）模式

转动高度预选旋钮可以设置预选高度，预选高度显示在高度预选窗中。可以采用 FL CH 模式或 V/S 模式操纵飞机去截获所选高度。在 EADI 上俯仰模式显示为 FL CH 或 V/S，当截获所选高度时显示变为 ALT CAP。该显示的转变在飞机改平前几百英尺时出现，取决于当时的垂直速度。

当显示由 ALT CAP 变为 ALT HOLD 时，飞行员可以在 MCP 板上设置新的预设高度，但是需要重新选择 FL CH 模式或 V/S 模式才能操纵飞机继续爬升或下降。

在 ALT HOLD 模式或 ALT CAP 模式，如果迎角超过 6°，AUTOPILOT 警戒灯和主警戒灯点亮，在 EADI 上的模式通告上出现一条琥珀色的横线。

7. V/S（垂直速度）模式

当按下 V/S 按钮接通垂直速度模式时，垂直速度窗显示当前的垂直速度，向上或向下拨动垂直速度拇指轮，可调节垂直速度窗中显示的垂直速度。

当选用了垂直速度模式时，自动驾驶仪将操纵飞机按垂直速度窗中设定的垂直速度飞行，EADI 上有效的俯仰模式显示为 VS。V/S 模式是实施爬升或下降的最快速方法。

一旦垂直速度模式接通，高度保持和速度保持等俯仰模式断开。任一时间只能有一个俯仰模式接通工作。

8. 速度控制

1）IAS/MACH（指示空速/马赫数）

所选速度/马赫数显示在指示空速/马赫显示窗中。速度和马赫数的显示由 IAS/MACH 显示窗左下角的 IAS/MACH SEL 按钮转换。转动两个同轴的速度控制旋钮可以改变显示的数字。外旋钮改变十位数和百位数，内旋钮改变个位数。

2）FL CH（飞行高度层改变）模式

按下 FL CH 按钮，即接通高度层改变模式，自动驾驶仪将操纵飞机朝着 ALT SEL 窗中设置的高度开始爬升或下降，EADI 上的俯仰模式显示为 FL CH。

当飞机高度接近所选高度时，自动驾驶仪的模式将变为 ALT CAP（高度截获），当自动驾驶仪将飞机改平在所选高度时，模式变为 ALT HOLD（高度保持）。EADI 上的俯仰模式显示由 FL CH 变为 ALT CAP，改平在所选高度后变为 ALT HOLD。如果垂直速度较大，在飞机到达所选高度数百英尺前出现 ALT CAP。

9. ILS 开关

1）LOC（航向道）模式

按下 LOC 按钮，即接通航向道模式，自动驾驶仪将操纵飞机去截获调谐的 LOC 航向道并使飞机保持在 LOC 航向道上。在截获航向道之前，自动驾驶仪工作在航向保持模式，EADI 上横滚工作模式显示为 HDG，横滚预位模式显示为 LOC，一旦截获航向道，横滚工作模式显示为 LOC。

飞机必须朝着 LOC 航向道飞行才能实现截获。一旦截获了 LOC 航向道，其他的航向模式（HDG HOLD 或 HDG SEL）自动取消。此时可在 HDG SEL 窗中设置好复飞航向，为复飞做准备。

2）B CRS（反航道）模式

按下 B CRS 按钮，即接通反航道模式。反航道模式允许自动驾驶仪操纵飞机沿着航向道的反方向飞离跑道。调谐好航向道频率，操纵飞机使之能够截获反航道。使用反航道是为了让飞机能够精确地飞离只装有航向信标台，而没有安装 VOR 台或 NDB 台的机场。

3）APP（进近）模式

按下 APP 按钮，即接通进近模式，自动驾驶仪将操纵飞机去截获航向道和下滑道，并保持在航向道和下滑道上。

在 EADI 上横滚模式显示为预位的 LOC，然后是生效的 LOC，在俯仰模式显示为预位的 GS，然后是生效的 GS。下滑道截获时，ALT HOLD 模式自动取消。此时可在 HDG SEL 窗中设置好复飞航向，为复飞做准备。

在具有自动着陆能力的飞机上，接通多部自动驾驶仪是为了提高足够的冗余。通常只有一部自动驾驶仪生效，其余预位的自动驾驶仪在飞机截获航向道和下滑道时生效。

6.3.2　TO/GA（起飞/复飞）电门

TO/GA 电门一般位于油门杆上，如图 6.20 所示。起飞前，按下该电门，即接通飞行指引的起飞模式。截获下滑道后，自动驾驶仪和自动油门的复飞模式预位，按下该按钮，将激活复飞模式。自动驾驶仪将指令机头上仰 15°和航向保持，保持接通 GA 时的飞机航向。

如果在进近期间接通了多部自动驾驶仪，在复飞期间他们一直保持接通，复飞完成后，除了最初接通的自动驾驶仪外，其余所有的自动驾驶仪全部断开。

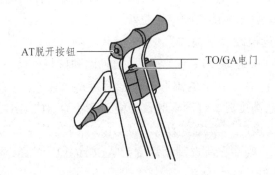

图 6.20　起飞/复飞电门

6.3.3　AFDS 模式信号牌（FMA）

AFDS 的 FMA 一般位于 EFIS 显示组件上。图 6.21 所示为 B737-300 飞机上的 AFDS 模式信号牌显示。信号牌上的绿色字符为工作模式，表示该模式已接通；白色字符为预位模式，预位模式表明该模式目前处于准备状态，但还没有控制飞机，一旦满足接通条件，自动变为接通模式，字符由白色变为绿色。

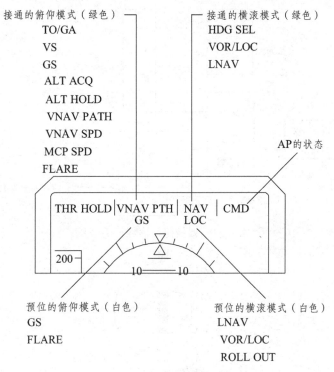

图 6.21　AFDS 模式信号牌

6.4　偏航阻尼器

飞机以小速度大迎角飞行时，其方向静稳定性和横侧静稳定性发生变化，导致两者匹配失当，造成飞机侧向稳定性变差，可能发生机体倾斜与偏航的合成振荡，该振荡称为飘摆，又叫荷兰滚（Dutch Roll）。

为了消除飘摆，现代飞机上都装有偏航阻尼器（YD），它根据空速和偏航角速度信号，经处理，适时提供指令使方向舵相对飘摆振荡反向偏转，从而增大偏航运动阻力，减小飘摆。

自动偏航阻尼有的由自动驾驶仪的方向舵通道提供，有的独立于自动驾驶仪的方向舵通道，使用一个单独的控制系统控制方向舵液压控制组件来提供。

YD 在起飞前接通，着陆后断开，在整个飞行过程中一直保持接通。在使用自动驾驶仪的方向舵通道提供偏航阻尼的系统中，接通自动驾驶仪，偏航阻尼器会自动接通。人工飞行时，偏航阻尼器需要单独接通。

6.4.1　组成

偏航阻尼器由 YD 指示器、YD 控制板、YD 耦合器和 YD 伺服系统等组成，如图 6.22 所示。

1. YD 指示器

YD 指示器用于指示偏航阻尼器驱动方向舵时，舵面偏转的方向和大小，如图 6.23 所示。当 YD 驱动方向舵向左偏转时，指示器的指针向左移动。反之，向右移动。

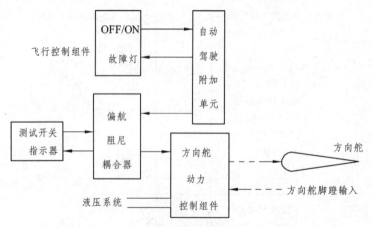

图 6.22　偏航阻尼器组成方框图

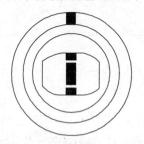

图 6.23　偏航阻尼器指示器

2. YD 耦合器

YD 耦合器包括偏航阻尼计算部分、电源组件、速率陀螺传感器组件（有的飞机上的偏航角速度和角加速度由惯性基准系统输入）和机内自测设备（BITE）等。它是偏航阻尼器的核心部分。用于产生偏航信号或接受偏航信号，经计算后输出信号到方向舵动力控制组件去控制方向舵。

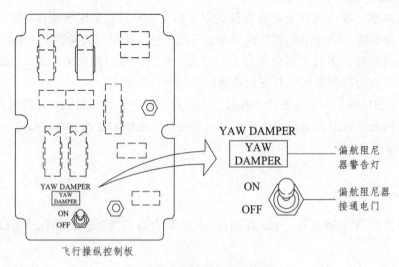

图 6.24　偏航阻尼器控制板

3. YD 控制板

YD 的一种控制板如图 6.24 所示。控制板上有 YD 的接通/断开电门和 YD 警告灯。接通/断开电门用于接通或断开 YD。警告灯为琥珀色，任何时候，只要偏航阻尼器故障，该灯就会点亮。

4. YD 伺服系统

YD 伺服系统主要包括方向舵位置传感器、方向舵转换活门和偏航阻尼作动器等。

6.4.2　YD 的工作原理

YD 的工作原理如图 6.25 所示。偏航速率陀螺为传感器组件，它的敏感轴为飞机的垂直轴（偏航轴）；偏航阻尼器计算机对检测到的误差信号进行过滤、综合、处理和放大，然后向伺服系统提供输入信号；反馈环路用于偏航运动停止时，使方向舵自动回中。

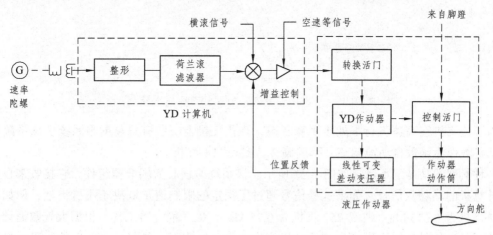

图 6.25　偏航阻尼器原理图

当飞机发生飘摆时，偏航速率陀螺将感受飞机在垂直轴（偏航轴）的摆动，输出角速度信号，并送给带通滤波器。滤波器滤除飞机正常转弯时的低频信号和飞机振动产生的高频信号，仅输出飞机的飘摆信号。该信号经放大后，送至转换活门控制液压油路的方向。偏航阻尼器作动器接受转换活门传来的液压油动作，与方向舵脚蹬输入相综合，移动方向舵的主作动器，操纵方向舵偏转。同时，偏航阻尼器作动器的运动将带动位置传感器产生回输信号，供指示器指示偏航阻尼器驱动方向舵时，舵面偏转的方向，并抵消偏航角速度信号，使舵面在偏摆停止时，回原始位置。

对于某一给定的振荡速率而言，偏航阻尼信号与空速成反比，所以需要大气数据计算机提供速度信号。对不同的构形而言，也需要修正偏航阻尼信号。因此，来自襟翼位置指示器电路的信号也将送给偏航阻尼器的增益电路，当襟翼放出时，可以增加反应速度。

偏航阻尼器的工作通过驾驶舱中的指示器进行监控，该指示器显示偏航阻尼器驱动方向舵时，方向舵的位置偏转情况。

6.5　自动俯仰配平系统

6.5.1　马赫配平系统

以高亚音速或接近音速飞行的飞机，由于机翼根部的气流接近于音速，产生紊流区，使这部分的升力减小，会出现明显的压力中心后移的跨音速效应，造成机头自动下沉现象，如图 6.26 所示。

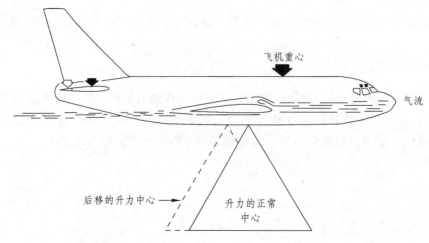

图 6.26　飞机速度增大，引起升力作用点变化

为了使飞机在高速飞行下处于平衡状态，现代飞机上安装有马赫配平系统。该系统以飞机的马赫数作为函数自动地调整升降舵偏转，实现配平飞机。

一种典型的马赫配平系统如图 6.27 所示。该系统的核心为耦合器组件，它接收来自大气数据计算机的马赫数信号。如果这些信号超过了预定的限制值（取决于飞机类型，例如：波音 737 飞机为 0.615 Ma，波音 757 飞机为 0.75 Ma），配平耦合器工作，根据大气数据计算机送来的马赫数信号计算操纵指令加给电机，作动水平安定面，使得升降舵上偏，阻止机头的下沉趋势。

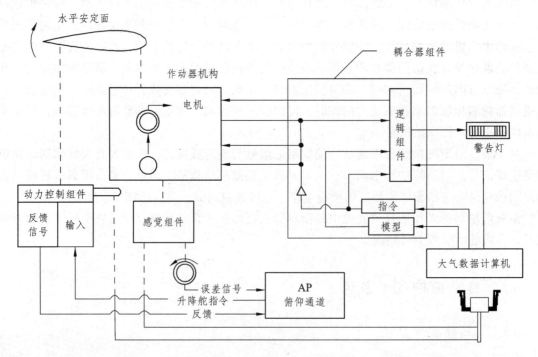

图 6.27　典型的马赫配平系统

该系统有内部监控电路，如果系统失效，驾驶舱内的失效指示灯点亮。

飞机在地面，或飞机起飞后襟翼未收起，或襟翼收起后，马赫数较小，马赫配平系统均不工作。

6.5.2　速度配平

自动驾驶仪未接通，飞机重心靠后，襟翼放出，飞机速度较低时，由于速度变化，飞机纵向将出现不平衡。为了保证速度稳定性，配平计算机根据大气数据计算机送来的空速信号自动计算操纵指令加给安定面配平控制组件，实现自动配平。

6.5.3　自动驾驶俯仰配平系统

在自动飞行期间，由于飞机速度变化、构形变化和重量变化，飞机重心也将发生改变。为了保证飞机在这些情况下的纵向平衡，飞机上安装有配平系统，该系统称为自动驾驶俯仰配平系统。该系统通过移动可调水平安定面来保证飞机在自动飞行期间飞机的纵向平衡。无论什么时候，只要 AFCS 接通，自动驾驶俯仰配平系统就生效工作。

1. 系统框图

一种自动驾驶俯仰配平系统框图如图 6.28 所示，系统主要由安定面位置传送器、安定面配平位置指示器、安定面配平限位电门、驾驶盘操纵切断电门、安定面配平切断电门、配平计算机、伺服机构等组成。

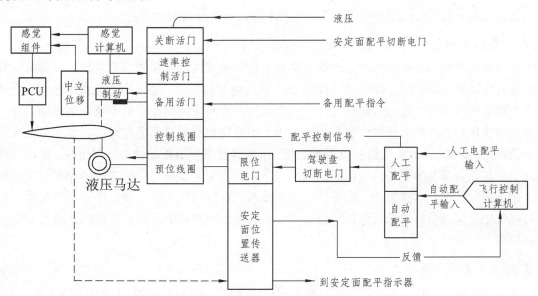

图 6.28　自动驾驶俯仰配平系统框图

安定面位置传送器组件用于向飞行控制计算机提供安定面的位置反馈信号，同时也向安定面配平指示器提供指示信号。

安定面配平位置指示器用来指示安定面配平的单位。图 6.29 所示为波音 757 飞机上的安定面配平位置指示器，指示范围为 0 ~ 17 个单位。指示 0 个单位时，表示安定面前缘上偏 4°，指示 15.5 个单位时，表示安定面前缘下偏到了下限 11.5°。刻度盘上有一绿区，飞机起飞时，人工配平安定面，指示器上的指示应指在该区，否则会引起起飞形态警告。

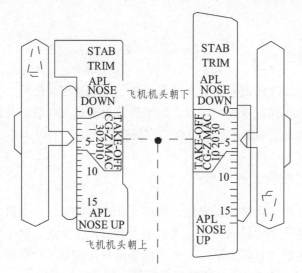

图 6.29　安定面配平指示器

安定面配平限位电门用于限制安定面配平角度，防止超出预设的限制。

驾驶盘操纵切断电门位于每个驾驶杆扭力管的外侧。当驾驶杆运动方向与安定面配平方向相反时，切断到安定面配平控制组件的信号。它可以用来在安定面失控状态下超控任何配平指令。

安定面配平切断电门用于切断人工主电配平和自动驾驶俯仰配平。

2. 基本工作

在自动驾驶俯仰配平系统中，俯仰配平是通过移动可调水平安定面来实现的，同时，升降舵留有完全的运动权限，以响应 AFCS 指令的任何俯仰变化。如果中立位移传感器检测到升降舵偏离流线型位置太远达数秒之久，伺服机构使水平安定面按需向上或向下运动，减少自动驾驶仪保持升降舵离开流线型位置的需求。当升降舵接近流线型位置时，停止对水平安定面的操作。例如：AFCS 发出机头下俯的指令，俯仰控制通道作动动力控制组件，驱动升降舵向下偏转。升降舵的偏转信号同时送到配平电路，当安定面和升降舵之间的相对位置达到一个阈限值时，配平电路激活。配平信号送到线圈，液压马达工作，使水平安定面移动。新的升降舵中立位置信号送给升降舵定位电路，重新定位升降舵的位置，使升降舵具有完全的运动权限。

3. 安定面配平故障指示

安定面配平故障时，驾驶舱中将有相应的信息通告，相应的故障灯也会点亮。

例如在波音 757 飞机上，EICAS 页面上显示蓝色的 STAB TRIM 字符时，说明人工主电配平已失去配平能力。EICAS 页面上显示蓝色的 MACH/SPD TRIM 字符时，说明配平计算机不能进行马赫/速度配平。EICAS 维护页上显示洋红色的 STAB TRIM 字符时，表明配平计算机故障。EICAS 页面上显示黑色的 UNSCHED STAB TRIM 字符以及遮光板上的琥珀色 MASTER CAUTION 灯亮时，说明探测到非指令性安定面运动。EICAS 页面上显示黑色的 AUTOPILOT

字符时，说明正在使用的自动驾驶仪已失去安定面配平能力。在 EICAS 维护页面上显示洋红色的 L FLT CONT ELEC 和 R FLT CONT ELEC 字符，表明左或右飞行控制系统电子装置的电源故障。

6.6 自动油门

自动油门（AT）是一个计算机控制的机电系统，它控制发动机推力在发动机的设计参数之内，并在所有飞行阶段，都能提供自动推力控制和速度控制。自动油门由推力管理计算机（TMC）或飞行管理计算机（FMC）控制。

AT 有大量的工作模式，这些模式从飞机松刹车到着陆的整个过程中都能使用。

6.6.1 AT 的基本原理

自动油门系统主要由自动油门控制板、推力模式选择板（TMSP）、模式信号牌、推力管理计算机（TMC）、脱开开关、脱开警告灯、伺服机构等组成。一种典型的自动油门系统组成如图 6.30 所示。

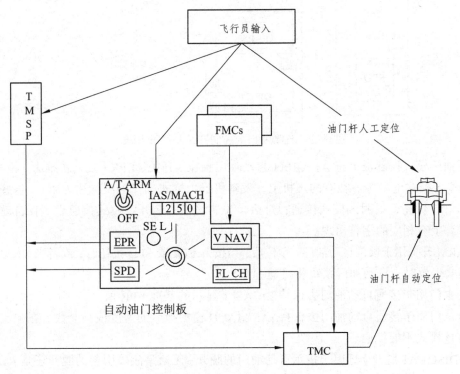

图 6.30　自动油门系统框图

推力管理计算机根据自动油门控制板和推力模式选择板（TMSP）传来的模式输入信号，飞行管理计算机传来的控制信号，大气数据计算机系统传来的空速、马赫数、气压高度和大气总温信号，发动机传感器传来的 N1 信号或 EPR 信号，以及其他一些控制信号，经过计算，一方面输出信号到 EFIS 符号发生器，经处理再输至 EFIS 显示组件进行自动油门模式显示和快慢指示；另一方面输出信号至伺服放大器，经放大后输至自动油门伺服装置，操纵油门杆和燃油流量调节器，控制发动机的 EPR 或 N1，调节推力大小。油门位置动作后，发动机上的动力杆角度传感器产生回输信号至推力管理计算机，使推力管理计算机完成油门的自动管理。

6.6.2 AT 模式控制板

图 6.31 所示为 B767 飞机自动油门模式控制板、脱开开关和脱开警告灯。

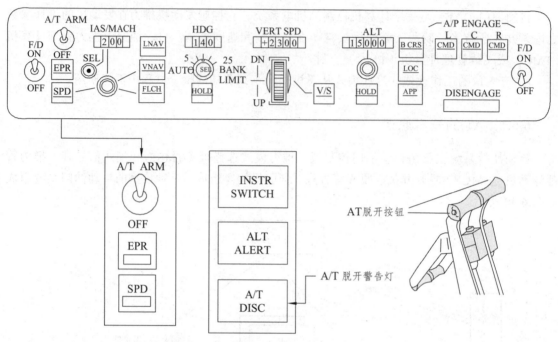

图 6.31　自动油门的控制开关和脱开开关

自动油门模式控制板上有 AT ARM（自动油门预位）开关、EPR（发动机推力）模式电门、SPD（速度）模式电门等。在有的飞机上，发动机推力模式选择电门标注为 N1。这些电门上带有指示灯。灯亮，说明该模式接通；灯灭，说明该模式断开。模式接通后，在自动油门的模式信号牌上有相应的字符出现。

AT ARM 开关用于预位自动油门。预位后，当按下 EPR 或 SPD 按钮时，或者当 VNAV/FLCH 或 GA 模式生效时，自动油门系统将接通。

EPR 电门用于接通自动油门去保持 EICAS 上显示的基准 EPR 值。

SPD 电门用于接通自动油门去保持 IAS/MACH 窗中指示的速度或马赫数。在起飞推力模式时，SPD 模式不能接通。

A/T DISC（AT 脱开）灯用于指示自动油门的脱开。无论是故障引起的脱开还是人工脱开，该灯都会点亮。

自动油门的脱开按钮用于人工脱开自动油门。第二次按压脱开按钮可以关断 A/T DISC 灯。

EPR（N1）模式和 SPD 模式是自动油门的基本工作模式。人工操纵飞机时，可根据情况选用自动油门工作在 EPR（N1）模式或 SPD 模式。自动飞行时，自动油门将和自动驾驶飞行指引系统配合工作，保持发动机推力或所需空速。当自动驾驶飞行指引系统维持飞机空速时，自动油门将控制和保持发动机推力；当自动驾驶飞行指引系统控制飞机垂直轨迹时，自动油门操纵油门杆保持所需空速。

飞机起飞时，自动油门调定发动机推力 EPR 或 N1 值，保持飞机到安全高度；爬升中，自动油门保持爬升推力或空速；巡航中，自动驾驶飞行指引系统维持高度，自动油门维持飞机空速；下降中，若自动驾驶飞行指引维持空速，自动油门收油门至慢车位；若自动驾驶飞行指引系统维持垂直飞行轨迹，自动油门将维持空速；自动进近中，自动驾驶飞行指引系统维持飞机垂直飞行轨迹，自动油门系统维持飞机的空速；复飞时，若自动油门接通，飞机姿态由人工操作或由自动驾驶指引系统操纵，发动机的复飞推力由自动油门保持；飞机接地前，自动油门系统控制油门到慢车位；着陆后，自动油门自动断开。

6.6.3　推力模式选择板（TMSP）

推力管理系统根据不同的飞行阶段进行发动机推力限制计算。自动油门控制发动机推力在限制值之内，以满足不同飞行阶段的不同推力要求。

图 6.32 所示为 B757 飞机上的推力模式选择板，用于选择推力模式和输入假设温度，便于推力管理计算机进行发动机推力限制计算。在许多现代飞机上，推力模式选择板的功能通常集成在 FMC CDU 上，在 FMC CDU 的 N1 LIMIT 页面上，可以实现推力模式选择板的所有功能。

推力模式选择电门有 4 个：TO/GA（起飞/复飞）、CLB（爬升）、CON（最大连续）和 CRZ（巡航）。在地面按压 TO/GA 电门选择起飞模式，在空中按压 TO/GA 电门选择复飞模式。CON 电门用来在空中选择最大连续推力。CRZ 电门用来在空中选择巡航推力。

固定减推力按钮选择两个固定百分比的减推力值。1 按钮选择大约 8% 的推力减少值，2 按钮选择大约 16% 的推力减少值。

温度选择旋钮用于为正常减推力起飞选择假设温度。转动该旋钮，在 EICAS 上首先显示平台温度，继续转动该旋钮就可以选择所需的假设温度。推力管理计算机使用假设温度和平台温度中的较大者计算起飞限制值。如果没有选择假设温度，计算机使用总温 TAT 和平台温度中的较大者计算起飞限制值。温度选择旋钮只有在起飞模式有效。

推力模式、假设温度、基准 EPR 值等显示在 EICAS 上，如图 6.33 所示。

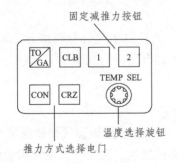

图 6.32　推力模式选择板

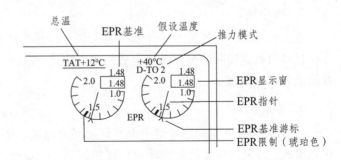

图 6.33　EICAS 上的显示

6.6.4　AT 模式信号牌

AT 模式信号牌用于显示自动油门当前的工作模式。在现代飞机上，自动油门的工作模式通常显示在 EFIS 显示组件上，如图 6.34 所示。

图 6.34　自动油门的模式通告

自动油门的模式信号用绿色显示。可能的模式信号有 EPR、SPD、GA、IDLE、ARM 和 THR HOLD 等。其中，IDLE 为飞行慢车模式；THR HOLD 为油门保持模式，在该模式，AT 的伺服机构断电，与油门杆脱开，油门杆保持在当时位置或人工设置的位置；ARM 为自动油门的预位模式。

6.6.5　自动油门系统的操作

1. 减推力起飞模式

预位自动油门，选择假设温度，按压 EPR 按钮，自动油门将接通并工作在减推力起飞模式。油门杆将自动前推直到达到起飞减推力值。地速 80 kts 以下时，油门杆被连续地驱动以维持所需 EPR 值。地速超过 80 kts，油门的驱动电机断电，自动油门的模式变为 THR HOLD（油门保持）。此时，飞行员可以人工调整油门杆的位置。起飞之后，当获得了所选的爬升 EPR 时，按压 EPR 按钮可以再次接通自动油门。

2. 全推力起飞模式

如果条件不允许使用减推力起飞，或者飞行员决定使用全推力起飞时，按压 TO/GA 按钮就可以接通全推力起飞模式。TO/GA 按钮的使用超控任何的假设温度输入，发动机被加速到 EPR 限制值。THR HOLD 模式和有效模式的再次接通与减推力起飞模式的情况完全相同。

3. 爬升模式

推力模式选择板提供了 3 个爬升推力值：全推力爬升、减推力 1 爬升和减推力 2 爬升。飞行员可以根据实际情况选择最合适的爬升模式。减推力 1 爬升使推力减少 8%，减推力 2 爬升使推力减少 16%。

4. 速度模式

在 AFDS MCP 板的速度窗中设置好适当的速度，然后按压 SPD 按钮即可接通速度模式。在该模式，自动油门系统将驱动油门杆按需移动来保持所选的速度。速度模式通常用于爬升、巡航和部分下降阶段以确保目标速度达到。

5. 飞行高度层改变模式

接通高度层改变模式，自动油门根据所选高度是在飞机高度之上或之下来设置爬升推力或飞行慢车。

6. 复飞模式

大多数系统中，在最后进近期间，当襟翼放下或飞机截获下滑道并在下滑道上时，复飞模式自动预位。需要时，按压油门杆上的 GA 按钮，自动油门系统将保持复飞推力。

6.7 自动着陆

自动着陆系统在目的地机场天气条件不好的情况下，可操纵飞机安全着陆，而不用备降其他机场，从而节约了用其他交通工具将乘客由备降机场运输到原目的地的费用。

为了使飞机能进行全自动进近和着陆，飞机上必须装有两部以上的自动驾驶仪和一部自动油门系统，采用多系统可以保证，即使自动驾驶系统的某个主要组件失效，飞机也不会偏离进近路径。

6.7.1 基本术语

1. 警告高度

警告高度是一个特定的无线电高度。实际运行中，若飞机高度高于警告高度，着陆所需冗余系统中的某一套出现故障，则终止进近，执行复飞程序。若飞机高度低于警告高度，即使着陆所需冗余系统中的某一套出现故障，进近仍将继续。

2. 故障—保持工作

在进近、拉平和着陆阶段，当飞机高度低于警告高度时，如果自动着陆系统发生故障，但系统利用剩余部件依然可以完成自动着陆，该自动着陆系统处于故障—保持工作状态。

3. 故障—性能下降

在进近、拉平和着陆阶段，当飞机高度低于警告高度时，如果自动着陆系统发生故障，着陆不能完全自动完成，该自动着陆系统处于故障—性能下降状态。

6.7.2 自动着陆状态信号器

自动着陆系统的工作情况通常显示在自动着陆状态信号器（ASA）上或 EFIS 显示组件上。飞行员根据自动着陆状态信号和 AFDS 的模式信号能够监控自动着陆机动的进程。自动着陆状态信号器（ASA）如图 6.35（a）所示；自动着陆状态显示在 PFD/EADI 上的情况如图 6.35（b）所示。

1. 自动着陆状态显示窗

自动着陆状态显示窗用于显示自动着陆的状态。在进近模式，当 3 部自动驾驶仪和所需的飞机系统输入可用时，上显示窗显示 LAND3（PFD/EADI 上显示为 CMD3）。只有 2 部自动驾驶仪和所需的飞机系统输入可用时，显示 LAND2（PFD/EADI 上显示为 CMD2）。在进近模式选择之前以及上面的需求满足之前，上显示窗一直显示空白。

只有 2 部自动驾驶仪可用于自动着陆时，下显示窗显示 NO LAND 3。接通电源时也会出现该显示。当自动着陆能力丧失时，显示 NO AUTOLAND。

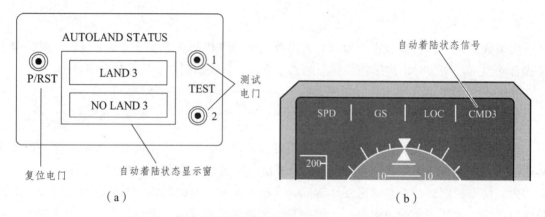

图 6.35　自动着陆状态信号器和在 PFD/EADI 上的显示

2. 测试电门

测试电门用于测试自动着陆状态信号器的工作。

开关扳到 1 位，上显示窗显示 LAND3，下显示窗显示 NO LAND3。

开关扳到 2 位，上显示窗显示 LAND2，下显示窗显示 NO AUTOLAND。

3. 复位电门

复位电门用于复位两个飞行员的自动着陆状态信号器。

进近模式选择前，按复位电门，可将 NO AUTOLAND 显示或 NO LAND3 显示变为空白。如果引起这些显示的状况仍然存在，松开复位按钮后，又会显示。

进近模式选择后，按复位电门，可将 NO LAND3 显示变为空白。保持空白显示直到着陆和自动驾驶仪脱开。如果显示 NO AUTOLAND，显示一直保持到自动驾驶仪脱开。

6.7.3　自动进近、拉平和着陆顺序

下面以 B757 飞机为例说明自动进近、拉平和着陆顺序。参见图 6.36。

B757 飞机安装有 3 部自动驾驶仪，根据自动驾驶仪接通的数量，系统执行 LAND2 或 LAND3 的自动着陆。

LAND2 表示 2 部自动驾驶仪接通，系统处于故障—性能下降状态。

LAND3 表示 3 部自动驾驶仪接通，系统处于故障—保持工作状态。

在巡航和朝着机场进近期间，通常只接通 1 部自动驾驶仪，操纵飞机沿着指定的航路飞行。当飞机靠近机场时，人工选择其他的自动驾驶仪，并在 AFDS 控制板上选择 APP 模式，此时，航向道、下滑道以及剩余的 2 部自动驾驶仪均预位。1 500 ft 无线电高度以下，当飞机截获了航向道和下滑道时，2 部预位的自动驾驶仪自动接通，拉平模式预位，3 个电气汇流条分隔开，彼此独立，这样，每台自动驾驶仪都有单独的电源供电。此时，信号器上出现 LAND3 显示。

注意：无线电高度 200 ~ 1 500 ft 如果出现失效，系统自动降级，处于故障—性能下降状态，信号器上出现 LAND2 显示。

无线电高度 330 ft 时，通过自动调整水平安定面使机头朝上配平。当飞机通过警告高度（通常为无线电高度 200 ft），由于失效被抑制，系统回到 LAND2，这种情况一直持续到滑跑期间速度 40 kt 以下。

当离地高度 45 ft 时，拉平模式自动接通，飞机的下降率逐渐减少以达到接地时 2 ft/s 的下降率。同时，自动油门也减少发动机的可用推力量以保持拉平路径。轮高 5 ft 时，拉平断开，准备接地，随后是滑跑模式。着陆状态一直维持到人工断开。

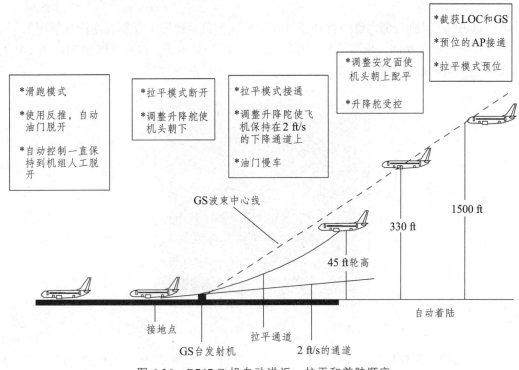

图 6.36　B767 飞机自动进近、拉平和着陆顺序

6.8　飞行包线保护

飞行包线保护的作用是保证飞机在所有飞行阶段都能在正常的飞行包线内飞行。保护类型包括大迎角保护、高速保护、俯仰姿态保护、坡度保护和载荷因素保护等。

大迎角保护使飞行员在紧急情况下（例如空中避撞）能以最大迎角执行快速拉升机动而不会出现操纵过量的情况。当飞机迎角增加到预定的临界值时，该保护功能起作用，发动机推力自动设置为 TO/GA 推力。该保护需要迎角信号，输出信号控制升降舵和自动油门。

高速保护使飞行员可以通过前推驾驶杆快速进入大的下降操作而飞机速度不会超过设计的速度限制。前推驾驶杆时，若速度超过 V_{MO}/M_{MO}，系统计算一个与超过量对应的使机头上仰的控制量给驾驶杆，保证飞机速度不超限。该保护需要空速和马赫数信号，输出信号控制升降舵。

俯仰姿态保护是对大迎角保护和高速保护的增强。当飞机姿态达到规定的最大俯仰姿态值时，俯仰姿态保护将减少驾驶杆的俯仰指令。该保护需要俯仰姿态信号，输出信号控制升降舵。

在商用飞机上，坡度通常不超过 30°，但某些情况下可能需要使用大坡度。坡度保护允许飞行员执行任何有效的横滚机动并防止飞机进入不可控状态。

载荷因素保护通过加速度计测量飞机的 G 载荷来实现。通过保持 G 载荷在结构限制之内来防止飞机应力过大，允许飞行员对避让机动立即响应。载荷因素保护与高迎角保护相关联。

6.9 AFCS 的操作范例

本节以 B767 飞机为例，说明自动飞行控制系统的典型使用（仅作为理论教学用）。

（1）驾驶舱准备期间，校准惯导，并使之工作在 NAV 模式。接通 YD 和 FD，EADI 上出现起飞指引（横侧指引针定中，纵向指引针上偏 8°），如图 6.37 所示。

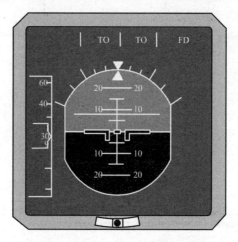

图 6.37　EADI 上的起飞模式显示

（2）调定 FMCS 并核实。根据飞行计划和 ATC 的许可对 FMCS 进行初始化。当完成了 FMCS 的初始化后，选择生效航路，调节 EHSI 的地图显示范围，保证起飞后能给出最好的引导显示。

（3）在推力模式控制板上选择自动油门的推力模式。本例中，计划减推力起飞。通过输入假设温度来设定减推力值，假设选用 40 ℃ 的假设温度，用推力模式控制板上的温度选择旋钮设置，设置值显示在 EICAS 上，如图 6.38 所示。由于设置的假设温度高于大气数据计算机感受的总温 TAT，推力模式显示为 D-TO（减推力起飞）。

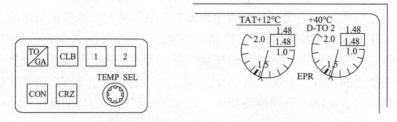

图 6.38　推力模式控制板上的温度选择旋钮和 EICAS 显示

（4）在 AFDS 的 MCP 板上将 AT 预位开关扳到 ARM 位，预位自动油门。

（5）滑行期间，检查飞行操纵系统和偏航阻尼器，设置起飞襟翼。

（6）收到起飞许可，飞机对准跑道中线后，前推油门杆使 EPR 大约 1.1，等发动机稳定后，选择 EPR 模式接通自动油门。油门杆自动前推，使发动机推力达到 EICAS 上显示的基准 EPR 值。EADI 上自动油门的模式显示为 EPR，如图 6.39 所示。

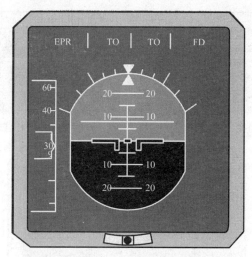

图 6.39　EADI 上的模式通告（1）

（7）在自动油门接通的情况下，使用杆、盘、舵人工操纵飞机起飞。

（8）速度超过 80 kts 时，自动油门的模式自动变为 THR HOLD（油门保持）。在 EADI 上出现 THR HOLD 显示，如图 6.40 所示。

（9）飞机离地，FD 纵向指引杆的指引由 8°增加为 17°。

（10）在襟翼收光前，自动油门一直工作在 THR HOLD 模式。在推力模式选择板上选择爬升推力后，油门模式变为 EPR。EADI 上自动油门的模式显示为 EPR，如图 6.41 所示。

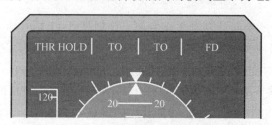

图 6.40　EADI 上的模式通告（2）

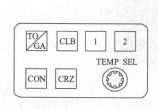 

图 6.41　爬升推力选择

（11）到达安全高度，例如 400 ft，选择 LNAV 模式。如果飞机尚未截获 LNAV 航迹，系统将使用 HDG SEL（航向）模式控制飞机，而 LNAV 模式预位，如图 6.42 所示。

（12）离地高度高于 400 ft 后，可接通自动驾驶仪的 CMD 模式。俯仰选择 VNAV 模式。推力模式选择板上选择爬升推力。AT 的模式为 EPR。俯仰模式显示为 VNAV PATH，如图 6.43 所示。

（13）到达截获点时，横滚模式为 LNAV（绿色），自动驾驶仪操纵飞机平滑截获。EADI 上的显示如图 6.44 所示。

图 6.42　EADI 上的模式通告（3）

图 6.43　EADI 上的模式通告（4）

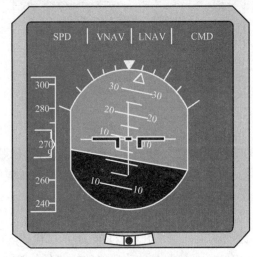

图 6.44　EADI 上的模式通告（5）

（14）通常，ATC 会要求非计划改平。例如，计划高度 FL330，但 ATC 要求飞 FL310。此时，只需在 MCP 板的高度预选窗中选择 31 000 ft，AFDS 在飞机到达第一高度，也就是高度预选窗中设置的 ATC 要求高度时将改平，自动油门的模式变为 SPD 以维持速度。

（15）接近 FL310 时，AFDS 的俯仰模式由 VNAV 变为 ALT CAP（高度截获），AFDS 使飞机机头下俯，以改平飞机保持 FL310。自动油门的模式为 SPD，如图 6.45 所示。

图 6.45　EADI 上的模式通告（6）

（16）当飞机改平并保持在 FL310 上时，AFDS 的俯仰模式变为 ALT HOLD，如图 6.46 所示。

图 6.46　EADI 上的模式通告（7）

（17）如果 ATC 要求你到计划高度 FL330，可再次选用 VNAV 模式。AT 将调整推力以满足爬升要求。

（18）在巡航高度上，AFDS 的模式如图 6.47 所示。

图 6.47　EADI 上的模式通告（8）

（19）输入下降参数到 FMC。

（20）观察到 VNAV 下降顶点的距离。在下降期间，AFDS 的模式如图 6.48 所示。AT 最初显示 IDLE（慢车），然后显示 THR HOLD。

图 6.48　EADI 上的模式通告（9）

（21）调谐盲降并核实，当 LNAV 航迹可切入 LOC 航向道时，按压 MCP 板上的 LOC 钮，EADI 上 AP 的横滚区显示 LOC（琥珀色），如图 6.49 所示。

图 6.49　EADI 上的模式通告（10）

（22）一旦截获航向道，下滑道模式预位，如图 6.50 所示。

图 6.50　EADI 上的模式通告（11）

（23）接近下滑道时，在 AFDS MCP 板上接通其余的自动驾驶仪。无线电高度 1 500 ft 之上，只有 1 部 AP 工作，另外 2 部 AP 预位。1 500 ft 之下，自动着陆系统完成所有自动检查后，2 部预位的 AP 才接通。无线电高度 1 200 ft，完成所有自动检查，3 部自动驾驶仪生效，为了自动着陆，3 个电气汇流条分隔开，彼此独立，这样，每台自动驾驶仪都有单独的电源供电。自动着陆状态通告器上显示 LAND3，EADI 上显示 CMD3。自动油门的模式显示为 SPD，如图 6.51 所示。

图 6.51　EADI 上的模式通告（12）

（24）接近接地点时，自动油门收慢车，信号牌显示 IDLE，然后显示 THR HOLD，俯仰模式为 FLARE（拉平），在横滚区 ROLL OUT（着陆滑跑）预位，如图 6.52 所示。飞行员对飞行情况进行监控，必要时，按压 GA（复飞）按钮进行复飞。

图 6.52　EADI 上的模式通告（13）

（25）接地后，人工脱开自动驾驶仪。关断飞行指引仪。

复习思考题

1. 自动飞行控制系统的功能是什么？
2. 自动飞行控制系统包括哪些分系统？
3. 说明自动驾驶仪的基本功用、分类情况和使用范围。
4. 自动驾驶仪的通道有哪些？每一通道包含哪些组成部件？
5. 简述自动驾驶仪的内环稳定原理。
6. 自动驾驶仪的测量装置中，加入角速度信号装置的作用是什么？
7. 自动驾驶仪的工作模式有哪些？分别表示什么含义？
8. 飞行指引仪的指引针有哪两种形式？有何异同？
9. 简述飞行指引仪的基本原理。
10. 说明 AFDS 模式信号牌的功用。
11. 偏航阻尼器在飞行中有何作用？操纵飞机的哪个舵面？
12. 简述偏航阻尼器的基本原理。
13. 飞机上为什么要安装马赫配平系统？它是如何工作的？
14. 简述自动驾驶俯仰配平系统的作用和基本原理。
15. 配平指示器有何作用？起飞时，指示器应指在什么范围？
16. 自动油门在飞行中有何作用？
17. 自动油门的基本工作模式有哪些？
18. 自动油门与自动飞行指引系统联用时，其工作模式是怎样确定的？
19. 简述自动油门系统的基本原理。
20. 飞行包线保护的作用是什么？有哪些保护类型？每种保护类型的功能是什么？

第7章 机载气象雷达系统

为了保证飞行安全和乘客的舒适,飞行前了解整个航路上的天气情况非常重要。但是,对于长途飞行而言,由于天气变化无常,飞行前要了解整个航路上的天气情况非常困难,夏天更是如此。因此,现代飞机上一般都安装有气象雷达(WXR)。

机载彩色气象雷达是一种自主式的电子设备。它利用气象目标或其他目标对雷达波的反射来进行目标的探测,无需地面设备配合。

机载气象雷达的基本功能是探测飞机前方的气象情况,向机组提供充填有水分的气象形成区的平面位置显示图像,以便机组选择安全的航线避绕各种危险的气象区域。

机载气象雷达的另一功能是观察飞机前下方的地形地貌。适当下俯气象雷达的天线,可以提供大的地形轮廓特征的显示,例如:河流、海岸线、大的山峰和城市等。该功能可以用来辅助导航。

机载气象雷达主要用于探测大面积的气象降雨区,它对山峰、相遇飞机的探测能力和所显示的相应图像及位置的准确程度,均不能满足地形回避和防撞要求,因此,不能把气象雷达的显示图像作为地形回避和空中防撞的依据。

7.1 系统组成

机载气象雷达系统一般由收发组件、天线组件、控制/显示组件等组成。如图7.1所示。

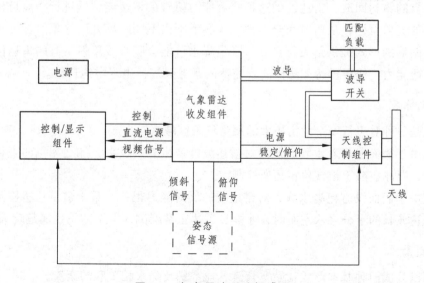

图 7.1 气象雷达系统组成图

收/发组件是气象雷达系统的核心组件。其功用是产生射频脉冲信号,输往天线辐射;同时放大和处理天线接收到的回波信号，提取目标信息，输送给雷达显示器。

天线控制组件驱动气象雷达天线以恒定的速率进行周期性的方位扫掠，以探测飞机航路前方及其左右两侧扇形区域中的目标（或观察飞机前下方的地貌），同时，天线控制组件还驱动天线进行复杂的稳定修正运动。

天线用于辐射发射机产生的射频脉冲信号并接收目标反射回来的回波。现代气象雷达所采用的天线通常为平板天线。天线通常使用姿态信号源传来的姿态信号进行稳定，这样可以避免转弯期间的地形杂波。

控制板用于对雷达系统进行控制。

显示器是气象雷达的终端设备，用以显示雷达接收机所检测出的目标信息。

7.2 基本原理

机载气象雷达通常工作在 X 波段，通过目标对 X 波段电波的反射来完成探测和确定目标的位置及其他性质。

1. 探测降雨区

水是一种导体，液态的水珠具有良好的导电性，能对 X 波段的电波产生有效反射。因此，包含有较大雨滴的空中降雨区域，能够对机载气象雷达天线所辐射的 X 波段电磁波产生一定程度的反射，形成降雨区域的雷达回波，而被机载气象雷达所接收。

对于空中的降雨区域来说，由于雨滴不可能完全充填降雨区域，加之气象雷达所发射的电磁波的波长很短，因而当雷达波由无雨区射向降雨区界面时，除了会在雨区界面处反射一部分入射波能量外，雷达波仍可继续穿入整个降雨区域从而产生不断的反射。不仅如此，雷达波在穿透整个雨区而射向位于该雨区后面的其他气象目标时，也同样可使这些较远的气象目标产生各自的雷达回波。雷达波的这种穿透能力使气象雷达能够透过近距离目标的遮挡，而发现较远的气象目标，从而较为全面地把探测范围内不同距离处的气象目标分布情况以平面位置显示图形的形式提供给飞行员。但是强降水可能会吸收或反射所有的雷达信号，减弱雷达波的穿透能力，使得雷达无法探测到完整的恶劣天气，出现雷达盲区。

2. 探测冰雹区

冰雹区是一种对飞行安全危害极大的恶劣气象区域。

湿冰雹由于表面包裹着水膜，水膜对雷达波能产生有效反射，加之冰雹的直径通常较雨滴大，因此，湿冰雹易于被气象雷达所检测。

干冰雹由于表面没有包裹水膜，对雷达波的反射能力很差，难于被雷达所检测。只有当直径达到雷达波长的十分之八左右时，才能被雷达正常检测，但干冰雹也属危险天气。

3. 探测紊流

紊流可以分成两种基本形式：晴空紊流、与雷暴及降水相关联的紊流。

机载气象雷达利用与紊流夹杂在一起的水珠反射雷达波时产生多普勒效应这一特性来进行紊流的检测。被紊流所夹带的水珠在反射雷达波时，由于其急速多变的运动特性，会形成一个偏离发射频率且频谱宽度较宽的多普勒频谱，它与一般降雨区所产生的反射回波明显不同。雷达的接收处理电路对这类回波信号进行处理，通过回波信号的频谱宽度来检测紊流的存在。

机载气象雷达能检测并显示中度（速度变化为 6~12 m/s）以上夹带有雨滴的紊流。

晴空紊流由于没有夹带足够的雨滴，对雷达波不会产生有效的反射，因此难于被气象雷达所检测。

4. 气象目标的反射特性

机载气象雷达不能检测一切气象目标。暴雨区、夹带有雨滴中度以上的紊流区、表面包裹着水膜的冰雹以及直径较大的干冰雹，均能产生较强的雷达回波，可以被机载气象雷达有效检测。但是，直径较小的干冰雹、干的雪花以及洁净透明的紊流区域等，由于对雷达波的反射很微弱，因而均不能有效地被雷达所检测。不同气象目标所产生的雷达回波的强弱情况如图 7.2 所示。

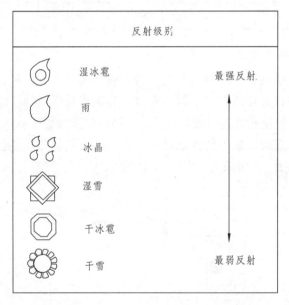

图 7.2　气象目标的反射特性

雷达反射率的高低主要由雨滴的大小决定。雨滴越大，反射越强。

最好的雷达反射器是湿冰雹和雨。含有大量湿冰雹的雷暴区的反射强度高于只含有雨滴的雷暴区。

只含有少量雨滴的云，如雾或毛毛雨，不能产生被雷达检测的回波。但是如果条件变化，云开始产生雨，就能够在雷达上显示。

5. 降雨率与图像颜色

单位时间中的降雨量称为降雨率。降雨率用来定量描述降雨程度。

彩色气象雷达用象征性的颜色来表示降雨率的不同区域，大雨区域的图像为红色，用以表示该区域具有一定的危险性；中雨区域的图像为黄色，用以提醒注意；小雨区域的图像为绿色，其意为安全；微雨或无雨区域在荧光屏上则为黑色（荧光屏上该区域不产生辉亮图像）。

不同型号的机载气象雷达对紊流区的显示采用不同的颜色，有的以紫色图像表示；有的以品红色图像表示；有的以红色图像表示，与强降雨区的图像颜色相同；有的则以白色图像表示。

表 7.1 为 WXR – 700X 等雷达常采用的图像颜色与降雨率的对应关系。

表 7.1　图像颜色与降雨率的对应关系

图像颜色	降雨率或紊流	
	（mm/h）	（in/h）
黑	< 0.76	< 0.03
绿	0.76 ~ 3.81	0.03 ~ 0.15
黄	3.81 ~ 12.7	0.15 ~ 0.5
红	>12.7	>0.5
品红	紊流	

6. 天线波束扫掠与平面位置显示

机载气象雷达的天线具有很强的方向性。当天线指向某一方位时，它所形成的波束即照射这一方位的目标，使该方位所有位于雷达有效探测距离范围内的气象目标产生各自的反射回波。当天线以一定的转速连续进行方位扫掠时，即可使天线波束依次照射不同方位的目标，从而照射飞机前方整个扇形区域中的气象目标。天线波束扫掠与气象目标回波在平面位置显示器上显示的情况，如图 7.3 所示。

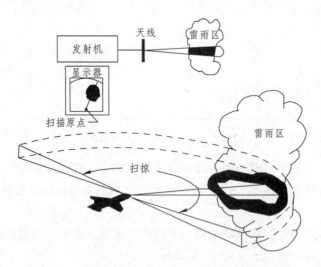

图 7.3　天线波束扫掠与目标的平面位置显示图形

7. 观察地形

机载气象雷达根据地物对雷达信号反射特性的差异来显示地形轮廓。

含有大量钢铁或其他金属结构的工业城市具有比周围大地更强的反射特性；河流、湖泊、海洋对电波的反射能力则明显不同于其周围或相邻的大地表面。当雷达电波投射到大地表面

126

时，不同地表特征便形成了强弱差别明显的雷达回波。根据雷达回波的这一特性，气象雷达便可在显示屏上显示出地表特征的平面位置分布图形。

大地表面上反射率较强的部分可以产生较强的地物回波，从而在荧光屏上呈现为黄色甚至红色的回波图形；反射率较弱的部分所产生的回波较弱，在荧光屏上呈现为绿色图形；而反射率很差或者面积很小的地物不能产生足够强度的回波，这些地域就相当于荧光屏上的黑色背景。反射率相差明显或地形变化陡峭的地物分界处，例如：海岸线、河湖的轮廓线、大型工业城市的轮廓线等，可以在所显示的地图上形成明显的分界线。

7.3　工作模式

不同型号的机载气象雷达，其工作模式有所不同。下面就气象雷达的一些主要工作模式进行介绍。

1. WX（气象）模式

气象模式为机载气象雷达最基本的工作模式。

雷达工作于气象模式时，显示器上所呈现的是空中气象目标及其他目标的平面位置分布图形。此时，天线波束在飞机前方及其左右两侧的扇形区域内往复扫描，以探测飞机航路前方扇形平面中的气象目标（通常是飞机所处的飞行高度层中的目标）。

2. MAP（地图）模式

地图模式是各型机载气象雷达所共有的另一个基本工作模式。

地图模式时，呈现在荧光屏上的是飞机前下方地面的地表特征，诸如山峰、河流、湖泊、海岸线、大城市等的地形轮廓图像。为此，应将天线下俯一定角度使雷达天线波束照射飞机前下方的地面。

3. TEST（测试）模式

大多数新型机载气象雷达都设置有功能完善的机内测试电路，以对雷达进行快速性能检查。

雷达工作于测试模式时，显示器上即显示气象雷达的自检测试图。通过观察自检图，即可方便迅速地了解雷达的性能状况。

4. STBY（准备）模式

早期的气象雷达设置有准备模式，以使发射机中的高频功率振荡器及显示器有一定的加温准备时间。应用全固态器件的雷达通常不需要设置准备模式。在此模式，天线不辐射电磁能量。

5. TURB（紊流）模式

性能完善的现代机载气象雷达一般都设置有紊流探测功能。

雷达工作于紊流探测模式时，显示屏上只显示紊流区的紫色或白色图像，其他雨区的红、黄、绿色图像不显示。

6. WX/T（气象与紊流）模式

雷达工作于气象与紊流模式时，屏幕上除了显示大、中、小降雨区的红、黄、绿色图像外，还用醒目的紫色或白色图像显示出危险的紊流区域。

7. CYC（轮廓或循环）模式

早期飞机上的某些气象雷达具有轮廓模式，该模式的工作情况与气象模式基本相同，显示器上所提供的也是空中气象目标的平面分布图形。所不同的是屏幕上的红色图像将会按每秒一次的间隔闪烁（即半秒显现半秒消失），所消失的红色图像区域呈现为一个黑洞，其作用相当于黑白气象雷达中的"轮廓"效应。

7.4　控制面板

机载气象雷达的控制板主要用于选择工作模式、选择显示范围、调节天线的俯仰角和控制系统增益。控制板上也可以进行天线的稳定功能选择、系统选择、地面杂波抑制选择等。机载气象雷达系统的一种控制面板如图 7.4 所示。

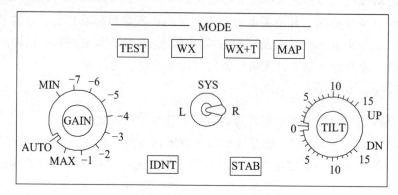

图 7.4　气象雷达控制面板

1. GAIN（增益）选择旋钮

增益选择旋钮用于人工调节雷达接收机对信号的放大能力。从 MIN 位（最小增益位）到 MAX 位（最大增益位）为人工增益调节位，AUTO 位为自动增益位。

2. WX（气象）模式按钮

按下 WX 按钮，系统工作在气象探测模式，显示器上显示航路前方的气象回波数据。

3. WX+T（气象与紊流）模式按钮

按下 WX+T 按钮，系统工作在气象与紊流探测模式，显示器上显示气象回波数据和紊流信息。

4. MAP（地图）模式按钮

按下 MAP 按钮，系统工作在地形观察模式，显示器上显示飞机前下方的地形地貌特征。

5. TEST（测试）按钮

按下 TEST 按钮，系统工作在测试模式，显示器上显示彩色测试图和系统状态信息。机载气象雷达系统的一种测试图如图 7.5 所示。

6. IDNT（识别）按钮

IDNT 按钮用于激活地面杂波抑制，减少在 WX 模式和 WX+T 模式时的地面回波。MAP 模式的选择会自动取消地面杂波抑制功能。回到 WX 模式或 WX+T 模式时，如果识别功能没有人工取消的话，又将自动生效。

7. STAB（稳定）按钮

按下 STAB 按钮，接通天线稳定功能。一旦稳定功能选择，姿态信号源提供天线的稳定信号。

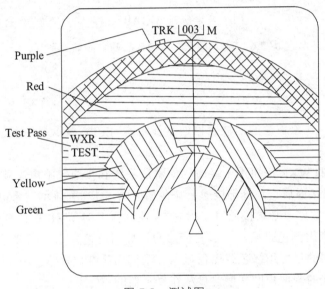

图 7.5　测试图

8. TILT（俯仰）控制旋钮

TILT 控制旋钮与 STAB 按钮开关配合使用来决定天线的俯仰角度设置。俯仰控制旋钮通常可上下 15°调节天线的俯仰角度。

STAB 开关接通：雷达波束以地平面为基准进行俯仰角度调节，如图 7.6（a）所示。波束的俯仰角度为 TILT 旋钮上的所选角度，不受飞机俯仰角度影响。

STAB 开关断开：雷达波束以飞机纵轴为基准进行俯仰角度调节，如图 7.6（b）所示。

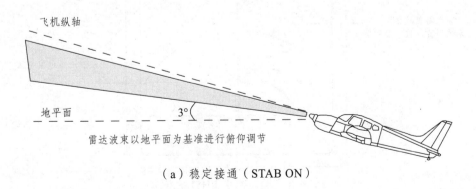

（a）稳定接通（STAB ON）

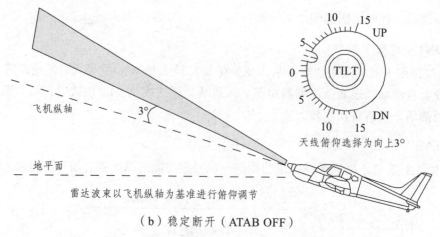

天线俯仰选择为向上3°

雷达波束以飞机纵轴为基准进行俯仰调节

（b）稳定断开（ATAB OFF）

图 7.6　TILT 旋钮和 STAB 按钮之间的关系

7.5　信息显示

在现代飞机上，气象雷达的回波数据通常显示在 EFIS 显示组件上，典型显示如图 7.7 所示。

EFIS 控制板上的 WXR 按钮用于接通气象雷达系统和接通气象雷达显示。当任一 EFIS 控制板上的 WXR 按钮接通后，系统都接通，并在相应的 EHSI 上显示气象雷达数据。为了在另一 EHSI 上显示气象数据，必须接通对应的 EFIS 控制板上的 WXR 按钮。

气象或地形信息用颜色码显示。回波最强的目标用红色显示，回波强度中等的目标用黄色显示，回波强度弱的目标用绿色或黑色显示，紊流用品红色表示。

工作模式、天线的俯仰角度和增益显示在显示器的右上角。

当气象数据显示的时候，如果 EHSI 出现过热，EFIS 符号发生器将去掉气象雷达的显示，给出过热信息显示。

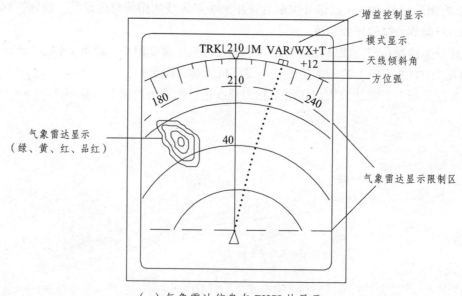

（a）气象雷达信息在 EHSI 的显示

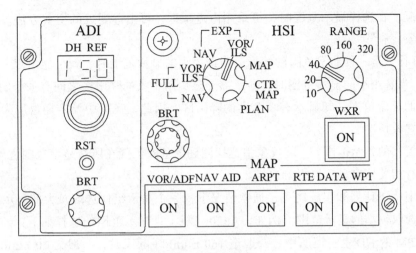

（b）EFIS 控制板

图 7.7　EFIS 控制板和气象雷达信息显示

7.6　飞行中的操作使用

7.6.1　航路天气的早期探测方法

（1）选择 WX 模式，按需调节亮度。

（2）选择 40 或 80 n mile 的显示范围。

（3）调节天线的俯仰控制旋钮使天线朝下倾斜直到地面回波完全填充显示屏。

（4）慢慢往上调节天线，使地面回波刚好在显示器的边缘。

（5）观察显示器上最强的回波。随着飞机不断靠近，如果回波变得越来越弱并且从显示器上淡出，这些回波就可能是地面回波或不重要的天气；如果持续变强，说明飞机正在靠近一个危险的雷暴区或雷暴群，应立即绕飞。

（6）雷达盲区。雷暴体可能会吸收或反射所有的雷达信号，产生"信号衰减"现象，导致雷达探测不到隐藏在雷暴体后面的雷暴，在屏幕上形成"阴影区"，即雷达盲区。如果检测到雷达盲区，飞机可能正在靠近一个危险的雷暴区或雷暴群，应立即绕飞。

在终端区域，可以利用地面回波的比照来判断是否有雷达波减弱现象。调低雷达天线角度，使得雷达显示出地面回波，强降水天气会使得其背后的地面回波无法显示出来，这个缺失地面回波的阴影区域可能预示着更强更大面积的降水天气，飞机应该避开这种区域飞行。

7.6.2　显示范围的选择

气象雷达的最大显示范围可达 320 n mile。显示范围通常用按键或旋钮式开关来选择，以适应不同情况下观察气象目标或地形的需要。

为了在对近距离范围内的气象目标进行较细致的观察的基础上，同时能全面掌握大范围内的气象状况，在选择显示范围时，可采用由近至远、再由远到近的交替方法。此方法也可以避免"气象盲谷"。

"气象盲谷"是一种非常危险的情形。当选用小的显示范围时，就可能出现"气象盲谷"。参见图 7.8，当选用小的显示范围时，显示器上显示两个大的降雨区之间有一个明显的走廊，但是选用大的显示范围，却显示有一个大的降雨区。因此，飞行中要定期选用大的显示范围以观察远处气象情况。

当选用较小的显示范围时，若气象雷达探测到的危险天气在所选显示范围之外，ND 显示器上通常会有相关信息显示以提醒机组。

为了制定绕飞计划和实施绕飞，通常情况下，一个显示组件选取较大的显示范围，另一个显示组件选取较小的显示范围。例如，A320 飞机上，显示范围的选择如下：

（1）在 PM 的 ND 上：巡航中，一般选 160 n mile（起飞时，一般为 20 n mile）。该显示范围主要用于制定总的绕飞计划。

（2）在 PF 的 ND 上：巡航中，一般选 80 n mile（起飞时，一般为 10 n mile）。该显示范围主要用于实施具体绕飞。

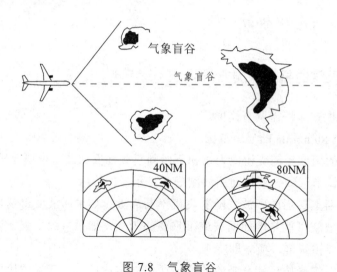

图 7.8　气象盲谷

7.6.3　天线俯仰调节

天线俯仰调节旋钮的位置决定了天线波束在垂直面内的照射方向，对雷达所能探测的目标范围具有明显的影响。

天线俯仰旋钮需根据工作模式、飞行高度、所选显示范围等进行调节。天线俯仰调节的基本原则是地面回波刚好出现在显示屏的边缘。

参见图 7.9，在显示范围不变的情况下，天线俯仰角度应根据飞行高度的改变进行适当调整：飞行高度降低，天线应适当往上调整。同样，在飞行高度不变的情况下，天线俯仰角度应根据所选显示范围的改变进行适当调整：所选显示范围增大，天线应适当往上调整。

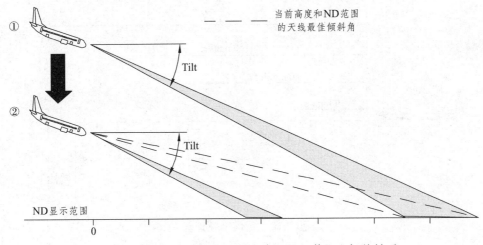

当前高度和ND范围的天线最佳倾斜角

图 7.9　天线俯仰角度与飞行高度、显示范围之间的关系

7.6.4　增益调节

1. 地图模式的增益调节

当雷达工作于地图模式时，调节增益旋钮，可得到较为清晰的地形图像。随着接收机增益的降低，一些反射率较弱的地表区域的图像就可能逐渐消失，从而显露出那些高反射率地区的图像，使地形的轮廓变得较为明显，易于识别。

2. 气象模式的增益调节

当雷达工作于气象或气象与紊流模式时，其增益通常应置于自动增益位。

通过人工调低增益可以探测雷雨主体的最强部分。慢慢减小增益，显示器上的红色区域会变为黄色，然后变为绿色。显示器上最后变为黄色的部分就是雷雨主体的最强区域。分析完后，必须把增益置于自动位。

当飞机飞越或者邻近暴雨区时，在增益旋钮置于自动位的情况下，这些区域中的干性冰雹往往只能产生较弱的回波。此时，选用人工增益调节且将增益调至较高的电平，可以较明显地显示出在自动增益状态所无法显示的回波，以助于对干性冰雹的识别。

7.6.5　雷雨高度的计算

当飞机飞向一个雷雨单体时，可以使用下面的公式大致计算出雷雨高度。

$$H=FL+D\times TILT\times 100$$

其中：H 为雷雨高度，单位为 ft；

FL 为飞行高度，单位为 ft；

$TILT$ 为雷雨单体影像从显示上消失时所选择的天线倾斜角；

D 为雷雨单体影像从显示上消失时对应的距离，单位为 n mile。

例如：飞行高度 30 000 ft，回波在 40 n mile，如果天线向下倾斜 1°回波完全消失，那么雷雨高度大约为：

$$H=30\ 000+40\times（-1）\times100=26\ 000\ ft$$

因此，雷雨在飞机下方 4 000 ft。如图 7.10 所示。

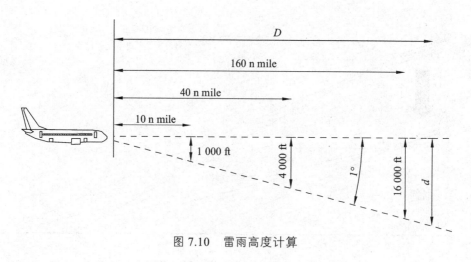

图 7.10   雷雨高度计算

7.6.6   气象回避

在利用气象雷达所提供的彩色图像回避各种恶劣气象区域时，应注意：

（1）将气象工作模式作为基本的工作模式，结合使用紊流模式，将增益旋钮置于自动位。

（2）回避一切在屏幕上呈现为红色和品红（有的雷达为白色或紫色）的区域。

（3）在巡航高度较高时，应经常下俯天线以保持对低高度雷暴区的监视。在低高度飞行时，则应经常上仰天线，以避免误入高层雷暴雨区的下方。

（4）变换显示范围时，应随之选择适当的天线俯仰角度，并上下调节天线角度以搜索严重气象区域。

（5）选择地面杂波抑制模式可以抑制地面杂波，使气象画面清晰，但在气象回避时，不应频繁地选用这一模式。

（6）除非绝对必要，否则不要执行下风边绕飞。选择上风边绕飞，飞机遭遇严重紊流和破坏性冰雹的风险将大大降低。

（7）雷达回波区的绕飞。对于极其强烈的雷达回波区，绕飞间距（从雷达回波的外边缘计算）至少要达到 30 km（20 mile）。如果要从两个雷达回波中间穿越，必须保证回波间至少要有 60 km（40 mile）的间隔。飞行员可以根据回波的强弱，适当调整绕飞间距。

7.6.7   失效通告

失效通告用于警告飞行员雷达系统不能正常工作。机内自检（BITE）自动地连续对雷达系统进行测试，如果检测到任一组件出现故障，失效通告将显示在 EFIS 显示组件上。失效通告的显示通常为字符 FAIL 下面列出故障组件名，例如天线组件故障，显示器上出现 FAIL 字符，并在下面出现 ANT 字符。

7.7   地面通电使用注意事项

（1）飞机正在加油或飞机周围有其他飞机正在加油时，不得使气象雷达工作于发射工作模式，以免引燃汽油蒸气。在机坪上大量使用汽油清洗机件时，也应避免接通雷达电源。

（2）在机库内或在机头朝着近距离内的建筑物、大型金属反射面的情况下不能使气象雷达工作于发射模式，除非雷达发射机没有工作或者将雷达能量引导至吸收罩将射频能量消耗掉，否则整个围场区域都可能充满辐射。

（3）飞机前方有人时，不得接通雷达，以防有害辐射，伤害人体。

（4）在地面检查气象雷达时，应尽量使雷达工作于准备或自检模式。在需要使雷达工作于发射模式时，应将天线俯仰旋钮调至上仰位置，以尽量避免天线波束照射近处地面目标。

7.8　CCAR 规定

1. CCAR-91-R2 的相关规定

第 91.431 条　气象雷达

在夜间或仪表气象条件下，在沿航路上预计存在可探测到的雷雨或其他潜在危险天气情况的区域中运行时，所有载客的航空器应当安装气象雷达或其他重要天气探测设备。

2. CCAR-121-R4 的相关规定

第 121.357 条　机载气象雷达设备要求

（a）按照《大型飞机公共航空运输承运人运行合格审定规则》实施运行的飞机应当装备有经批准的机载气象雷达设备。

（b）合格证持有人在按照《大型飞机公共航空运输承运人运行合格审定规则》运行时，应当遵守下列规定：

（1）根据当时的气象报告，如果所飞航路上可能有可用机载气象雷达探测到的雷暴或者其他潜在的危险气象条件时，机载气象雷达设备应当处于令人满意的工作状态，否则，任何人不得按照仪表飞行规则条件签派飞机；

（2）如果机载气象雷达在航路上失效，则应当按照运行手册中对这种情况所规定的经批准的指南和程序运行飞机。

（c）本条不适用于在进行训练、试验或者调机飞行的飞机。

（d）对于机载气象雷达设备，不要求有备用的供电电源。

复习思考题

1. 简述彩色气象雷达的功用和基本探测原理。

2. 气象雷达能检测哪些气象目标？为什么？

3. 简述气象目标的反射特性和显示。

4. 简述彩色气象雷达的主要工作模式及功能。

5. 简述气象雷达显示范围选择的一般原则。

6. 简述气象雷达天线俯仰调节的一般原则。

7. 简述气象雷达增益调节的一般原则。

8. 利用气象雷达所提供的彩色图像回避各种恶劣气象区域时，应注意一些什么问题？

9. 试述气象雷达的地面通电使用注意事项。

10. 简述气象雷达控制板上主要部件的功能。

第8章 二次监视雷达和应答机

在民用航空中，空中交通管制担任着重要的职责。管制员需要和管辖区内飞行的飞行员保持频繁的通话联络，这通过使用甚高频（VHF）通信系统和高频（HF）通信系统来实现。同时，管制员也需要监控管辖范围内飞机的位置和航行情况，这通过使用空中交通管制雷达监视系统（ATCRSS）来实现。

空中交通管制雷达监视系统由一次监视雷达（PSR）和二次监视雷达（SSR）构成。

一次监视雷达依靠目标对雷达天线所辐射的射频脉冲能量的反射而进行目标探测。天线以一定速率在360°范围内旋转扫掠，把雷达发射信号形成方向性很强的波束辐射出去，同时接收由飞机机体反射回来的回波能量，以获取飞机的距离、方位信息，从而监视飞机活动情况。

通过一次监视雷达，管制员可以得到飞机的距离、方位等信息，但无法得到飞机的识别码和高度信息，因为一次监视雷达不是依靠目标的主动合作来工作。这就导致了二次监视雷达系统或空中交通管制雷达信标系统（ATCRBS）的发展。

二次监视雷达（SSR）是由早期的军用敌我识别器（IFF）演变发展而成。工作于L波段，通过地面二次雷达（即询问器）与机载应答机（XPDR）配合，采用问答方式工作。地面二次雷达发射机产生询问脉冲信号由其天线辐射，机载应答机在接收到有效询问信号后产生相应的应答信号，地面二次雷达接收机接收到这一应答信号后，经过处理获得飞机代码、飞机的气压高度及一些特殊代码等信息。

二次监视雷达系统分为A/C模式二次监视雷达系统和S模式二次监视雷达系统两类。

8.1 A/C模式二次监视雷达系统

8.1.1 组成及工作概况

A/C模式二次监视雷达系统由地面询问器和机载A/C模式应答机构成，如图8.1所示。

地面二次雷达发射机在编码器的控制下，产生一定模式的询问脉冲对信号，并通过条形方向性天线在1 030 MHz上辐射。天线波束的方向与一次雷达协调一致，发射时刻也与一次雷达同步。在其天线波束照射范围内的机载应答机对所接收到的询问信号进行接收处理与译码识别，如果判明为有效的询问信号，则由应答机中的编码电路控制发射电路产生1 090 MHz的应答发射信号，所产生的应答信号是由多个射频脉冲组成的射频脉冲串，它代表飞机的代码或高度信息。应答信号被地面二次雷达天线接收后，经过接收电路、译码电路的一系列处理，将所获得的信息输往二次雷达系统的数据处理与显示系统。与此同时，向同一方位辐射的一次雷达也会接收到飞机所产生的回波信号，这些回波信号也同时输往数据处理与显示系统。在控制中心的平面位置显示器上的同一位置，产生飞机的一次雷达回波图像与二次雷达所获得的飞机代码及高度信息。

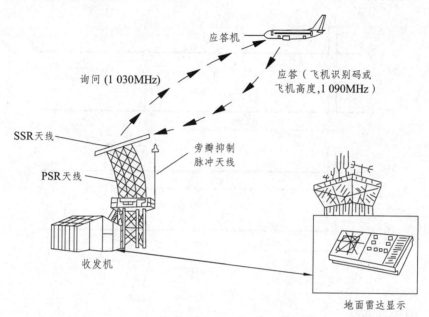

图 8.1　A/C 模式二次监视雷达系统

8.1.2　询问信号

1. 询问信号的组成

二次监视雷达系统的询问信号由 3 个脉冲构成，如图 8.2 所示。其中 P_1 和 P_3 为信息脉冲对，用于询问；P_2 为旁瓣抑制脉冲，用来抑制应答机对旁波瓣信号的回答。旁瓣抑制脉冲 P_2 在 P_1 之后 2 μs 出现。

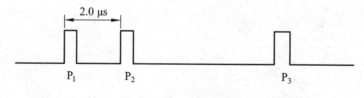

图 8.2　询问信号模式

2. 询问模式

根据 P_1 和 P_3 询问脉冲对间隔时间的不同，构成 4 种不同的询问模式：A 模式、B 模式、C 模式和 D 模式，如图 8.3 所示。如果 P_1 和 P_3 脉冲的间隔时间为 8 μs，为 A 模式；如果为 17 μs，为 B 模式；如果为 21 μs，为 C 模式；如果为 25 μs，为 D 模式。

（1）A 模式：询问飞机代码。

（2）B 模式：询问飞机代码（中国未使用）。

（3）C 模式：询问飞机高度。

（4）D 模式：尚未分配。

　　如果应答机收到 A 模式询问，它将回答飞行员在应答机控制盒上设置的应答机识别码；如果收到 C 模式询问，回答编码器提供的飞机高度信息。

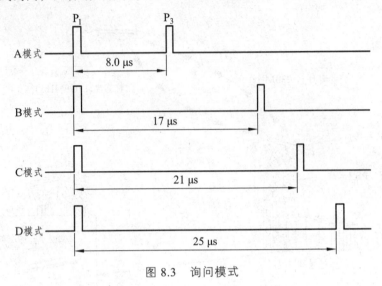

图 8.3　询问模式

8.1.3　旁瓣抑制

　　二次雷达系统使用安装在一次雷达天线上的定向天线发射询问信号，因此和一次雷达天线同步旋转。由于定向天线自身的不完美，会导致一些电磁波从天线的旁边辐射出去。定向天线的信号辐射图如图 8.4 所示。辐射和接收最好的方向是天线的前方，该信号覆盖区称为主波瓣。远离主波瓣的其他信号覆盖区称为旁波瓣。由图 8.4 可知，旁瓣信号明显小于主瓣信号。但是，如果飞机靠近地面询问器，应答机将会接收足够的旁瓣信号从而使应答机给出回答。

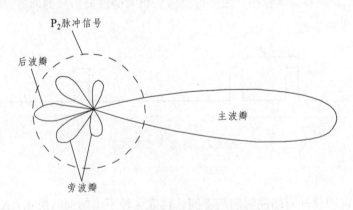

图 8.4　二次雷达询问器的天线辐射图

　　通过旁瓣抑制脉冲天线发射一个全向基准脉冲 P_2，可以消除应答机对旁瓣信号的回答，其信号辐射如图 8.4 所示。P_2 脉冲的信号辐射强度高于任何旁瓣信号的辐射强度。由于旁瓣抑制脉冲是通过全向天线辐射的，因此，信号强度与定向天线的位置无关。

　　应答机将接收到的 P_1 脉冲信号强度和 P_2 脉冲信号强度进行比较，如果 P_1 脉冲强度高于

P_2 脉冲信号强度，询问来自天线主波瓣，应答机对询问进行回答；如果 P_1 脉冲弱于 P_2 脉冲，询问来自旁瓣，应答机被抑制，不会进行回答。

8.1.4 应答信号

收到地面二次雷达的有效询问信号后，机载应答机就产生相应的应答信号。对于 A 模式询问，应答机所回答的是识别代码应答信号；对于 C 模式询问，则回答飞机的标准气压高度编码信号。

应答机在 1 090 MHz 载波频率上采用脉冲幅度调制进行回答。用于应答机的脉冲幅度调制要么是全功率要么是零功率。每个数据位有一个时间段，如果某一数据位要发送，射频脉冲存在，如果数据位是零，脉冲不存在。

1. 应答信号的组成

应答信号格式如图 8.5 所示。由图可见，应答脉冲串由框架脉冲 F_1 和 F_2、信息脉冲及 SPI（特殊位置识别）脉冲等组成。

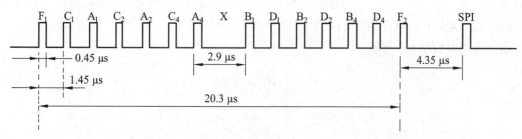

图 8.5　应答信号格式

不论应答码的内容如何，框架脉冲 F_1 和 F_2 总是存在，其间隔为 20.3 μs；信息脉冲最多可有 12 个，可以表示飞机识别码，也可以表示飞机的压力高度，这取决于询问模式。X 脉冲位是备份位，为将来扩展用；SPI 脉冲只有在按下二次雷达应答机控制盒上的识别按钮后才会产生，该脉冲在第 2 个帧脉冲 F_2 之后 4.35 μs 出现。SPI 脉冲为临时性脉冲，按下识别按钮之后 18 μs，内部定时器会将该脉冲去掉。

SPI 脉冲用于识别功能。当地面管制员需要从距离较近的几架飞机图像中识别某架飞机时，就通过通信系统要求该机飞行员按压 IDENT（识别）按钮。SPI 脉冲的出现可使地面显示终端上该机图像、标签和符号更为辉亮，以帮助管制人员识别该飞机。

2. 飞机代码的编码模式

当应答机接收到 A 模式询问时，应答机自动报告飞机代号。每架航班飞机都有一个指定的代号，通过应答机控制盒上的代码选择旋钮调定。

由于每个脉冲都有 1（表示该脉冲存在）和 0（表示该脉冲不存在）两种状态，故 12 个信息脉冲表示飞机代号时，可组成 2^{12} 种信息脉冲组合状态，即总共可表示 4 096 个飞机识别代码（称 4096 编码）。但其中有一些代码是专用的，如 1200、7500、7600、7700、0000 等。代码 1200 用于目视飞行规则运行的飞机；代码 7500 用于飞机受到非法干扰（如劫持）；代码 7600 用于双向无线电通信设备故障（当机组无法与地面通信时，通过选择这一紧急代码可报告地面管制人员）；代码 7700 用于飞机处于紧急状态；0000 为通用码。

由 12 个信息脉冲组成的 4 096 个不同组合不能给世界上每一架飞机赋予一个不同的识别代码，因此，飞机的识别代码由管制指派给飞行员，然后由机组通过应答机控制盒输入应答机中。只要两架飞机不在同一雷达管制服务区，代码可以重复。当管制指派了一个识别码时，管制通常会要求飞行员进行识别。

12 个信息脉冲表示飞机代号时，分成 A、B、C、D 4 组，每组表示四位数识别代码中的一位，A 组脉冲（即 A_4、A_2 和 A_1）表示代码的第 1 位，B 组脉冲（即 B_4、B_2 和 B_1）表示代码的第 2 位，C 组脉冲（即 C_4、C_2 和 C_1）表示代码的第 3 位，而 D 组脉冲（即 D_4、D_2 和 D_1）表示代码的第 4 位。这样，每组脉冲都可以有 3 个信息脉冲，用这 3 个信息脉冲表示八进制数，可以得到 0，1，2，3，4，5，6，7 共 8 个八进制数，因此，飞机四位数识别码上的每一位数字只可能是 0~7 中的一个，而不可能出现 8 和 9 这两个数字，应答机的代码范围为 0000 到 7777。四组脉冲从高到低的顺序是 ABCD，字母的下标数字相加之和，就是该组所选的数字。例如代码 3342：第 1 位选择为 3，则 A 组编有 A_2 和 A_1；第 2 位选择为 3，则 B 组编有 B_2 和 B_1；第 3 位选择为 4，则 C 组编有 C_4；而第 4 位选择为 2，则 D 组编有 D_2。故编入的脉冲串为

F_1　A_1　A_2　C_4　B_1　B_2　D_2　F_2

编码脉冲串如图 8.6 所示。

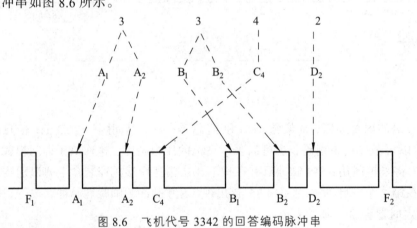

图 8.6　飞机代号 3342 的回答编码脉冲串

3. 飞机高度的编码模式

当应答机接收到 C 模式询问，且应答机控制盒上的"报告高度"开关放在接通位时，应答机自动报告飞机当时的气压高度信息。气压高度信息由编码高度表或大气数据计算机提供。

C 模式数据为标准气压高度，也就是基准面设为 29.92 inHg 时的高度。地面设备会根据当地气压自动进行必要的气压修正。如果管制和飞行员设置的气压相同，管制员在屏幕上看到的高度和飞行员在高度表上看到的高度完全相同。

12 个信息脉冲表示飞机高度信息时，也是分成 A、B、C、D 4 组，但 4 组脉冲的组成顺序是 $D_4 D_2 D_1$、$A_4 A_2 A_1$、$B_4 B_2 B_1$、$C_4 C_2 C_1$，与识别代码不同。

飞机的飞行高度编码由国际民用航空组织（ICAO）规定，其原规定高度范围为-1 000 ft ~ 126 700 ft。考虑到气压高度精度有限，规定高度编码的增量为 100 ft，这样只需 1 278 个编码就够了，而用 A、B、C、D 4 组编码，可达 4 096 个编码，可见有相当大的余量。而民航飞机

实际使用高度范围为-1 000 ft～62 700 ft。故把 10 个高度编码脉冲（D_1、D_2 不用）分配为 3 组，其中 D_4、A_1、A_2 脉冲组成每 8 000 ft 高度增量的 8 个格雷码；A_4、B_1、B_2、B_4 脉冲组成每 500 ft 高度增量的 16 个格雷码（表 8.1）；C_4、C_2、C_1 脉冲组成每 100 ft 高度增量的 5 个"五周期循环码"（表 8.2）。这样就可得到 8×16×5=640 个高度编码，可表示从-1 000 ft～62 700 ft 范围内的按 100 ft 增量的高度编码。如表 8.1 和 8.2 所示。

表 8.1　高度增量 500 ft 格雷编码

$A_4 B_1 B_2 B_4$（高度增量 500 ft）＼D_4 A_1 A_2（高度增量 8 000 ft）	000	001	011	010	110	111	101	100
0000	-1 000	14 500	15 000	30 500	31 000	46 500	47 000	62 500
0001	-500	14 000	15 500	30 000	31 500	46 000	47 500	62 000
0011	0	13 500	16 000	29 500	32 000	45 500	48 000	61 500
0010	500	13 000	16 500	29 000	32 500	45 000	48 500	61 000
0110	1 000	12 500	17 000	28 500	33 000	44 500	49 000	60 500
0111	1 500	12 000	17 500	28 000	33 500	44 000	49 500	60 000
0101	2 000	11 500	18 000	27 500	34 000	43 500	50 000	59 500
0100	2 500	11 000	18 500	27 000	34 500	43 000	50 500	59 000
1100	3 000	10 500	19 000	26 500	35 000	42 500	51 000	58 500
1101	3 500	10 000	19 500	26 000	35 500	42 000	51 500	58 000
1111	4 000	9 500	20 000	25 500	36 000	41 500	52 000	57 500
1110	4 500	9 000	20 500	25 000	36 500	41 000	52 500	57 000
1010	5 000	8 500	21 000	24 500	37 000	40 500	53 000	56 500
1011	5 500	8 000	21 500	24 000	37 500	40 000	53 500	56 000
1001	6 000	7 500	22 000	23 500	38 000	39 500	54 000	55 500
1000	6 500	7 000	22 500	23 000	38 500	39 000	54 500	55 000

表 8.2　高度增量 100 ft 编码

尾　数　1 000 ft			高度递增量（ft）	尾数 500 ft		
C_1	C_2	C_4		C_1	C_2	C_4
1	0	0	+200	0	0	1
1	1	0	+100	0	1	1
0	1	0	0	0	1	0
0	1	1	-100	1	1	0
0	0	1	-200	1	0	0

　　如果在表 8.1 内代码表示一个 1 000 ft 的整倍数高度，则在表 8.2 内 1 000 ft 行里找译码百位 ft 增量；若在表 8.1 内代码有效数字末位表示一个 500 ft，则在表 8.2 内 500 ft 行里找译码百位 ft 增量。

　　例如：28 200 ft，由于表 8.1 内可查出 28 000 ft，故用表 8.2 内 1 000 ft 栏来编码。其编码为

$$
\begin{array}{ccccccc}
D_4 & A_1 & A_2 & A_4 & B_1 & B_2 & B_4 \\
0 & 1 & 0 & 0 & 1 & 1 & 1
\end{array}
\quad + \quad
\begin{array}{ccc}
C_1 & C_2 & C_4 \\
1 & 0 & 0
\end{array}
\quad = 28\,200\ \text{ft}
$$

$$
\underbrace{}_{2\,800\ \text{ft}} \qquad \underbrace{}_{200\ \text{ft}}
$$

又如 28 400 ft，由于表 8.1 内可查出 28 500 ft，故用表 8.2 内 500 ft 栏来编码。其编码为

$$
\begin{array}{ccccccc}
D_4 & A_1 & A_2 & A_4 & B_1 & B_2 & B_4 \\
0 & 1 & 0 & 0 & 1 & 1 & 0
\end{array}
\quad - \quad
\begin{array}{ccc}
C_1 & C_2 & C_4 \\
1 & 1 & 0
\end{array}
\quad = 28\,400\ \text{ft}
$$

$$
\underbrace{}_{28\,500\ \text{ft}} \qquad \underbrace{}_{100\ \text{ft}}
$$

对应于 28 400 ft 的高度报告编码脉冲串排为 F_1 C_1 A_1 C_2 B_1 B_2 F_2，如图 8.7 所示。

F_1	C_1	A_1	C_2	A_2	C_4	A_4	X	B_1	D_1	B_2	D_2	B_4	D_4	F_2
1	1	1	1	0	0	0		1	0	1	0	0	0	1

图 8.7　28 400 ft 高度编码脉冲串

8.1.5　地面二次雷达显示屏

二次雷达对所管辖空域内飞行的飞机进行跟踪，并不断地将飞机的方位、距离、代号、高度、地速等信息输送给电子计算机存储和处理。经过电子计算机综合处理后，在显示屏上用符号、数字等显示，背景衬以所管辖空域的航路图，有利于调度人员识别调度指挥。

图 8.8 所示为二次雷达地面显示器显示屏幕。此显示屏幕比一般雷达屏幕大（一般为 40 ~ 58 cm），而且亮度强，即使在白天明亮的房间里，也能清楚地看出显示的图像、字符。

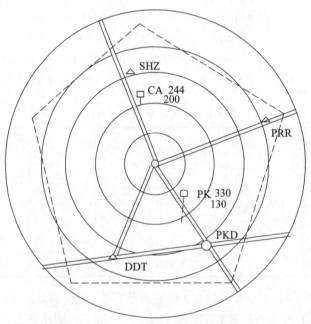

○ 表示机场；△ 表示导航台；= 表示航路（也可以是一条线）；□ 表示飞机及位置；
··· 表示飞机航迹；－－－－－ 表示区调管辖范围

图 8.8　地面二次雷达荧光屏显示

图 8.8 中，CA 244 表示是中国民航 244 航班飞机（某些雷达显示屏直接显示四位代码），200 表示飞行高度为 20 000 ft。PK 330 表示是巴基斯坦民航 330 航班飞机，130 表示飞行高度为 13 000 ft。

8.1.6　机载应答机的组成

民用飞机通常装备有两套相同的应答机，以保证对询问信号的可靠应答。两套应答机共用一个控制盒，由控制盒上的系统选择电门决定由哪一套应答机产生应答信号。图 8.9 为机载应答机系统的组成方框图。由图可见，系统由控制盒、应答机（收发机）及天线 3 部分组成。

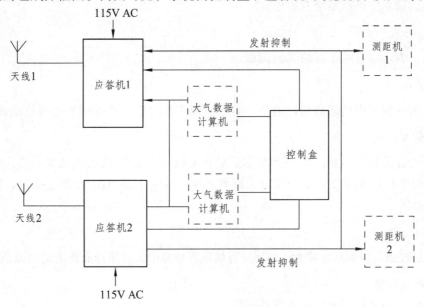

图 8.9　应答机组成图

应答机用来接收地面雷达站的询问信号，并向地面雷达站发射代表飞机代号和高度的脉冲码等信号；天线用于发射应答信号和接收询问信号，因为 ATC 和 DME 工作于同一波段，因此，需要进行信号的抑制；控制盒用于系统选择、飞机代号调定和工作模式选择等。

图 8.10 所示为一种应答机控制盒面板图。

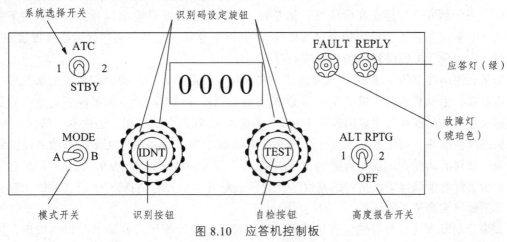

图 8.10　应答机控制板

1. 系统选择开关

系统选择开关有 1、2 和 STBY 三个位置。放 1 位时，接通第 1 部应答机收发组；放 2 位时，接通第 2 部应答机收发组。STBY（预备）位为应答机加热准备位，开关置于此位时，两部应答机均不发射应答信号。飞机停放在地面或滑行时，应答机一般放此位。

2. 模式选择开关

模式选择开关有 A、B 两个位置。我国现有的 ATC 系统，均使用 A 模式。

3. 故障灯

该灯亮，表示应答机系统有故障。

4. 应答灯

该灯亮，表示应答机正在应答或测试。

5. 测试按钮

按下测试按钮，则接通自测试电路，若收发组工作正常，产生回答信号使应答灯亮。

6. 高度报告开关

高度报告开关有 1、OFF、2 三个位置。放在 OFF 位，应答机停止高度应答，放在 1 位或 2 位，应答机进行高度应答。放 1 位时，应答高度来自第 1 部 ADC；放 2 位时，应答高度来自第 2 部 ADC。

7. 识别按钮

按下识别按钮，将识别脉冲 SPI 加到应答机应答信号中，以便地面更清楚地识别本机代号。

8. 代码显示窗

代码显示窗用于显示四位应答机代码。

8.1.7 应答机的使用

离场前地面滑行期间，通常将应答机选择工作在 STBY 模式。起飞时，应将应答机从 STBY 位转换到 1 位或 2 位。如果应答机有 C 模式自动高度报告功能，应接通高度报告开关。飞行中，当管制发出"停止高度应答"指令时，飞行员应关断高度报告开关。如果接下来管制又需要 C 模式信息，会给出指令"高度"，收到该指令后飞行员应再次接通高度报告开关。着陆时，应将应答机转换到 STBY 位或 OFF 位。

如果利用应答机的 C 模式信息来保持飞机间隔，管制员必须先确认应答机送来的高度信息是否有效，也就是确认飞机是否正在 C 模式应答机报告的高度上。如果应答机给出的高度和飞行员报告的高度存在明显的差异（300 ft 或更大），管制会给出相应的指令，例如："停止应答机的高度应答，高度悬殊 350 ft"。该指令意味着 C 模式设备没有正常校准或者高度表设置错误。错误的高度表设置不会影响 C 模式报告，因为设备预设为 29.92 inHg，但是它会导致飞机的实际高度偏离管制指定的高度。无论什么时候，只要管制指出 C 模式数据无效，飞行员必须要核实高度表的设置。

如果管制要求飞行员提供应答机识别，飞行员应短暂地按压控制板上的识别按钮，这将导致雷达显示屏上的应答机信息显示短时高亮。识别功能是管制建立雷达识别的基础。

"应答机编码××××并识别"是管制常用的一种典型指令。收到该指令时，飞行员应在控制板上将应答机代码设置为××××并按压 IDEND 按钮。管制雷达显示屏上将出现高亮的显示，以便管制进行核实。

飞行中，如果需要进行应答机代码更改，更改时要注意避开代码 7500、7600 和 7700。例如：将代码从 2700 变为 7200 时，可以首先将代码调为 2200，然后再调为 7200，不要调为 7700然后再调为 7200。该方法同样适合于代码 7500、7600 系列和 7700 系列（7600～7677 和 7700～7777）。如果不小心选择了这些代码，在雷达显示屏上可能会引起短时的假报警。

8.1.8 存在的问题

二次雷达系统使用旋转的天线发送询问信号。随着天线的旋转，询问信号被连续发射。因此，穿过天线波束飞行的飞机在一个扫掠期将被询问多次，最多可达 20 次。每一次，应答机都将给出一个单独的应答。这样，地面和应答机之间将出现过度通信，导致 1 030/1 090 MHz 通道的干扰和过载。

二次雷达系统询问的不明确性也将导致干扰的增加和通道的过载。随着空中交通的增加，在某一时间，天线波束内的飞机数量也将增加。因此，地面站将收到越来越多的应答，引起 1 090 MHz 通道过载。当这些应答信号相互交叠时，地面站接收的就是无法使用的混乱信号。

8.2 S 模式二次监视雷达系统

8.2.1 系统简介

20 世纪 90 年代，出现了一种新型的可设定地址的二次监视雷达系统，该系统称为 S 模式二次监视雷达系统，对应的机载设备为 S 模式应答机。

S 模式系统的重要特征是每架飞机都有一个唯一的地址码。在 A/C 模式二次监视雷达系统中，应答机代码由管制分配，由机组输入应答机中。而在 S 模式系统中，S 模式应答机有一个唯一的永久地址码。S 模式系统拥有一千六百多万个不同的地址码，这样，能给世界上任何一架飞机指派一个唯一的地址码。因此，管制不需要和指派了应答机代码的飞机事先做任何联系就可以识别该飞机。另外，地面设备和 S 模式应答机之间能够进行双向数据传输以辅助空中交通管制。

S 模式系统的一个重大优势是减少了繁忙空域遇到的干扰问题，这是通过选择性地询问每个应答机，只有被询问的应答机才回答而不是所有应答机都回答来实现的。S 模式系统除了选择询问外，还有几个全呼叫询问，主要用于和 S 模式应答机建立初始联系。

S 模式应答机和 A/C 模式应答机具有一些共同之处。首先，工作频率相同，也就是说，应答机都在 1 030 MHz 接收询问，在 1 090 MHz 进行应答。其次，发射机的发射功率和接收机的灵敏度相同，因此，确保了它们的服务范围相同。

A/C 模式二次雷达系统与新型的 S 模式二次雷达系统兼容并存。也就是说 S 模式应答机能回答二次雷达系统的 A/C 模式询问和新型系统的 S 模式询问。S 模式地面站也能够对 A/C

模式应答机和 S 模式应答机进行询问、接收和处理它们的应答。

8.2.2 全呼叫询问信号

S 模式系统有两种询问信号：全呼叫询问信号和选择性呼叫询问信号。全呼叫询问的意思是所有的应答机都要对该询问进行应答。

全呼叫询问信号可以进一步划分为：仅 A/C 模式全呼叫询问信号、A/C 模式和 S 模式全呼叫询问信号。

四种全呼叫询问信号如图 8.11 所示。询问信号中包含有 P_1 脉冲、P_3 脉冲和旁瓣抑制脉冲 P_2。这些脉冲之间的关系和 A/C 模式询问信号的一样。但是，增加了一个 P_4 脉冲。该脉冲用来表明这些询问是 S 模式的全呼叫询问。

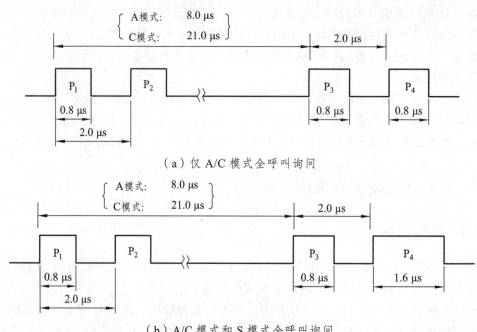

图 8.11 全呼叫询问信号

A/C 模式应答机对 4 种全呼叫询问均进行应答。P_4 脉冲的存在不影响 A/C 模式应答机的工作。

S 模式应答机通过接收 P_4 脉冲来决定是否应答。如果 P_4 脉冲宽度为 1.6μs，即长脉冲，S 模式应答机用 S 模式应答信号进行应答；如果 P_4 脉冲宽度为 0.8μs，即短脉冲，S 模式应答机认出该询问是仅 A/C 模式全呼叫询问，不进行应答。

8.2.3 S 模式选择性询问信号

S 模式选择性询问信号如图 8.12 所示，该询问信号由两个 0.8 μs 的前导脉冲 P_1、P_2 和一个数据块构成。前导脉冲 P_1、P_2 间隔 2 μs，宽度 0.8 μs；数据块由 56 位或 112 位差分相移键控信号组成，每位宽度为 0.25 μs。数据字组的前端是两个相位相反的同步信号，字组末端也有一个 0.5 μs 的信号，以保证字组的最后一位可以不受干扰地完全解调。

为了实现旁瓣抑制功能，可以发射一个 P_5 脉冲。P_5 的宽度也是 0.8 μs，它覆盖了数据块始端的两个同步信号之间的相位翻转时刻，如果 S 模式应答机所接收到的 P_5 幅度超过了数据块的幅度，应答机就不会对差分相移键控信号解码，从而实现对旁瓣询问信号的抑制。

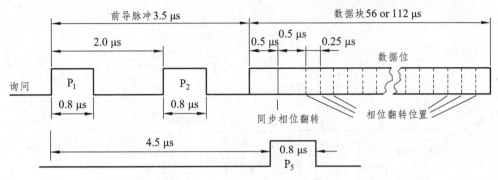

图 8.12　S 模式选择性询问信号

数据块中含有应答机的地址、控制字、奇偶校验及其他有关信息。由于信息可以多达 112 位，因此除了用作飞机代码、高度询问外，还可以进行其他内容的广泛信息交换。

询问数据块中有 24 位用作飞机地址码，因此其飞机地址码可达 $2^{24}=16\ 777\ 216$ 之多，是 A/C 模式二次监视雷达系统识别代码的 4 096 倍。

A/C 模式应答机不会对 S 模式选择性询问信号作出应答，因为询问中的 P_2 脉冲幅度与 P_1 相等，它将触发 A/C 模式应答机中的旁瓣抑制电路。

8.2.4　S 模式应答信号

当 S 模式应答机收到全呼叫询问或 S 模式选择性询问信号时，用相同的信号进行回答，如图 8.13 所示。该应答信号包含有两对前导脉冲和一个数据块。两对前导脉冲用于表明这是 S 模式应答。

两对脉冲相距 3.5 μs。每对脉冲的两个脉冲之间相隔 1 μs。前导脉冲的宽度均为 0.5 μs。应答数据块也是由 56 位或 112 位数据组成。数据字组的始端距第一个前导脉冲 8 μs。

应答的内容根据询问要求而定。应答数字组包括控制字、飞机地址码、高度码，以及其他需要交换的机载设备信息。

图 8.13　S 模式应答信号

8.2.5　S 模式系统的工作

S 模式系统地面询问机首先对其所管辖范围内的所有飞机作一个"全呼叫"询问（目的是

让地面了解空中飞机所带应答机的类别）。若是 A/C 模式应答机收到这个"全呼叫"询问，它只对"全呼叫"询问中的 P_1 和 P_3 译码，而对 P_4 不予理睬。译码成功后，则以 A 模式或 C 模式作回答。如果 S 模式应答机收到"全呼叫"询问，由 P_4 脉冲"确认"是 S 模式的询问而成功译码后，以含有本飞机 24 位飞机地址码的 S 模式信号作回答。

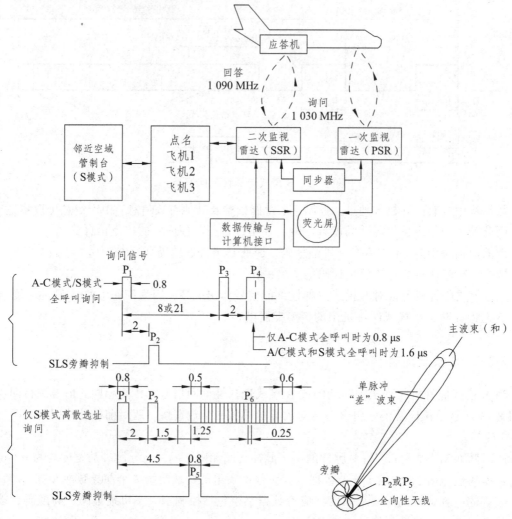

图 8.14　S 模式系统工作示意图

地面询问机通过天线接收到回答信号后，使用单脉冲处理技术来确定飞机的方位，并且对回答信号作处理。若收到的是 A/C 模式应答机的回答信号，询问机对该信号进行处理和译码后，在雷达显示屏上显示出该飞机的代号/高度和位置；若询问机收到的是 S 模式应答机对"全呼叫"询问所作出的 S 模式全呼叫回答信号，这个 S 模式全呼叫回答信号就是飞机的地址。询问机把天线扫掠所得的 S 模式应答机飞机的位置和地址分别存入存储器内，并核实确是本询问站所负责管辖的飞机，则把这些飞机的位置和地址分别编入到各个飞机点名的字段内，并把这些信息传送到邻近空域管制台，如图 8.14 所示。

当地面询问机确定了 S 模式应答机飞机的位置和地址后，就切断"全呼叫"询问，而以带有飞机地址字段的 S 模式询问模式对飞机作点名式的询问。被点名的飞机，以 S 模式应答模式进行飞机代号、高度等的应答。

S 模式应答机收到地面询问机的询问，若一直都未捡拾到 P₄ 脉冲，则 S 模式应答机开始对 A/C 模式地面询问机作 A/C 模式回答。当 S 模式应答机捡拾到 P₄ 脉冲时，就结束对 A/C 模式地面询问机的回答。

8.2.6　S 模式应答机控制盒

S 模式应答机一般与 TCAS 系统配套使用，故大多数情况下，S 模式应答机的控制盒和 TCAS 的控制盒也配套使用。一种典型的 S 模式/TCAS 控制板如图 8.15 所示，下面仅对 S 模式应答机控制部件进行说明。

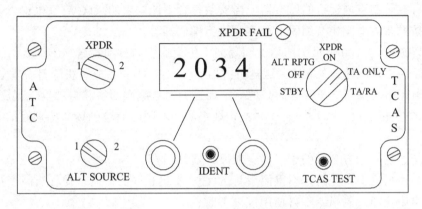

图 8.15　S 模式/TCAS 控制板

1. XPDR/TCAS 模式选择开关

XPDR/TCAS 模式选择开关有 "STBY"、"ALT RPTG OFF"、"XPDR ON"、"TA ONLY" 和 "TA/RA" 5 个位置。

STBY 位：S 模式应答机发射含有 24 位地址码的自发报信号，能对全呼叫询问进行应答。

ALT RPTG OFF 位：S 模式应答机可以正常应答模式 A 的询问，但不会对模式 C 的询问做出应答。

XPDR ON 位：S 模式应答机处于全功能状态，可以正常应答模式 A 和模式 C 的询问。

TA ONLY 位和 TA/RA 位：TCAS 的工作模式位。

2. 代码选择旋钮和 XPDR 代码显示窗

两个代码选择旋钮用于选择四位的识别编码，它们由内、外同轴旋钮构成。所选识别代码显示在显示窗中。

3. IDENT（识别）按钮

按压 IDENT 按钮，将识别脉冲加到应答机应答信号中，帮助地面站识别该飞机。

4. ALT SOURCE（高度源）选择开关

高度源选择开关有两个位置，可以选择 ADC1 或 ADC2 作为 C 模式应答的高度源。

5. XPDR FAIL（应答机失效）灯

当所选的应答机或它的高度信息源失效时，该灯亮。

6. XPDR（应答机）选择开关

应答机选择开关有两个位置，用于选择哪部应答机工作。

8.3 CCAR 规定

1. CCAR-91-R2 的相关规定

第 91.427 条 ATC 应答机和高度报告设备

（a）所有在管制空域运行的航空器应当安装符合下述要求的 ATC 应答机：

（1）能按照规定对空中交通管制的询问进行编码回答；

（2）能以 30 米（100 英尺）的增量间隔向空中交通管制自动发送气压高度信息的询问。

（b）除经局方批准外，在下述区域运行的航空器安装的 ATC 应答机除符合本条（a）的要求外，还应当能够对空中交通管制和其他航空器进行对点编码回答和自动发送气压高度信息：

（1）在 CCAR91.131 和 CCAR91.133 条规定的一般国际运输机场和特别繁忙运输机场区域运行；

（2）穿越、占用局方公布的中、高空航路、航线运行。

（c）在下述情况下，任何人不得使用与 ATC 应答机相联的任何自动气压高度报告设备：

（1）当空中交通管制指令不得使用该设备时；

（2）除非所安装的设备已经过检测和校准，能在高度表基于 1013.2 百帕气压高度基准的从海平面到航空器最大运行高度的范围内，相应于通常用于保持飞行高度的指示或校准高度表数据±38 米（125 英尺）内（基于 95%可靠性）发送高度数据；

（3）除非高度表和该设备中的模数转换器分别符合 TSO-C10b 和 TSO-C88 中的标准。

2. CCAR-121-R4 的相关规定

第 121.345 条 无线电设备

（a）按照本规则实施运行的飞机应当装备所实施运行类型要求的无线电设备。

（b）在本规则第 121.347 条和第 121.349 条要求两套独立的（单独和完整的）无线电系统的情况下，每一系统应当具有一个独立的天线装置，但是在采用刚性支撑的非钢索天线或者其他具有同等可靠性天线装置的情况下，只要求一根天线。

（c）ATC 应答机应当符合 CTSO-C112（S 模式）适当类别的性能和环境要求，但不包括下列情况：

（i）在固定设备维护期间，临时安装符合 CTSO-74c 的替代设备；

（ii）已批准安装符合 CTSO-74c ATC 应答机的飞机，临时拆卸维修后的重新安装；

（iii）对于已批准安装符合 CTSO-74c ATC 应答机的机队运行，从一架飞机拆下 ATC 应答机维修后，安装在机队中的另一架飞机上

复习思考题

1. 简述应答机的功用。

2. 在 A/C 模式二次监视雷达系统中，询问脉冲的结构是怎样的？模式是根据什么划分的？询问飞机代码和高度的模式各是什么？

3. 特殊代码 7500、7600、7700 的含义是什么？

4. 试述 A/C 模式二次监视雷达系统应答脉冲码的结构和 SPI 脉冲的作用。

5. 已知飞机代号 2370、5466，如何编码？

6. 已知脉冲 A1A4　B4　C2C4　D1D2D4，试问飞机代号是多少？

7. 试述 A/C 模式二次监视雷达系统机载应答机的组成及使用。

8. 简述 S 模式二次监视雷达系统的优点和工作。

9. S 模式二次监视雷达系统有哪些询问信号？全呼叫询问中 P_4 脉冲的作用是什么？

第9章 空中交通警戒与防撞系统

1956 年在科罗拉多大峡谷上空两架客机相撞，受这一事件的刺激，航空界开始机载防撞系统（ACAS）的研究。60 年代末 70 年代初，开发了航空器防撞系统，但该设备在繁忙机场区域的正常运营中虚警率较高，此外，它要求其他飞机也必须装备该类设备。70 年代中期，开发了信标防撞系统（BCAS），该系统利用机载应答机发回的数据来决定对方飞机的距离和高度。所有的航线运输飞机、军用飞机和大多数通用航空飞机上都安装有应答机，因此，任何装备 BCAS 的飞机能够避开大多数其他飞机而得到保护，此外，S 模式应答机使用的离散选址通信技术，使两架冲突的 BCAS 飞机能高度可靠地完成协调的避让机动。1981 年，美国联邦航空局（FAA）决定发展并装备空中交通警戒与防撞系统（TCAS）。TCAS 用的是 BCAS 的设计，但增加了新的功能，比如 TCAS2 能提供垂直方向的避让措施，能在交通密度高达每平方海里 0.3 架飞机的空域正常运行。由于 TCAS 系统是完全不依赖地面系统的机载设 备，因此在海洋或非雷达管制空域，显得尤为重要。

TCAS 通过探测和跟踪邻近空域装备有应答机的飞机，向机组提供交通显示，并根据接近程度，向机组提供交通咨询（TA）和决策咨询（RA）。交通显示帮助机组目视获悉装有应答机的飞机；交通咨询 TA 帮助机组目视搜寻闯入飞机；决策咨询 RA 是 TCAS 向机组推荐的避让机动。

根据 TCAS 所能提供的咨询能力，TCAS 分为 3 种：TCAS1、TCAS2 和 TCAS4。

TCAS1 仅仅提供交通咨询 TA，该类设备主要安装在小飞机上。

TCAS2 既提供交通咨询 TA，同时又提供决策咨询 RA，但决策咨询仅仅是垂直机动。TCAS2 可以和其他 TCAS2 或更高级别的 TCAS 交换数据以对 RA 进行协调，这样就防止了装备有 TCAS2 的两架飞机执行相同的避让机动。在 30 n mile 范围内，TCAS2 可同时跟踪多达 30 架装备有应答机的飞机。

TCAS4 的功能和 TCAS2 相同，但决策咨询既有垂直机动，也有水平机动。目前尚未在飞机上使用。本章以 TCAS2 为例进行介绍。

9.1 TCAS2 组成

TCAS2 由 TCAS 计算机、S 模式/TCAS 控制盒、S 模式应答机、天线、TCAS 显示器等组成，如图 9.1 所示。TCAS2 和其他的导航系统交联，一般使用 EFIS 显示组件进行目视咨询显示，使用数字音频控制系统进行语音咨询通告。

1. TCAS 计算机

TCAS 计算机含有一个接收机、一个发射机和处理器。用于监控空域，跟踪对方飞机，跟踪自身飞机高度，探测和判定威胁，确定和选择 RA 机动，产生咨询信息。

TCAS 计算机通过天线在 1 030 MHz 频率上向周围的飞机发出询问，并在 1 090 MHz 频率上接收其他飞机的应答。计算机使用这些应答信息跟踪和显示对方飞机的方位、距离、高度，并在适当时候向机组发布需要采取的垂直避让机动。

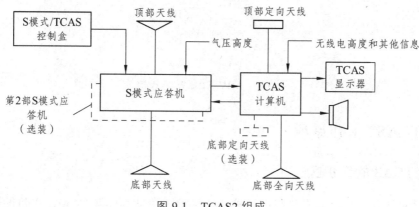

图 9.1　TCAS2 组成

2. 天线

TCAS2 有 2 个天线：顶部天线和底部天线。顶部天线为定向天线，具有定向能力，底部天线可以是全向天线也可以是定向天线。

S 模式应答机也有 2 个天线：顶部天线和底部天线。S 模式应答机有 2 个接收机，每个接收机 1 个天线。天线用于接收询问信号并发射应答信号。

在新的应答机/TCAS 集成系统中，应答机和 TCAS 的天线共用，因此只需要 2 个天线。

3. S 模式应答机

TCAS 系统的工作需要自身飞机上安装 S 模式应答机，如果 TCAS 性能监控器检测到自身的 S 模式应答机失效，TCAS 系统将自动停止工作。

S 模式应答机除执行正常的二次监视雷达的功能外，还用于 TCAS 飞机之间进行空中数据交换，以保证提供协调的、互补的 RA 信息。

4. S 模式/TCAS 控制盒

S 模式/TCAS 控制盒对 S 模式应答机和 TCAS2 均进行控制。控制盒直接与 S 模式应答机相连，S 模式应答机向 TCAS 计算机送控制信号。

5. TCAS 显示器

TCAS 显示器用于 TCAS2 进行交通显示和 TA/RA 显示，通常采用电子升降速度表或 EFIS 显示组件进行显示。

6. TCAS 音频

TCAS 音频是对 TA 和 RA 显示的补充。TCAS 音频送到数字音频控制系统，在座舱里发出相应的声音信息。

7. ABV/N/BLW（上/正常/下）选择器

有的飞机上安装有 ABV/N/BLW 选择器，如图 9.2 所示。ABV 位允许显示自身飞机上方的交通目标（向上可达 9 900 ft，由航空公司选择）和下到 2 700 ft 的交通目标。N 位允许显示自身飞机上下 2 700 ft 以内的交通目标。BLW 位允许显示自身飞机下方的交通目标（向下可达 9 900 ft，由航空公司选择）和向上到 2 700 ft 的交通目标。RA 和 TA 的出现不受该选择器的位置影响。ABV 模式用于爬升，BLW 模式用于下降。

图 9.2　ABV/N/BLW 选择器

9.2　TCAS2 工作原理

9.2.1　TCAS 的保护区

TCAS 计算机建立围绕自身飞机的保护区。保护区的尺寸根据 TCAS2 飞机的速度和高度以及闯入者的接近率（距离和高度）而变化。保护区用闯入者到自身飞机最接近点(CPA)的时间 τ 来表示，保护区称为 τ 区。

警戒区（也称为 TA τ 区）定义为距离最接近点 CPA 还有 20 ~ 48 s 的一段空域，参见图 9.3。在 FL420 之下，TA 的垂直触发门限是 TCAS2 飞机上下 850 ft；在 FL420 之上，TA 的垂直触发门限是 TCAS2 飞机上下 1 200 ft。如果闯入者穿入警戒区并且满足相对高度限制，TCAS2 将发布交通咨询 TA。

警告区（也称为 RA τ 区）定义为距离最接近点 CPA 还有 15 ~ 35 s 的一段空域，参见图 9.3。在 FL200 之下，RA 的垂直触发门限是 TCAS2 飞机上下 600 ft；在 FL200 和 FL420 之间，RA 的垂直触发门限是 TCAS2 飞机上下 700 ft；在 FL420 之上，RA 的垂直触发门限是 TCAS2 飞机上下 800 ft。如果闯入者穿入警告区并且满足相对高度限制，TCAS2 将发布决策咨询 RA。

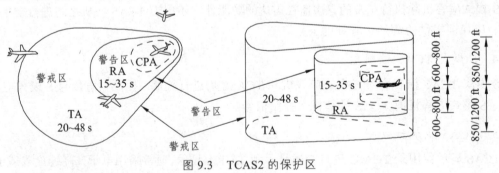

图 9.3　TCAS2 的保护区

9.2.2　TCAS 的咨询信息

TCAS2 向机组提供两种咨询：TA 咨询和 RA 咨询。

TA 咨询用于帮助机组目视搜寻闯入飞机，以防止空中相撞。

RA 咨询向机组推荐增加垂直间隔或保持当前垂直间隔的机动，以避开闯入飞机。TCAS2 只能提供垂直方向的 RA，无法提供水平方向的 RA，因为 TCAS2 方位天线的精度不能安全地保证横向偏离。

9.2.3 TCAS 的发射/接收

TCAS 计算机具有和二次雷达地面站相同的功能。它通过询问和接收来自应答机的应答信号去检测和跟踪闯入者。TCAS2 通过顶部和底部的定向天线发射和接收信号，在 1 030 MHz 频率执行询问，在 1 090 MHz 频率接收应答。

9.2.4 TCAS 的检测

S 模式应答机以大约每秒 1 次的间隔发射含有 24 位地址码的下行数据链信息来通告它们的存在。该发射称为自发报。TCAS2 通过监听自发报或监听 S 模式应答机对地面全呼叫询问的应答来确定 S 模式应答机的地址。得到 S 模式应答机的地址后，TCAS2 将这些闯入者的地址加到点名呼叫册中，使用 S 模式选择性询问信号进行询问和跟踪。对装备有 A/C 模式应答机的飞机，TCAS2 使用仅 A/C 模式全呼叫询问信号进行询问和跟踪。

TCAS 计算机根据应答机送来的高度信息，计算闯入者的相对高度；根据接收的高度和时间，计算闯入者的高度变化率、距离、距离变化率；根据定向天线收到的应答信号，确定闯入者的方位。利用以上信息，TCAS 计算机跟踪和连续评估闯入者对自身飞机的潜在冲突，并向机组提供适当的咨询和显示。

TCAS2 只能检测装备有正在工作的应答机的飞机的存在。当闯入者具有有效的高度报告时，TCAS2 才能发布 RA。若闯入者带有有效应答机但没有高度报告，TCAS2 只能发布 TA。

如果闯入飞机也装备有 TCAS2 设备，两个 TCAS2 计算机能够对 RA 进行协调以获得最佳间隔和最小的破坏性，同时确保两架飞机的机组不会执行相同的避让机动和恶化碰撞威胁。

9.2.5 TCAS 的工作概况

TCAS2 系统的工作如图 9.4 所示。

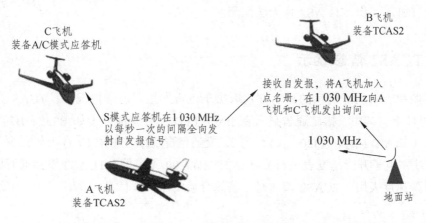

图 9.4　TCAS2 的工作

（1）装备有 TCAS2 的飞机，使用 S 模式应答机以每秒 1 次的间隔全向发射含有地址识别码的自发报信号。同一空域内装备有 TCAS2 的其他飞机在 1 090 MHz 频率上进行监听，当检测到有效的自发报信号时，将发射自发报信号飞机的地址识别码加到点名呼叫册中以便于随后的询问使用。

（2）A 飞机根据其他 TCAS2 飞机发来的自发报编辑自己的点名呼叫册。

（3）A 飞机的 TCAS2 发射机通过发射仅 A/C 模式全呼叫询问信号，来检测空域内装备有 A/C 模式应答机的其他飞机。当附近有大量飞机时，为了分离应答信号，发射机具有下列功能：

① 天线依次向四个象限发射单独的方位信息。

② 发射信号由一系列脉冲构成，从低功率开始，逐步增加到一个较高的功率，这称为耳语—呼喊技术。这样，近处的飞机比远处的飞机先应答。因此，TCAS2 能跟踪单独的应答，也限制了不必要的全功率辐射。

本例中，只有 C 飞机对该询问进行应答，B 飞机上的 S 模式应答机对该询问不进行应答。

（4）A 飞机编辑点名呼叫册后，询问列表中的每架 S 模式应答机飞机。TCAS2 天线然后接收它们的应答，并确定闯入者的相对方位。闯入者的距离根据询问和应答的时间间隔来确定。

（5）高度、高度变化率、距离、距离变化率也通过跟踪对每次询问的应答来确定。通过计算机对应答进行分析，TCAS2 确定哪架飞机是潜在的碰撞威胁，如果威胁飞机在自身飞机上下 1 200 ft 之内，TCAS2 向机组提供适当的咨询。多个威胁同时存在的地方，TCAS2 单独处理每个威胁，产生最佳的避让措施。

（6）当接收和处理 S 模式信号时，如果碰撞风险确立，计算机和其他飞机上的 TCAS2 计算机建立空-空 S 模式数据链，商定和协调 RA 咨询。

9.2.6　TCAS 提供的保护等级

TCAS2 提供的保护等级由对方飞机所带应答机的类型确定。若对方飞机带 A 模式应答机，TCAS2 仅提供 TA；若对方飞机带 C 模式/S 模式应答机或 TCAS1，TCAS2 既提供 TA，还提供垂直方向的 RA；若两架飞机都带有 TCAS2 设备，TCAS2 既提供 TA，还提供垂直方向的协调 RA，因为它们将通过 S 模式应答机交换数据以对冲突进行协调解决；若对方飞机没有装应答机或应答机不工作，TCAS2 将无法探测。

9.3　TCAS2 信息显示

在驾驶舱中，TCAS 信息的显示方式取决于飞机类型。通常情况下，TCAS 信息显示在 EFIS 显示组件上，其中，措施通告显示在 EADI/PFD 上的俯仰区（如 B737、B747 等）或升降速度带上（如 MD - 11、A320、A340 等），交通情况显示在 EHSI/ND 上。在少量飞机上，TCAS 信息使用电子升降速度表进行显示，如 MD - 90 飞机等。TCAS2 没接通时，该显示器作为一个升降速度表用；TCAS2 接通时，将综合显示 TCAS 信息。

9.3.1　TCAS 信息在电子升降速度表上的显示

TCAS 信息在电子升降速度表上的显示如图 9.5 所示。电子升降速度表包含一个电子式的常规升降速度刻度盘，刻度盘的上半部分显示爬升率，下半部分显示下降率。飞机符号、方位刻度、代表闯入者的符号、RA 咨询信息等综合显示在该表上。

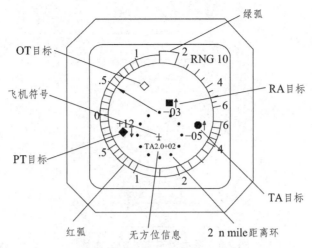

图 9.5　TCAS2 信息在电子升降速度表上的显示

1．符号的含义

TCAS2 采用红色实心方块、橙色实心圆、蓝色或白色的实心菱形和空心菱形四种符号来分别代表不同级别的闯入飞机。

（1）■——红色实心方块，代表进入警告区的飞机，称为 RA 目标。

（2）●——橙色实心圆，代表进入警戒区的飞机，称为 TA 目标。

（3）◆——蓝色或白色实心菱形，代表距离小于 6 n mile 或垂直间隔小于 1 200 ft，但并没有构成威胁的飞机，称为接近交通（PT）目标。它对自身飞机不构成威胁。但在某些情况下，它可能变为 TA 或 RA 目标。显示接近交通目标可以增强处境意识。

（4）◇——蓝色或白色空心菱形，代表垂直间隔大于 1 200 ft 或距离大于 6 n mile 的飞机，称为其他交通（OT）目标。它对自身飞机完全不构成威胁。

2．数据标记

当闯入者报告高度信息时，在符号的上面或下面将出现一数据标记。数据标记由两位数和一个"＋"或"－"号组成，颜色与符号同色。两位数代表自身飞机与闯入者之间的垂直间距，以百英尺计。如果闯入者在自身飞机上面，数据标记将位于符号的上面，且前面加一个"＋"号；如果闯入者在自身飞机下面，数据标记将位于符号的下面，且前面加一个"－"号。例如图 9.5 中，红色实心方块下方标有数据标记"-03"，表示该闯入者在自身飞机下方，垂直间距为 300 ft。

3．箭头"↑"、"↓"

若闯入者以大于或等于 500 ft/min 的垂直速度爬升或下降时，符号右侧将出现一个向上或向下的箭头。

4．闯入者不在显示范围之内

如果 TCAS2 跟踪一闯入者，它处于显示范围之外，但是已经进入了警戒区或警告区，其显示情况视机型而定。有的飞机上，在显示器边缘对应的方位上出现半个相应的符号，若闯入者在自身飞机下面，数据标记将出现在半个符号的下面；若闯入者在自身飞机上面，就看不到数据标记，如图 9.6 所示；有的飞机上，在显示器上出现"OFF SCALE""TRAFFIC"等字符进行提醒。

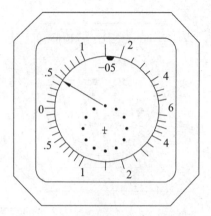

图 9.6　显示范围之外的交通目标

5. 闯入者方位信息丢失

　　如果 TCAS2 不能跟踪闯入者的方位，闯入者的显示情况如图 9.7 所示。闯入者的显示信息包括威胁的级别（TA 或 RA）、距离、垂直间距等。例如："TA2.0-05↑"表示该 TA 目标方位丢失，它距离自身飞机 2 n mile，在自身飞机下方 500 ft，正以大于或等于 500 ft/min 的爬升率在爬升。方位丢失可能是由于天线被暂时遮挡引起的，例如转弯坡度过大。但是 TCAS2 计算交通咨询信息或决策信息的能力不会因暂时缺少方位信息而减低。

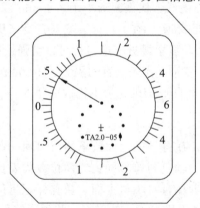

图 9.7　方位信息丢失的显示

6. RA 目视措施通告

　　当 TCAS2 发布 RA 时，在升降速度表的圆形刻度盘上用颜色弧来指示要避开的和推荐使用的垂直速度区。要避开的垂直速度区用窄的红弧表示，推荐使用的垂直速度区用宽的绿弧表示。例如：在图 9.5 中，因为存在威胁，TCAS2 已经发布了 RA，该威胁飞机在自身飞机之下 300 ft，并且正以大于 500 ft/min 的爬升率爬升。在爬升率 1 500 ~ 2 000 ft/min 出现宽的绿弧显示，这是 TCAS2 推荐的安全爬升率区，窄的红弧区是需要避开的垂直速度区。

　　TCAS2 发布的 RA 信息有两种：改正 RA 和预防 RA。

　　改正 RA 要求机组按给定的垂直速度爬升或下降以避开冲突。在升降速度显示器上，出现红、绿弧区，升降速度指针位于红区范围，需机组采取措施，使指针处于绿区。其显示如图 9.8 所示。

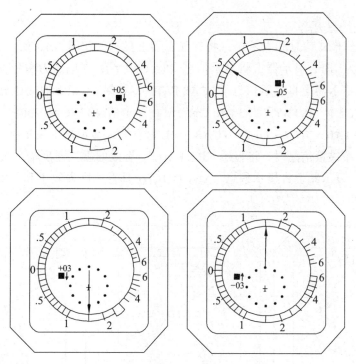

图 9.8　改正 RA 在升降速度表上的显示

　　预防 RA 仅要求机组保持现有的垂直速度或者避免使用某一垂直速度,也就是对垂直速度进行监控,限制垂直速度的改变。在升降速度显示器上,只有红弧,升降速度指针位于红区之外,机组只需保持现有的垂直速度使指针不进入红区即可。其显示如图 9.9 所示。

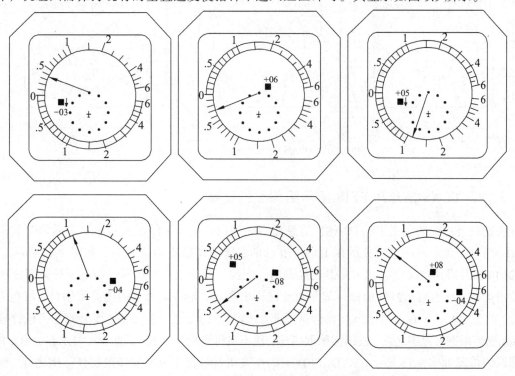

图 9.9　预防 RA 在升降速度表上的显示

7. 模式及失效通告

TCAS2 的工作模式信息和失效信息将在显示器上显示，如图 9.10 所示。当选择 TCAS2 的工作模式为 "TA" 时，显示器上将显示信息 "TA ONLY"，在地面为白色，空中为黄色。如果 TCAS2 失效，显示器上将显示信息 "TCAS FAIL"；如果 TCAS2 的交通显示失效，将显示 TD FAIL；当模式选择 "STBY" "XPDR ON" 时，显示信息 "TCAS OFF"，此时 TCAS2 不工作。当出现 TD FAIL、TCAS OFF、TCAS FAIL 信息时，显示器上飞机符号和距离圈消失。当 TCAS2 不能公布决策信息时，将显示 "RA FAIL"。有效的垂直速度输入失效或丧失使决策信息不能显示时，显示器上将显示信息 "VSI FAIL"（垂直速度失效）和 "RA FAIL" 且指针消失。

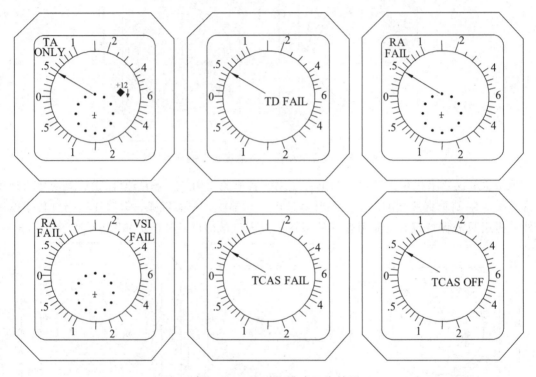

图 9.10　TCAS 的工作模式及失效显示

9.3.2　TCAS 信息在 EFIS 显示组件上的显示

在装备 EFIS 的飞机上，TCAS2 信息显示在 EFIS 显示组件上，其中，交通情况显示在 EHSI/ND 上，RA 避让机动显示在 EADI/PFD 的升降速度带或俯仰区上，如图 9.11 所示。在 EADI/PFD 升降速度带上显示 RA 避让机动时，用红、绿颜色带来指示，与电子升降速度表上的显示类似。在 EADI/PFD 俯仰区显示 RA 避让机动时，用特定形状的俯仰限制杆（红色）来指示。改正 RA 显示在 EADI/PFD 俯仰区的情况如图 9.12 所示，EADI/PFD 上的小飞机符号位于 RA 俯仰限制杆范围之内，机组需采取措施，使小飞机脱离该区域。预防 RA 显示在 EADI/PFD 俯仰区的情况如图 9.13 所示，EADI/PFD 上的小飞机符号位于 RA 俯仰限制杆范围之外，机组只需保持飞机当前姿态，保证小飞机不进入 RA 俯仰限制杆范围内即可。

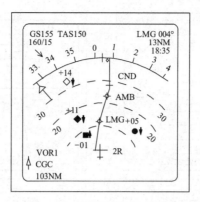

（a）交通显示

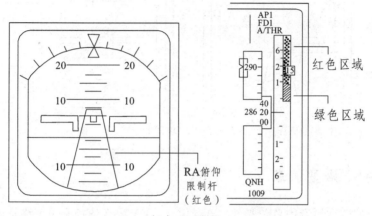

（b）RA 显示

图 9.11 TCAS 信息在 EFIS 显示组件上的显示

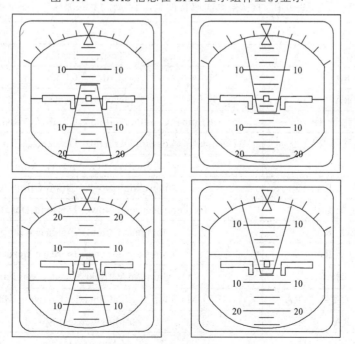

图 9.12 改正 RA 在 EADI/PFD 俯仰区的显示

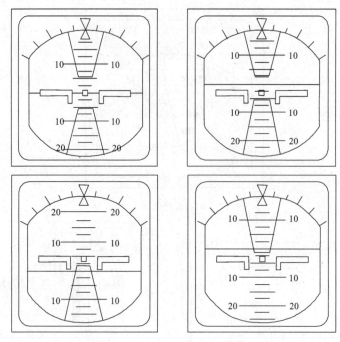

图 9.13   预防 RA 在 EADI/PFD 俯仰区的显示

9.4   TCAS2 语音信息

TCAS2 系统的咨询语音信息包括 TA 语音信息、RA 语音信息和 RA 终止语音信息，如表 9.1 所示。

表 9.1   TCAS 咨询语音信息（TCAS 7.0 版本）

TCAS 咨询	语音信息
TA	Traffic，Traffic
爬升 RA	Climb，Climb
下降 RA	Descend，Descend
高度穿越爬升 RA	Climb，Crossing Climb；Climb，Crossing Climb
高度穿越下降 RA	Descend，Crossing Descend；Descend，Crossing Descend
减弱的 RA	Adjust Vertical Speed，Adjust
反向的爬升 RA	Climb-Climb Now；Climb-Climb Now
反向的下降 RA	Descend-Descend Now；Descend-Descend Now
增强的爬升 RA	Increase Climb，Increase Climb
增强的下降 RA	Increase Descent，Increase Descent
垂直速度保持 RA	Maintain Vertical Speed，Maintain
高度穿越垂直速度保持 RA	Maintain Vertical Speed，Crossing Maintain
预防 RA	Monitor Vertical Speed
RA 终止	Clear of conflict

9.4.1 TA 的语音信息

TA 语音信息"TRAFFIC，TRAFFIC"指令机组监控 TCAS2 的显示以便目视搜寻闯入飞机。

9.4.2 RA 的语音信息

RA 语音信息分为改正 RA 语音信息和预防 RA 语音信息两类。

1. 改正 RA 的语音信息

改正 RA 语音信息"CLIMB, CLIMB"（或"DESCEND, DESCEND"）要求机组按照 TCAS 指示的垂直速度（升降速度表/带上的绿区）爬升（或下降）。

改正 RA 语音信息"CLIMB，CROSSING CLIMB—CLIMB, CROSSING CLIMB"（或"DESCEND，CROSSING DESCEND—DESCEND，CROSSING DESCEND"）要求机组按照 TCAS 指示的垂直速度（升降速度表/带上的绿区）爬升（或下降），但在执行该机动时，自身飞机的飞行轨迹将穿越闯入飞机的飞行轨迹。

改正 RA 语音信息"ADJUST VERTICAL SPEED，ADJUST"要求机组将垂直速度调整到 TCAS 的指示值（升降速度表/带上的绿区），即适当地减小爬升率或下降率。

在"DESCEND，DESCEND"（或"CLIMB，CLIMB"）指令之后若闯入飞机改变了轨迹，改正 RA 语音信息"CLIMB,CLIMB NOW—CLIMB,CLIMB NOW"（或"DESCEND,DESCEND NOW—DESCEND，DESCEND NOW"）将触发，要求机组立即进行垂直速度的反转，否则无法得到足够的垂直间隔。

在"CLIMB，CLIMB"（或"DESCEND，DESCEND"）指令之后，若垂直速度不足以实现安全的垂直间隔，改正 RA 语音信息"INCREASE CLIMB—INCREASE CLIMB"（或"INCREASE DESCEND—INCREASE DESCEND"）将触发，要求机组增加垂直速度到 TCAS 的指示值。

改正 RA 语音信息"MAINTAIN VERTICAL SPEED，MAINTAIN"要求机组将垂直速度保持在 TCAS 指示的安全区（升降速度表/带上的绿区）。

改正 RA 语音信息"MAINTAIN VERTICAL SPEED，CROSSING MAINTAIN"要求机组将垂直速度保持在 TCAS 指示的安全区（升降速度表/带上的绿区），但在执行该机动时，自身飞机的飞行轨迹将穿越闯入飞机的飞行轨迹。

2. 预防 RA 的语音信息

预防 RA 语音信息"MONITOR VERTICAL SPEED"要求机组保持当前的垂直速度，确保 PFD/EADI 上小飞机符号在 RA 俯仰限制杆范围外，或升降速度表/带上指针在红区外。仅当执行了 TCAS 发布的改正 RA 后该信息才被触发。

9.4.3 RA 终止的语音信息

当冲突结束时，TCAS 发布语音信息"CLEAR OF CONFLICT"，告诉机组本次遭遇结束，应操纵飞机回到 ATC 的许可高度上。

9.4.4　自测语音信息

TCAS2 自测结束，如果 TCAS2 系统通过了机内自测，TCAS2 计算机将给出语音信息"TCAS SYSTEM TEST OK"；如果 TCAS2 计算机故障，将给出语音信息"TCAS SYSTEM FAIL"，如果送给 TCAS2 计算机的输入无效，将给出语音信息"TCAS SYSTEM TEST FAIL"。

9.5　TCAS2 控制面板

S 模式应答机控制盒通常和 TCAS 的控制盒共用，如图 9.14 所示。下面仅对 TCAS 的控制部件进行说明。

1. XPDR/TCAS 模式选择开关

XPDR/TCAS 模式选择开关有"STBY"、"ALT RPTG OFF"、"XPDR ON"、"TA ONLY"和"TA/RA"5 个位置。在"STBY"、"ALT RPTG OFF"和"XPDR ON"位，TCAS 均不工作。

TA ONLY 位：S 模式应答机和 TCAS 均工作。但 TCAS 仅提供交通咨询信息，不提供决策信息。

TA/RA 位：S 模式应答机和 TCAS 均工作。TCAS 既提供交通咨询信息又提供决策咨询信息；起飞之前选择"TA/RA"模式。该位为 TCAS 正常工作模式位。

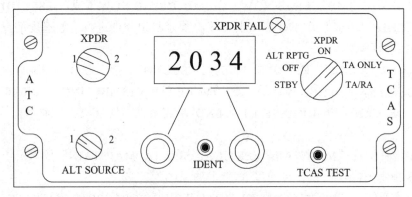

图 9.14　S 模式/TCAS 控制板

2. TCAS TEST（TCAS 测试）按钮

按该按钮，TCAS2 进行自测。测试应在地面，且模式选择开关处于 STBY 位时进行。测试时，发布声音信息"TCAS TEST"，字符"TCAS TEST"出现在交通情况显示器上，同时出现测试图。8 s 以后，测试结束，若系统正常，公布声音信息"TCAS TEST PASS"；若系统有故障，公布声音信息"TCAS TEST FAIL"。

9.6　TCAS2 在飞行中的使用规定

（1）为了使 TCAS 起到应有的作用，机组应对 TCAS 信息作出及时和正确的响应。机组反应迟缓，或囿于空中交通管制的许可，或由于其他原因没有及时按照 TCAS 信息调整飞行轨迹将会严重降低甚至丧失 TCAS 的保护作用。因此机组应按照下列原则对 TCAS 信息作出响应：

① 出现 TA 信息时，机组应借助 TCAS 的指示，力图目视发现造成 TA 的航空器，并对其进行监视，目视保持安全间距。在没有目视发现该航空器之前，不应仅仅根据 TA 信息进行机动飞行。

② 出现 RA 信息时，飞行员应立即开始按照 RA 的指示操作飞机，除非这样做会直接危及飞行安全，或者机组已确实看到了引起 RA 的航空器。操作飞机的飞行员应根据 RA 指示的方向和量值，迅速但不是粗猛地采用正确的操作动作，以满足 RA 的要求（这个要求通常是 1 500 ft/min 的上升率或下降率）。应使垂直速度指针或 EADI/PFD 上的小飞机符号刚好处于红色区域之外，如有绿色区域显示，应准确地飞至绿色区域。第一个 RA 出现时，飞行员应在 5 s 内作出垂直速度响应。对"增加"或"反向"RA 信息应在 2.5 s 内作出垂直速度响应。

③ 如果机组确实已看见了引起该 RA 的航空器，这时飞行员可以按照目视避让规则进行机动飞行。但在任何情况下均不要向 RA 指令相反的方向作机动飞行，以免加剧冲突。

④ 为了使本航空器的高度偏离和对空中交通潜在的不利影响降至最小，改变飞行轨迹应限制在符合解决飞行冲突的最小范围。在开始按 RA 指示操作飞机时，操作飞机的飞行员应密切注意 TCAS 的指示，当 RA 被降级或减弱时，应及时作出响应，调整垂直速度，以使高度偏离值减至最小。

⑤ 非操作飞机的飞行员应帮助目视搜寻引起 RA 的航空器，对 TCAS 显示信息和其他可得到的交通信息进行交叉检查，确认 RA 响应的正确性。

⑥ 在出现冲突解决的信息之后，飞行员应快速柔和地操作飞机回到原来空中交通许可的高度上或管制员重新发布的许可高度上飞行。

（2）除特殊情况外，机组应在所有飞行中使用 TCAS。通常应在起飞前接通 TCAS，在着陆脱离跑道后选择 STBY 方式或 ALTRPTG OFF。飞行中应使用 TA/RA 方式工作，并选择适当的显示距离，监视空中活动。但是，如果处在频繁出现不必要的 RA，并且这些 RA 干扰飞机操纵的环境时，机组可只使用 TCAS 的 TA ONLY 方式。只使用 TA ONLY 方式的情况包括：

① 在起飞期间目视向可能引起不必要 RA 的航空器飞行时；

② 在仪表或目视向靠得很近的平行跑道进近期间；

③ 目视靠近其他航空器飞行时；

④ 在营运人发现可能会出现不必要或不正确 RA 的某些机场、某些特殊飞行程序区域；

⑤ 在营运人或飞行手册中规定的飞行中某些设备故障期间；

⑥ 在营运人或飞行手册中规定的 RA 标称性能包线之外的起飞或着陆期间。

（3）机组应充分了解 TCAS 的性能和使用限制，合理使用 TCAS 信息和其他可用资源，正确判断飞机所处的相对位置和交通环境。TCAS 的性能使用限制及其注意事项主要包括：

① TCAS 不能发现未装应答机或应答机故障的航空器；对应答机没有高度报告的目标，TCAS 只能发布 TA，不能发布 RA；有些 RA 在低高度时将被抑制。因此只依靠 TCAS 并不能在任何情况下都保证安全间隔。

② RA 指示没有考虑地形抬升、超障和某些情况下飞机性能的要求，因此机组应随时保持高度的处境意识。

③ 在 RA 与失速警告、风切变警告和近地警告相冲突时，RA 告警被抑制，而转入 TA 模式。在此种情况下，机组应优先处置失速、风切变和近地警告。

（4）当出现 TCAS 信息时，机组应及时与管制员联系：

① 在出现 TA 时，机组如认为必要，应向管制员通报有关情况，提出自己的请求。

② 飞行员开始按照 RA 指示操作飞机机动后，应尽快向管制员通报情况，以使管制员了解飞行冲突情况，提供必要的帮助，避免发生与 RA 指示相矛盾的指令。

③ 冲突结束后，应立即通知管制员。

9.7 TCAS2 运行限制

TCAS2 在产生各种避让动作的防撞逻辑设计中采用了以下抑制保护：

（1）当飞机爬升能力受到性能限制时，不能发布 "CLIMB"（爬升）信息。

（2）当无线电高度低于 1 500 ft 时，不能发布 "INCREASE DESCENT"（增大下降）信息。

（3）当无线电高度低于 1 000 ft 时，不能发布 "DESCEND"（下降）信息。

（4）当无线电高度低于 500 ft 时，不能发布任何 RA 信息。

（5）当无线电高度低于 400 ft 时，声音信息 "TRAFFIC – TRAFFIC" 被抑制。

9.8 TCAS2 操作程序

9.8.1 正常操作程序

1. 交通咨询信息

PF（把杆驾驶员）	PNF（非把杆驾驶员）
借助显示器上显示的信息，目视搜索闯入者。当且仅当用眼睛直接看到闯入者时，才操纵飞机作避让机动以维持间隔	根据显示器上的信息向操纵飞机的飞行员通告闯入者的相对方位

2. 决策咨询信息

PF（把杆驾驶员）	PNF（非把杆驾驶员）
使用任何可以利用的方法，操纵飞机进入净空域。如果必要，快速柔和地调整飞机的垂直速度，保持 VSI 指针处于红区之外，或飞机符号处在 PFD 上的红色区域以外。为了遵守 TCAS2 决策信息，允许偏离原定的许可高度，例如，平飞改为爬升或下降，爬升或下降改为平飞	使用 VSI 或 EFIS 上的信息，证实操纵飞机的飞行员当前的操作与 TCAS2 决策信息一致，然后协助操纵飞机的飞行员操纵飞机进入净空域

3. 冲突解除

PF（把杆驾驶员）	PNF（非把杆驾驶员）
快速柔和地操纵飞机返回原先指定的航线。如果返回指定的高度或高度层，使用不大于 500 fpm 的垂直速度	当时间允许时，按机长的指令，通告 ATC 有关 TCAS2 发布的决策信息的情况

9.8.2 操作举例

下面以 B747—400 飞机上的 TCAS2 为例说明 TA、RA 出现时的操作。

当出现 TA 信息时，迅速完成如下动作：

（1）在交通显示的帮助下，目视搜寻交通目标；

（2）呼叫任何相冲突的交通目标；

（3）除非亲眼看到目标，确认间隔不合适，否则不作避让机动。

当出现 RA 信息时，如果飞机符号处在 PFD 上的红色区域以内，迅速完成如下动作：

（1）脱开自动驾驶仪，柔和地调整俯仰姿态和推力以达到 RA 的要求；

（2）建立目视接触；

（3）冲突解除时，平稳地操纵飞机返回到原先的许可高度并通告 ATC。

如果在着陆情况下出现爬升 RA，迅速完成如下动作：

（1）脱开自动驾驶仪和自动油门，前推手柄到最大推力；

（2）柔和地调整俯仰姿态以满足 RA 的要求，同时执行正常的复飞程序；

（3）建立目视接触；

（4）冲突消除时，与 ATC 协商下一步的许可。

9.9 CCAR 规定

1. CCAR-91-R2 的相关规定

第 91.439 条 机载防撞系统设备及应用

（a）除经局方批准外，在中华人民共和国国籍登记的最大起飞重量超过 5700 千克或批准旅客座位数超过 19 的涡轮动力飞机必须安装机载防撞系统（ACAS Ⅱ）。

（b）在中华人民共和国国籍登记的民用航空器上的机载防撞系统必须得到局方批准，其安装必须满足有关的适航要求。

（c）驾驶安装有可工作的机载防撞系统航空器的驾驶员应当打开并使用该系统。

（d）本条中规定的 ACAS Ⅱ 等同于 TCAS Ⅱ 7.0 版本。

2. CCAR-121-R4 的相关规定

第 121.356 条 机载防撞系统

（a）按照本规则实施运行的飞机应当配备有经批准的 ACAS Ⅱ 机载防撞系统。

（b）第 121.131 条要求的相应手册中应当包含下述有关 ACAS Ⅱ 机载防撞系统的信息：

（1）关于以下方面的适当程序：

（i）设备的操作和使用；

（ii）对应设备的正确飞行机组操作。

（2）所有与 ACAS Ⅱ 机载防撞系统功能正常相关的输入源应当工作正常。

（c）本条中规定的 ACAS Ⅱ 等同于 TCAS Ⅱ 7.0 版本。

复习思考题

1. 试述 TCAS 的功用、分类及功能。

2. 简述 TCAS2 的组成。

3. 简述 TCAS2 的基本工作原理。

4. 简述 TCAS2 显示器上显示的各种符号、数据标记、箭头等的含义。

5. TCAS2 发布的目视 RA 信息有哪两种？在显示器上如何显示？

6. TCAS2 的语音信息有哪些？这些语音信息分别表示什么含义？

7. 简述 TCAS2 在飞行中的使用规定。

8. 试述 TCAS2 控制板上各部件的功能。

第10章 近地警告系统

虽然航空技术和航线飞机的运行标准有了显著的提高，但世界范围内致命的航空事故仍在继续发生。除少数情况外，航线飞机大部分致命的事故都是可控飞行撞地事故（CFIT）。为了防止此类事故的发生，从20世纪70年代开始，在飞机上安装了近地警告系统（GPWS）或地形提示和警告系统（TAWS）。

近地警告系统（GPWS）根据其功能和原理差异分为基本型近地警告系统和增强型近地警告系统（EGPWS）两类。

TAWS系统包括A类TAWS和B类TAWS两种。A类TAWS具有前视地形报警功能、过早下降报警功能及GPWS的全部报警功能；B类TAWS具有前视地形报警功能、过早下降报警功能及GPWS的部分报警功能。增强型近地警告系统（EGPWS）就是一种A类TAWS系统。

10.1 基本型近地警告系统

在起飞、复飞、进近着陆阶段且无线电高度低于一定值时，如果飞机接近地面时出现不安全情况，近地警告系统以目视和音响形式向机组报警，提醒飞行员采取有效措施。

10.1.1 系统组成

近地警告系统主要由近地警告计算机（GPWC）、超控电门、测试开关、警告灯等组成，如图10.1所示。

1. 近地警告计算机

GPWC用于建立近地警告系统的警告模式极限，确定飞机的飞行状态和离地高度，比较警告极限和飞机的飞行状态以及离地高度，若发现飞机进入近地警告系统的警告模式极限，向机组发出相应的警告/警戒信号。

2. BELOW G/S（低于下滑道）灯/下滑抑制电门

琥珀色的低于下滑道灯用来通告模式5的低于下滑道报警。

下滑抑制电门用来抑制或取消模式5的低于下滑道报警。

3. PULL UP（拉升）警告灯

红色的拉升灯用来通告模式1至模式4的报警。

4. WINDSHEAR（风切变）警告灯

红色的风切变警告灯用来警告飞行员飞机进入风切变的危险状态，应采取正确的操作，将飞机从风切变中解脱出来。

5. 襟翼和起落架超控灯/电门

襟翼超控灯/电门用来为近地警告计算机提供襟翼放下大于或等于 25 单位的模拟信号。

起落架超控灯/电门用来为近地警告计算机提供起落架放下的模拟信号。

超控电门装有保护盖，使用时需打开保护盖。

6. 测试电门

测试电门用来启动近地警告系统的驾驶舱自测试。

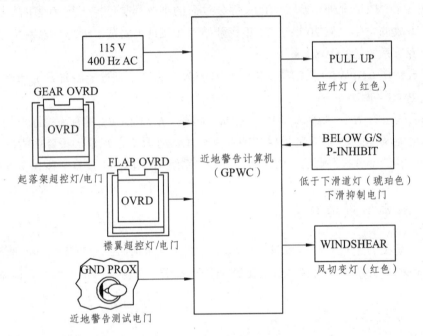

图 10.1　近地警告系统组成图

10.1.2　工作原理

近地警告系统的原理框图如图 10.2 所示。

近地警告系统的核心部件是近地警告计算机，该计算机中存储了各种报警模式的极限数据。计算机将其他系统输送来的飞机实际状态的数据，（如来自无线电高度表收发机的无线电高度；来自大气数据计算机的气压高度和气压高度变化率；来自惯性导航系统的惯性垂直速度；来自 ILS 的下滑道偏离信号；襟翼位置，起落架位置；设定的报告高度；迎角、姿态角、俯仰角速率等信号。）与存储的极限数据相比较：若实际状态超越了某一种报警模式的极限，就输出相应的音响和目视控制信号，加给驾驶舱中的警告喇叭，使之发出与模式相关的语音，并加给相应的信号灯，使相应的灯亮，有的还在发动机指示和机组警告系统的显示组件上显示有关信息。

近地警告系统具有一个完整的自测功能，能够对上述输入信号的通道进行检查。按下测试按钮，如果系统正常，向机组同时提供语音和灯光的正常指示。当飞机在空中时，该测试功能被抑制。

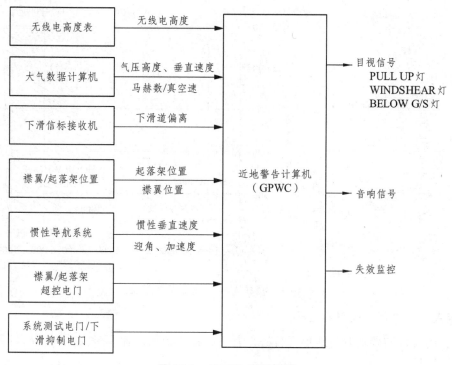

图 10.2　GPWS 原理框图

10.1.3　报警模式

能够引发近地警告系统发出报警的各种情形称为近地警告系统的模式。近地警告系统有 7 种报警模式，大多数模式都提供两种级别的报警：警戒报警和警告报警。当穿透警戒报警包线边界时，通常给出警戒报警。如果情况没有得到改善或进一步恶化，穿透警告报警包线边界，将发布警告报警。

1. 模式 1—过大的下降率

用途：在一定的无线电高度上，若飞机实际的下降率超过了允许的极限值，则发出目视和语音信号提醒机组。

其输入信号为：无线电高度、惯性垂直速度、气压高度变化率等。

模式 1 提供低高度时下降率过大的报警，与襟翼和起落架的位置无关。在大部分设备中，该模式在无线电高度 2 500 ft 以下开始生效工作。

根据危及飞行安全的程度，模式 1 的报警区有两个：警戒区和警告区，如图 10.3 所示。

当飞机实际的下降率与无线电高度的交点位于警戒区时，红色的拉升灯亮，同时警告喇叭发出报警语音 "SINK RATE"。若下降率继续增加或飞行高度继续下降，使交点位于警告区时，警告喇叭发出报警语音 "WHOOP WHOOP PULL UP"，以提醒飞行员采取拉升操作。只有当飞机的无线电高度与下降率满足要求并脱离报警区域时，才使灯灭语音停止。

例如：当离地高度为 2 450 ft 时，若气压高度下降率超过了 5 000 ft/min，就将给出 "SINK RATE" 警告，在同样的高度上，若下降率超过了 7 125 ft/min，就将给出 "WHOOP WHOOP PULL UP" 警告。

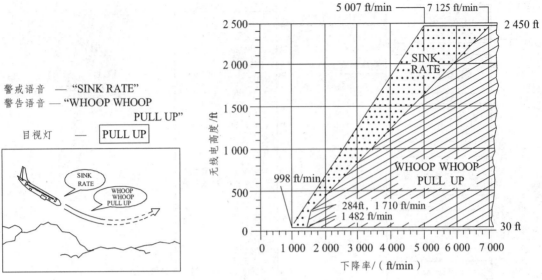

图 10.3　模式 1 的包线及报警图

2. 模式 2—过大的地形接近率

用途：当飞机朝着抬升的地形飞行时，若飞机接近地面的速率过大，则发出目视和语音信号提醒飞行员。

其输入信号为：无线电高度、空速、气压高度、气压高度变化率和起落架、襟翼位置信号。

近地警告系统根据空速、下降率和无线电高度等信息，将飞机前方地形与飞行轨迹进行比较，如果地形出现明显抬升，地形接近率显示飞机存在危险状况，就触发模式 2 的报警。

此模式与襟翼位置和起落架位置有关。根据襟翼位置的不同，分为两个子模式：若襟翼放下小于 25 单位（也称襟翼不在着陆形态），称为模式 2A；若襟翼放下等于或大于 25 单位（也称襟翼在着陆形态），称为模式 2B。如图 10.4 所示。

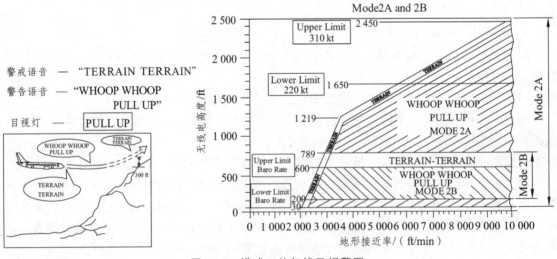

图 10.4　模式 2 的包线及报警图

1）模式 2A

模式 2A 在爬升、巡航和初始进近期间（襟翼不在着陆构形且飞机不在下滑道上）生效工作。如果飞机穿透模式 2A 的警戒包线，出现语音信息"TERRAIN，TERRAIN"，同时"PULL UP"灯点亮。如果飞机继续穿透警告包线，重复语音信息"WHOOP WHOOP PULL UP"，直到飞机退出警告包线。

一旦退出警告包线，语音信息"TERRAIN"将出现，当飞机获得 300 ft 气压高度后，才能灯灭声停。

图 10.4 给出了模式 2 的上边界线随飞行速度而变化的情况。当空速从 220 kt 增加到 310 kt 时，边界扩大，这样在速度较高时，使报警时间增加。

2）模式 2B

模式 2B 提供一个减弱的报警包线，这样在飞机接近地面时，能允许正常的着陆进近机动且不会出现不必要的报警。随着襟翼处于着陆构形（选择了着陆襟翼或选择了襟翼超控），模式 2B 自动选定。

进近期间，如果起落架不在着陆构形，飞机穿透了模式 2B 的警戒包线，出现语音信息"TERRAIN，TERRAIN"，同时"PULL UP"警告灯点亮。如果飞机继续穿透警告包线，重复语音信息"WHOOP WHOOP PULL UP"，直到飞机退出警告包线。如果襟翼和起落架均在着陆构形，飞机穿透了模式 2B 的包线，语音信息"WHOOP WHOOP PULL UP"被抑制，重复语音信息"TERRAIN"，直到飞机退出包线。

3. 模式 3—起飞或复飞后飞机掉高度

用途：在起飞或复飞期间，如果飞机高度出现明显下掉而影响到安全时，向飞行员提供报警信号。

其输入信号为：无线电高度、空速、气压高度变化率、气压高度、起落架和襟翼位置信号等。

近地警告系统根据空速、无线电高度、气压高度以及飞机构形等信息来判别飞机处于起飞或复飞期间。系统对无线电高度和气压高度进行监控，一旦飞机出现高度下掉，且高度下掉值达到峰值的大约 10%，就触发模式 3 的报警。"PULL UP"警告灯点亮，同时出现报警语音"DON'T SINK，DON'T SINK"。如图 10.5 所示。

模式 3 的保护一直生效，直到 GPWS 确定飞机已经获得足够高度，不再是起飞/复飞阶段。

一旦飞机建立正的爬升率，"PULL UP"警告灯熄灭，语音报警停止。

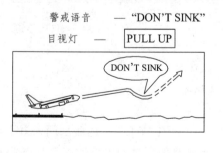
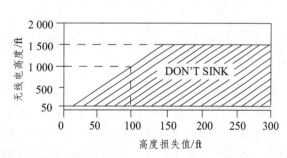

图 10.5　模式 3 的包线及报警图

4. 模式 4—非着陆构形下不安全的离地高度

用途：当飞机不在着陆形态，由于飞机高度降低或地形变化，使飞机的越障高度不安全时，向机组发出相应的报警信号，提醒机组采取正确的措施。

其输入信号为：无线电高度、空速、襟翼和起落架位置信号等。

模式4与飞行阶段、飞机构形和飞行速度有关。

模式4有两种子模式：模式4A和模式4B。如图10.6所示。模式4A用于起落架和襟翼不在着陆构形的巡航及进近期间；模式4B用于起落架在着陆构形而襟翼不在着陆构形的进近着陆期间。模式4的报警将激活"PULL UP"灯及报警语音。

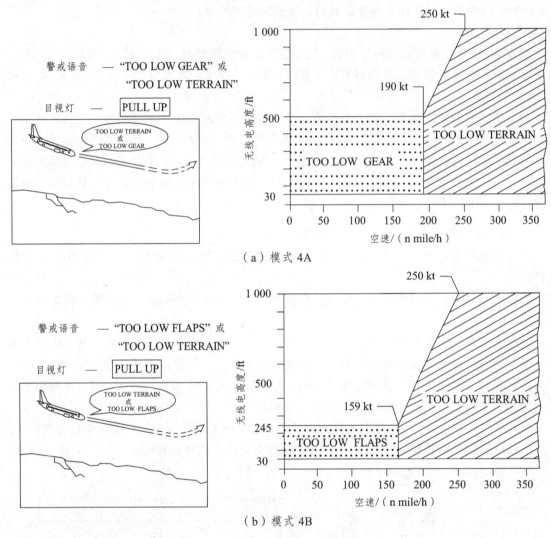

图10.6　模式4的包线及报警图

1）模式4A

起落架和襟翼不在着陆构形的巡航及进近期间，模式4A将生效工作。巡航期间，由于疏忽，若飞机以较小的下降率接近不是明显抬升的地形，导致离地高度不安全时，该模式将提供报警。该模式也对非有意的起落架收上着陆提供保护。

空速190 kt以上且离地高度1 000 ft以下，模式4A的报警语音为"TOO LOW TERRAIN"。该报警与飞机的空速有关，报警阈值从190 kt的500 ft斜线变化到250 kt的1 000 ft。

空速190 kt以下且离地高度500 ft以下，模式4A的报警语音为"TOO LOW GEAR"。

一旦飞机退出模式 4A 的报警包线,"PULL UP"灯熄灭,报警语音终止。

2）模式 4B

起落架放下而襟翼不在着陆构形的进近着陆期间,模式 4B 生效工作。

空速 159 kt 以上且离地高度 1 000 ft 以下,模式 4B 的报警语音为"TOO LOW TERRAIN"。该报警与飞机空速有关,报警阀值从 159 kt 的 245 ft 斜线变化到 250 kt 的 1 000 ft。

空速 159 kt 以下且离地高度 245 ft 以下,模式 4B 的报警语音为"TOO LOW FLAPS"。对涡轮螺旋桨飞机和性能优良的涡轮风扇喷气发动机飞机而言,"TOO LOW FLAPS"警告曲线降低到空速 148 kt 以下且离地高度 150 ft 以下。

当退出模式 4B 的报警包线时,"PULL UP"灯熄灭,报警语音终止。

5. 模式 5—偏离下滑道太多

用途:正航道进近时,提醒机组飞机在下滑道下方偏离太多。

其输入信号为:无线电高度、起落架位置、下滑偏离信号等。

当导航接收机调谐到 ILS 频率并收到下滑道信号、起落架放下、无线电高度低于 1 000 ft 时,模式 5 开始生效工作。

模式 5 提供两种级别的报警区:低音量的起始穿透区和正常音量的内部警戒区,如图 10.7 所示。该报警将激活"BELOW G/S"警戒灯和报警语音。

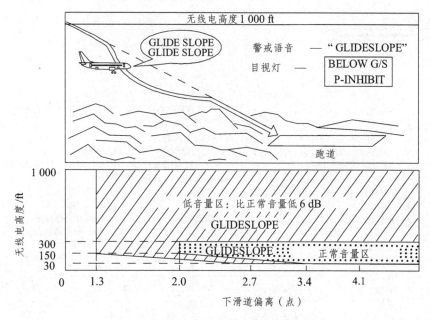

图 10.7　模式 5 的包线及报警图

飞机在 1 000～30 ft 无线电高度且下滑偏离指针超过刻度上 1.3 个点（即飞机偏离下滑道 0.46°）时,穿透低音量的起始报警包线,"BELOW G/S"警戒灯点亮,同时警告喇叭发出报警语音"GLIDE SLOPE",但音量比正常音量低 6 dB。

当无线电高度为 300～30 ft,且下滑偏离指针超过刻度上 2 个点（即飞机偏离下滑道 0.7°）时,穿透正常音量的内部报警包线,此时,报警信号同起始穿透区,但语音音量与其他模式的语音音量相等,且语音的重复速率随无线电高度的降低和/或下滑偏离的增加而加快。

"BELOW G/S"警戒灯一直保持点亮直到飞机偏离下滑道小于 1.3 个点。

模式 5 预位以后，按压下滑抑制电门，就可以抑制模式 5 的报警。如果在模式 5 开始报警后，按压下滑警戒抑制电门，就可以取消发出的语音，并熄灭报警灯。

一旦模式 5 被抑制或取消，不能通过重复按压下滑道抑制电门来重新准备或恢复模式 5 的工作。只有当飞机爬升至 1 000 ft 以上再次下降至 1 000 ft 以下，或收上起落架再放下时，才能恢复模式 5 的准备或报警。

反航道进近期间，为了防止出现不必要的报警，模式 5 的报警被抑制。

6. 模式 6——咨询喊话

用途：在着陆过程中，代替人报告无线电高度和决断高度；飞机坡度过大时，向机组发出报警。

其输入信号为：无线电高度、选定的决断高度和飞机坡度。

模式 6 含有高度喊话和坡度喊话功能，高度喊话的目的是为了进近期间飞行员核实飞机位置。可能的高度喊话如图 10.8 所示。决断高度喊话由飞机的无线电高度决定，飞行员设置好决断高度后，进近着陆时，飞机高度达到该设置高度，近地警告系统提供"Minimums，Minimums"的喊话。该模式没有报警灯。

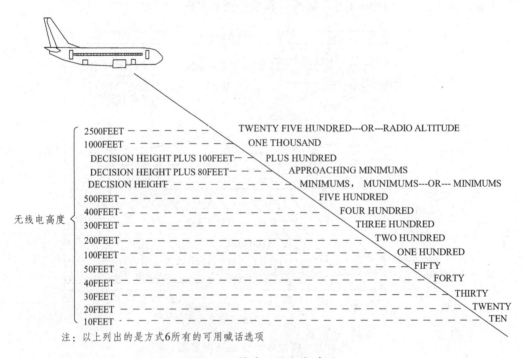

注：以上列出的是方式6所有的可用喊话选项

图 10.8　模式 6 的高度喊话

坡度喊话"BANK ANGLE，BANK ANGLE"用于警告机组飞机坡度过大，坡度过大可能导致飞行轨迹出现严重偏离或飞机失控。坡度喊话如图 10.9 所示，没有报警灯。

近地警告系统提供了几种过大的坡度报警包线，分别用于航线运输飞机、商务飞机或军用飞机（下面只分析商务飞机和航线运输飞机上的坡度报警）。

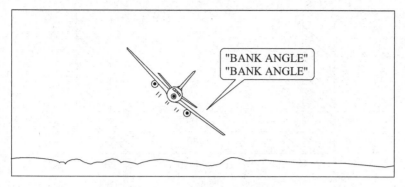

图 10.9　模式 6 的坡度喊话

图 10.10 为涡轮螺旋桨飞机和商务喷气发动机飞机的坡度报警包线。产生坡度报警的条件是：

（1）无线电高度为 5～30 ft，坡度超过 10°；

（2）无线电高度为 30～150 ft，坡度超过 10°～40°；

（3）无线电高度为 150～2450 ft，坡度超过 40°～55°；

无线电高度在 5 ft 以下，坡度报警被抑制。

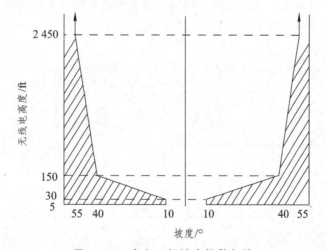

图 10.10　商务飞机坡度报警包线

航线运输飞机有三个包线：基本坡度咨询包线、坡度选项 1 咨询包线和坡度选项 2 咨询包线。

航线运输飞机的基本坡度限制和商务飞机的坡度限制基本相同，不同之处在于无线电高度 150 ft 之上，坡度限制保持为 40°，如图 10.11 所示。

坡度选项 1 提供的坡度报警阀值为 35°、40° 和 45°，与飞机的离地高度无关。在该情况下，当坡度超过 35°、超过 40° 和超过 45° 时均给出报警。需要注意的是，如果在坡度超过 35° 的喊话完成之前，飞机的坡度超过了 40°，那么再次进行坡度喊话只有在坡度达到 45° 或者坡度减少到 30° 以下然后又增加到 35° 才提供。

坡度选项 2 提供基本坡度和坡度选项 1 的组合情况。无线电高度在 130 ft 以下，采用基本坡度限制；无线电高度在 130 ft 以上，采用坡度选项 1。

对于航线运输飞机，通过程序钉可以选择三种坡度限制中的一种进行工作。

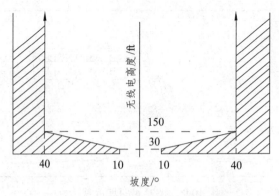

图 10.11　航线运输飞机坡度报警包线

7. 模式 7—风切变报警

用途：在起飞或最后进近期间，无线电高度在 1 500 ft 以下，飞机进入风切变警告范围时，发出风切变报警。

近地警告系统根据空速、无线电高度、气压高度变化率、迎角、大气温度、垂直加速度、纵向加速度、飞机特定的性能数据来检测飞机是否遭遇风切变。

模式 7 有两个报警包线：风切变警戒报警包线和风切变警告报警包线，如图 10.12 所示。穿透任一包线都将向机组发出语音报警和目视报警。

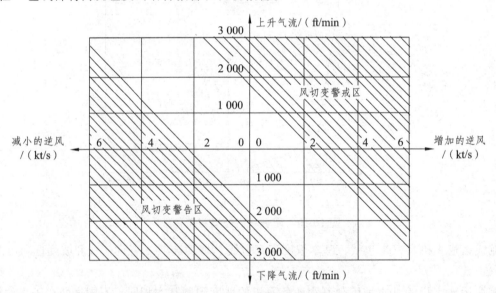

图 10.12　风切变报警包线

如果增加的逆风（或减小的顺风）和上升气流超过定义的阀值，系统将发出风切变警戒报警。它们是遭遇微下冲气流的前兆特征。

风切变警戒报警（如果选用）将点亮琥珀色的风切变警戒灯，并伴随有报警语音"CAUTION，WINDSHEAR"。只要超过警戒报警阀值，风切变警戒灯就一直点亮。

风切变警戒报警可以通过 GPWS 的程序钉解除其工作，这样系统只提供风切变警告报警。

如果减小的逆风（或增加的顺风）和下降气流超过定义的阀值，系统将发出风切变警告报警。

风切变警告报警将点亮红色的风切变警告灯，喇叭中先出现一声警笛声，紧接着出现报警语音"WINDSHEAR，WINDSHEAR，WINDSHEAR"，如图 10.13 所示。只要超过警告报警阀值，风切变警告灯就一直点亮。该报警语音不会重复，除非飞机遭遇到另外的风切变。报警阀值与可用的爬升性能、飞行轨迹角、空速、静温等有关。

模式 7 的风切变报警在下列情况下生效：

（1）起飞期间，从飞机抬前轮到离地高度为 1 500 ft。

（2）进近期间，离地高度为 1 500 ~ 10 ft。

（3）复飞期间，离地高度为 1 500 ft 以下。

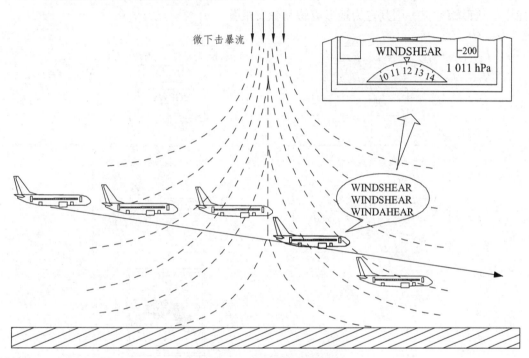

图 10.13　风切变警告报警图

10.2　增强型近地警告系统

基本型 GPWS 依赖于无线电高度而工作，但无线电高度不能反映飞机前方的地形情况，当飞机朝着快速抬升的地形飞行时，警告的时间可能非常短。另外，当飞机处于着陆构形，以正常的下降率进近时，系统不会提供地形警告。为了克服基本型 GPWS 的不足，发展了增强型近地警告系统（EGPWS）。EGPWS 除了保留 GPWS 的报警功能外，还具有地形显示、前视地形报警和离地间隔平台保护等新增功能。地形显示功能主要是增强机组的地形感知能力，前视地形报警功能解决了 GPWS "警告太迟"和飞机处于着陆构形"没有警告"的问题。离地间隔平台保护能对非精密进近期间飞机出现的过早下降进行警告。

10.2.1　EGPWS 的基本原理

EGPWS 的计算机内有一个全球机场数据库和一个全球地形数据库，如图 10.14 所示。机场数据库包含了所有铺设的跑道长度为 3 500 ft（1 067 m）或更长的机场的数据。地形数据库包含有全球 95%的陆地数据。机场周围的地形，数据分辨率高，机场之间的地形，数据分辨率低。没有包含在地形数据库内的 5%的地形是南美亚马逊河流域机场之间的地形、中非和北非的部分地区以及北格陵兰岛。

全球定位系统（GPS）或惯性基准系统（IRS）向 EGPWS 的计算机输送飞机的当前经纬度、地速、航迹等数据，大气数据系统向 EGPWS 计算机输送飞机的气压高度等数据，EGPWS 计算机根据这些数据和输入的其他大气数据来确定飞机的飞行轨迹，并调整前视报警包线与飞行轨迹方向一致。地形报警算法连续推算和监控前视报警包线，如果检测到包线与地形数据库中的地形相冲突，则判定为地形威胁而触发报警。

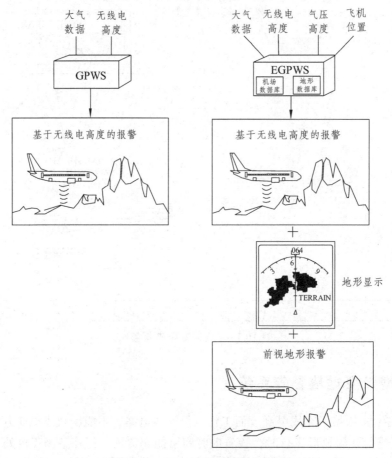

图 10.14　EGPWS 的原理功能图

10.2.2　EGPWS 的地形报警包线

1. 前视地形报警包线

EGPWS 根据潜在的地形威胁向机组提供警戒级和警告级两种报警。有两种前视地形报警包线：警戒级报警包线和警告级报警包线。前视报警包线由前视距离、高度偏离和飞机两侧的横向距离来确定，如图 10.15 所示。

前视距离沿着飞机飞行的轨迹（爬升、下降或平飞），地速增加，前视距离增大，以保证在所有速度上报警时间大致相同。一个附加组件可以向上 6°搜寻，以便对非常高的地形进行保护。该附加组件实际的前视距离是正常的 2 倍。高度偏离为飞机下方 700 ft，偏移的目的是为了提供飞机低于正常地形间隔时的地形警戒。横侧距离以飞机地面航迹为基准，左右 1/8 n mile（0.23 km）。前视距离和高度偏差随着飞机靠近机场而减小。

警戒级报警大约在潜在地形冲突前 40～60 s 发布，警告级报警大约在该潜在地形冲突前 20～30 s 发布。

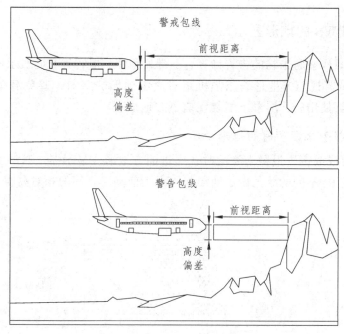

图 10.15　前视地形报警包线

2. TCF 报警包线

除了前视地形报警包线外，EGPWS 还有一个离地间隔平台（TCF）报警包线。TCF 包线是一个围绕机场的报警包线，如图 10.16 所示。

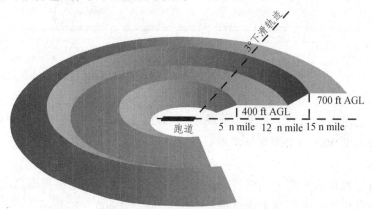

图 10.16　TCF 报警包线

TCF 包线大约在离跑道头 1.5 n mile 的地方开始，按每海里大约升高 100 ft 计，离跑道头 5 n mile 时，离地高度为 400 ft，接着维持 400 ft 的离地高度一直到离跑道头 12 n mile，然后再按每海里大约升高 100 ft 计,离跑道头 15 n mile 时,离地高度为 700 ft。最后一直保持 700 ft 的离地高度。该功能在 3 500 ft 或更长的跑道周围一直生效,与飞机的构形无关。

如果飞机按照正常的 3°下滑轨迹下滑到跑道上,不会穿透 TCF 报警包线。如果飞机低于 3°下滑轨迹下滑时,可能穿透 TCF 包线。通常情况下,穿透了 TCF 包线,同时也会穿透以气压高度为基准的前视地形警戒包线,启动前视报警。TCF 报警与气压高度无关,如果气压高度失效,系统仍能提供基于无线电高度的 TCF 报警。

10.2.3　EGPWS 的地形显示

EGPWS 本身只作威胁来临的告警计算,不带显示器,但它具有向显示器输出活动地图的接口,以便驾驶员监视前方地形,增强机组对周围地形的感知,避免潜在的地形冲突。当 EGPWS 结合显示器使用时,屏幕上能复现前下方地形。

1. 前视地形报警未激活时的地形显示

当前视地形警戒或警告报警未激活时,飞机前方地形在显示器上以星罗棋布的红、黄、绿等光点图形来显示。不同的颜色表示地形与飞机当前高度之间的相对高度,如图 10.17 所示。

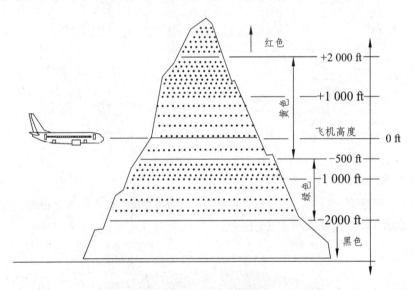

图 10.17　地形显示颜色

1）绿色光点

低密度的绿色光点表示低于飞机当前高度 1 000 ~ 2 000 ft 的地形。中密度的绿色光点表示低于飞机当前高度 500 ~ 1 000 ft 的地形。

2）黄色光点

中密度的黄色光点表示低于飞机当前高度 500 ft 以内或高于飞机当前高度 1 000 ft 以内的地形。高密度的黄色光点表示高于飞机现行高度 1 000 ~ 2 000 ft 的地形。

黄色光点和绿色光点采用两种不同的密度是为了增强显示的轮廓效应。

3）红色光点

高密度的红色光点表示高于飞机当前高度 2 000 ft 以上的地形。

4）品红色光点

地形数据库内没有包含的地形，在显示器上用品红色光点图形表示。

为了减少显示的混乱，任何低于飞机当前高度 2 000 ft 以上的地形不显示，只用黑色背景显示。

由于地形颜色是相对于飞机的当前高度而定的，当飞机爬升或下降时，地形的颜色将变化。

2. 前视报警激活时的地形显示

当前视地形警戒或警告报警被激活时，地形用片状的黄色或红色图形来增强，如图 10.18 所示。这些片状的图形突出了冲突地形，表明了冲突的紧急程度。

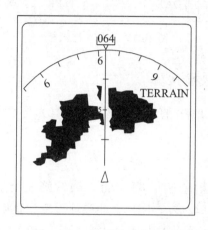

图 10.18　增强的地形显示

对于警戒报警而言，飞机前方的冲突地形由点状图形变为片状的黄色图形，在机头左右 90°、等于或高于飞机高度的地形也变成片状的黄色图形。如果飞机开始转弯，这能强调潜在的地形冲突。

对于警告报警而言，飞机前方的冲突地形由片状的黄色图形变为片状的红色图形，在机头左右 90°、等于或高于飞机高度的地形也变成片状的红色图形。

TCF 报警或基本的 GPWS 报警发生时，地形显示不会有任何变化。

3. 地形显示的接通方法

EGPWS 通过气象雷达数据总线把地形数据发送给飞机显示系统。地形和气象雷达数据不能同时在同一个显示器上显示。机长和副驾驶的地图显示选择是独立的，因此，当一个显示器上显示地形时，可在另一个显示器上选择显示气象信息。

机长和副驾驶可通过 EFIS 控制板人工选择地形显示，如图 10.19 所示。因此在离场或进近时，可以监视地形。不管有没有选择地形显示，EGPWS 的报警功能都起作用。

为了保证地形显示可用，当前视报警激活时，系统自动显示地形。如果机长和副驾驶的地图显示器上都没有接通地形显示，当前视报警激活时，地形自动显示在两个显示器上。如果机长或副驾驶的任一地图显示器上已经接通地形显示，当前视报警激活时，地形不会自动显示。

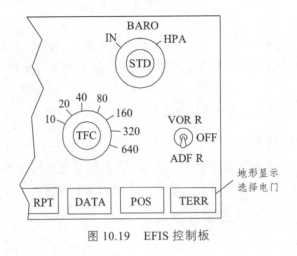

图 10.19　EFIS 控制板

10.2.4　EGPWS 的驾驶舱报警

为了简化机组的反应，EGPWS 的报警语音和报警灯光与 GPWS 的一致，因此，机组对报警的响应是相同的。

1. 前视警戒报警

EGPWS 在潜在地形碰撞威胁前 40～60 s 触发警戒级报警，喇叭中出现报警语音 "CAUTION TERRAIN"（注意地形），ND 上冲突地形变为整体片状黄色图形，出现琥珀色 TERRAIN 字符，琥珀色的近地灯点亮或 PFD 上出现红色 PULL UP 字符，提醒驾驶员采取措施，如图 10.20 所示。若 7 s 内机组未作出响应，系统将再次发出报警。

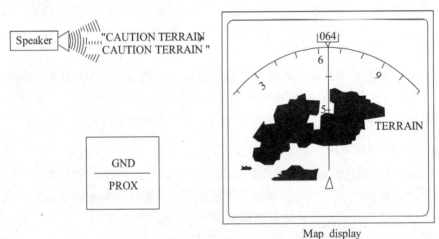

图 10.20　前视警戒报警

2. 前视警告报警

EGPWS 在潜在地形碰撞威胁前 20～30 s 触发警告级报警，喇叭中出现报警语音 "TERRAIN TERRAIN, PULL UP！"（地形，地形，拉起来），ND 上冲突地形由片状黄色图形变为片状红色图形，TERRAIN 字符由琥珀色变为红色，主警告灯点亮，PFD 上出现红色 PULL UP 字符或红色的拉升灯点亮，如图 10.21 所示。若机组及时拉升飞机，则在威胁解除后，报警撤销。若机组改变航向回避，则报警语音中止，但显示器上仍有威胁地形向旁侧离去。

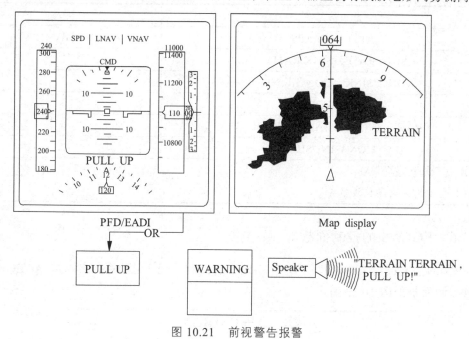

图 10.21　前视警告报警

3. TCF 报警

当 TCF 警戒报警被启动时，喇叭中出现报警语音"TOO LOW TERRAIN"（太低，地形），同时琥珀色的近地灯点亮或 PFD 上出现红色的 PULL UP 字符。

10.2.5　EGPWS 的报警语音及优先级

EGPWS 能发出十多种报警语音，由于两个或两个以上的报警语音可能同时被激活，因此系统制定了报警语音的优先级别，如表 10.1 所示。越靠前的优先级别越高。即使低优先级的语音信息正在发布，高级别的语音信息也会立即超控低级别的语音信息。

表 10.1　报警语音信息及优先级

语 音 信 息	模 式
WINDSHEAR，WINDSHEAR，WINDSHEAR	7
WHOOP WHOOP PULL UP	1，2
TERRAIN，TERRAIN，PULL UP	TA
TERRAIN，TERRAIN	2
MINIMUMS，MINIMUMS"	6
CAUTION TERRAIN，CAUTION TERRAIN	TA
TOO LOW TERRAIN	4，TCF
ALTITUDE CALLOUT	6
TOO LOW GEAR	4A

语音信息	模式
TOO LOW FLAPS	4B
SINK RATE, SINK RATE	1
DON'T SINK, DON'T SINK	3
GLIDESLOPE	5
BANK ANGLE, BANK ANGLE	6
CAUTION WINDSHEAR	7
注: TA 表示前视地形报警 　　TCF 表示离地间隔包线报警	

10.2.6　EGPWS 的控制面板

EGPWS 的控制板用于选择起落架/襟翼/地形的抑制功能,启动系统自测试等。EGPWS 系统的一种控制面板如图 10.22 所示。

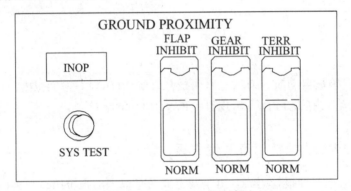

图 10.22　EGPWS 控制板

1. INOP(不工作)警告灯

当 EGPWS 系统不工作时,该灯点亮。测试时,该灯也会点亮。

2. INHIBIT(抑制)开关

抑制开关有三个,分别用于起落架、襟翼和地形抑制选择。每个抑制开关都有保护盖。正常情况下,三个开关都应放在 NORM(正常)位。

FLAP(襟翼)抑制开关置于 INHIBIT 位时,为近地警告计算机提供襟翼大于或等于 25 单位的模拟信号。如果使用小于正常着陆襟翼位置的程序时,可以抑制或终止与襟翼有关的报警信号。该开关的抑制功能只在一些特殊情况下使用,例如一发失效的进近中,因为襟翼使用了小于正常襟翼着陆位置。

GEAR(起落架)抑制开关置于 INHIBIT 位时,为近地警告计算机提供起落架放下的模拟信号。如果使用起落架收上的程序时,可以抑制或终止与起落架有关的报警信号。

TERR(地形)抑制开关置于 INHIBIT 位时,将抑制地形显示和 TCF 模式,但不影响 GPWS 基本模式的报警。

3. SYS TEST（系统测试）按钮

测试按钮用于飞行前进行系统的完好性测试。

压下测试按钮，若压下时间短于 5 s，系统进行信任测试；若压下时间超过 5 s，系统先进行信任测试，接着进行全语音测试。即先产生信任测试信号，然后按照近地警告模式的顺序产生各种语音信号。

某飞机 EGPWS 的信任测试情况和全语音测试情况分别如表 10.2 和表 10.3 所示。

表 10.2　信任测试结果

步骤	测试电门	语音信号	低于下滑道灯	拉升灯	风切变灯	地形显示
1	ON（<5 s）	OFF	OFF	OFF	OFF	OFF
2	OFF	GLIDE SLOPE	ON	OFF	OFF	OFF
3	OFF	WHOOP WHOOP PULL UP	OFF	ON	OFF	OFF
4	OFF	WINDSHEAR WINDSHEAR	OFF	OFF	ON	OFF
5	OFF	TERRAIN TERRAIN PULL UP	OFF	OFF	OFF	ON
6	OFF	OFF	OFF	OFF	OFF	OFF

表 10.3　全语音测试结果

步骤	测试电门	语音信号	低于下滑道灯	拉升灯	风切变灯	地形显示
1	ON（>5 s）	OFF	OFF	OFF	OFF	OFF
2	OFF	GLIDE SLOPE	ON	OFF	OFF	OFF
3	OFF	WHOOP WHOOP PULL UP	OFF	ON	OFF	OFF
4	OFF	WINDSHEAR WINDSHEAR	OFF	OFF	ON	OFF
5	OFF	TERRAIN TERRAIN PULL UP	OFF	OFF	OFF	ON
6	OFF	OFF	OFF	OFF	OFF	OFF
7	OFF	SINK RATE				
8	OFF	WHOOP WHOOP PULL UP				
9	OFF	TERRAIN TERRAIN TERRAIN				
10	OFF	WHOOP WHOOP PULL UP				
11	OFF	DON'T SINK				
12	OFF	TOO LOW TERRAIN				
13	OFF	TOO LOW GEAR	OFF	OFF	OFF	OFF
14	OFF	TOO LOW FLAPS				
15	OFF	TOO LOW TERRAIN				
16	OFF	GLIDE SLOPE				
17	OFF	BANK ANGLE				
18	OFF	ONE HUNDRED				
19	OFF	FIFTY				
20	OFF	THIRTY				
21	OFF	TWENTY				
22	OFF	TEN				

步骤	测试电门	语音信号	低于下滑道灯	拉升灯	风切变灯	地形显示
23	OFF	WINDSHEAR WINDSHEAR				
24	OFF	TOO LOW TERRAIN				
25	OFF	CAUTION TERRAIN				
26	OFF	TERRAIN TERRAIN PULL UP				
27	OFF	OFF				

10.2.7 飞行机组程序

如果在白天能见气象条件下出现报警并且机组能够通过目视判断确实没有危险存在，机组应将该报警看作一种警戒状况；否则按照下面提供的警戒级报警、TCF 报警或警告级报警程序进行操作。

1. 警戒级报警或 TCF 报警

检查飞行轨迹，若有必要，进行修正。如果对地形间隔有怀疑，机组应执行地形避让机动程序。

2. 警告级报警

立即执行地形避让机动程序，直到指示器上指示危险地形解除。

3. 地形避让机动程序

在出现"PULL UP"警告或其他不安全接近地形情况时，机组应立即通过记忆的模式完成表 10.4 所示的地形避让程序（波音公司推荐）。

表 10.4 地形避让程序

PF（把杆驾驶员）	PNF（非把杆驾驶员）
• 断开自动驾驶仪 • 断开自动油门 • 尽快加油门至最大推力* • 改平坡度并建立 20°的初始抬头姿态 • 收减速板 • 如果地形威胁仍存在，继续拉杆到指示器指示的俯仰极限或抖杆或飞机起始抖振	• 核实是最大推力 • 证实所有要求的项目已完成，并喊出任何遗漏项目
• 在没有获得足够的地形间隔前，不要改变襟翼和起落架形态 • 通过监视无线电高度表来判断地形间隔已足够或在增加 • 地形威胁解除后，柔和地减小俯仰姿态并增速	• 监视垂直速度和高度 • 喊出其他任何地形接近趋势

* 最大推力指的是最大许可推力。对没有电子推力限制能力的发动机而言，只有在紧急情况下，所有其他可用措施都已采用还是即将发生撞地的情况下，才考虑使油门杆推到超过正常极限状态（超速或超温）。

注意：

（1）随着速度减小，拉杆力应增加。在任何情况下，间歇抖杆或飞机出现抖振的俯仰姿态都是俯仰姿态的上限。为了获得正的地形间隔，或许要用到这种情况。平滑、稳定地操纵可避免俯仰姿态过冲和失速。

（2）不要使用飞行指引指令。

10.3　CCAR 规定

1. CCAR-91-R2 的相关规定

第 91.437 条　地形提示和警告系统

（a）除经局方批准外，在中华人民共和国国籍登记的飞机必须按下列要求安装经批准的地形提示和警告系统（TAWS）：

（1）首次在中华人民共和国国籍登记的最大审定起飞重量超过 5700 千克或批准旅客座位数超过 9 的涡轮动力飞机，应安装经批准的 TAWS 系统；

（2）从 2005 年 1 月 1 日起，所有最大审定起飞重量超过 15 000 千克或批准旅客座位数超过 30 的涡轮动力飞机，应安装经批准的 TAWS 系统；

（3）从 2007 年 1 月 1 日起，所有最大审定起飞重量超过 5700 千克或批准旅客座位数超过 9 的涡轮动力飞机，应安装经批准的 TAWS 系统；

（4）对于上述从事公共航空运输的飞机，应安装 A 类 TAWS 系统；对于上述从事非公共航空运输的飞机，应安装 B 类 TAWS 系统；

（5）对于从事国际航班运行的飞机，应当满足所飞国家的相应要求。

（b）飞机的 TAWS 系统及其安装应符合有关适航要求。

（c）飞机的飞行手册中应当包含下述程序：

（1）地形提示和警告系统的操作、使用；

（2）对于地形提示和警告系统的音频和视频警告，飞行机组的正确应对措施。

2. CCAR-121-R4 的相关规定

第 121.354 条　地形提示和警告系统

（a）对于按照本规则实施运行的飞机，应当按照下述规定配备经批准的地形提示和警告系统（TAWS），具体要求如下：

（1）新投入运行的最大审定起飞重量超过 5700 千克的飞机，应安装经批准的 A 类 TAWS 系统；

（2）从 2005 年 1 月 1 日起，所有最大审定起飞重量超过 15 000 千克或者批准旅客座位数超过 30 的涡轮动力飞机，应安装经批准的 A 类 TAWS 系统；

（3）从 2007 年 1 月 1 日起，所有最大审定起飞重量超过 5700 千克的飞机，应安装经批准的 A 类 TAWS 系统。

（b）飞机的飞行手册中应当包含下述程序：

（1）地形提示和警告系统（TAWS）的操作、使用；

（2）对于地形提示和警告系统（TAWS）的音频和视频警告，飞行机组的正确应对措施。

（c）对于安装了 TAWS 系统的飞机，本规则第 121.360 条规定的要求不再适用。

第 121.360 条　近地警告/下滑道偏离警告系统

（a）按照本规则实施运行的涡轮发动机飞机应当装备符合局方规定性能和设计标准的近地警告系统/下滑道偏离警告系统。

（b）按照本规则实施运行的飞机所配备的机载近地警告系统应当具备无线电高度报告功能。

（c）对于本条所要求的近地警告系统，飞机飞行手册中应当包括下列信息：

（1）关于下列各目的适当程序：

（i）设备的使用；

（ii）飞行机组人员对该设备所发警告的恰当反应；

（iii）在已知的不正常和应急状态时使其不工作；

（iv）襟翼不在着陆形态时抑制"方式 4"警告。

（2）关于所有应当处于工作状态的输入信号源的概述。

（d）除按照飞机飞行手册中包含的程序使其不工作时外，任何人不得使本条所要求的近地警告系统不工作。

（e）每次使本条所要求的近地警告系统不工作时，合格证持有人有责任确保将其记录在飞机维修记录中，包括不工作的日期和时间。

复习思考题

1. 试述近地警告系统的功用。

2. 近地警告系统的工作模式有哪七种？

3. 试述近地警告系统七种工作模式的报警情况。

4. 近地警告系统在哪些情况下不提供报警？

5. 试述 EGPWS 的基本工作原理

6. 试述 EGPWS 前视地形报警包线和 TCF 报警包线的构成与功能。

7. 试述 EGPWS 的地形显示。

8. 试述 EGPWS 的驾驶舱报警。

9. EGPWS 计算机输出的语音信号有哪些？其优先顺序如何？

10. 试述 EGPWS 控制板上三个隔离电门的功能。

11. 飞行中，若 EGPWS 发出"GLIDESLOPE"报警语音，说明了什么？

12. 飞行中，若 EGPWS 发出"TOO LOW FLAPS"报警语音，说明了什么？

第 11 章　跑道感知咨询系统

跑道感知咨询系统（RAAS）是一套独立的、自动工作的智能语音系统，用于飞机在地面操作期间以及最后进近着陆期间，向机组提供飞机相对跑道或滑行道的位置，防止跑道入侵、飞机冲出跑道等事故的发生。该系统主要采用语音喊话进行提醒，部分情况下也同时提供目视信息显示进行提醒。系统完全自动工作，不需要机组做任何操作。

11.1　基本原理

RAAS 是一种纯软件系统，依附于 EGPWS 而工作。EGPWS 附加 RAAS 功能后，不会改变 EGPWS 的保护功能和运行。

RAAS 将 GPS 计算的飞机位置，与存储在 EGPWS 跑道数据库内的机场跑道坐标进行对比、计算，用语音和视觉信息告知机组飞机相对跑道或滑行道的位置情况。其计算、对比工作由附加在 EGPWS 计算机内的电路完成。

RAAS 语音咨询的优先级别低于 EGPWS 的报警语音。

RAAS 使用 GPS 位置、飞机航向、地速、航迹、高度等数据，结合 EGPWS 机场数据库，产生 10 种咨询通告，如表 11.1 所示。

表 11.1　RAAS 咨询及功能

咨　询	功　能
地面运行期间靠近跑道	地面操作期间，通告机组飞机正靠近哪条跑道
在跑道上	地面操作期间，通告机组飞机正对准哪条跑道
进近着陆期间靠近跑道	最后进近期间，通告机组飞机正跟踪和靠近哪条跑道
着陆/滑出跑道剩余距离	着陆/滑出期间，通告机组飞机离跑道头的距离
跑道尽头	通告机组飞机离跑道尽头还有 100 ft
滑行道上起飞	通告机组飞机在滑行道上起飞或在滑行道上滑行速度太快
短跑道起飞	通告机组可用的起飞跑道长度低于定义的正常起飞跑道长度
短跑道着陆	通告机组可用的着陆跑道长度低于定义的正常着陆跑道长度
在跑道上停留时间过长	通告机组飞机在跑道上停留时间过长
中断起飞跑道剩余距离	中断起飞期间，通告机组飞机离跑道头的距离

11.2　咨询方式

1. 地面运行期间靠近跑道

飞机在地面滑行期间，如果靠近某条跑道，系统向机组提供飞机正在靠近该跑道的语音咨询提醒，以增强机组的位置感，从而防止飞机进入错误的跑道，和其他飞机造成冲突。

该咨询取决于飞机的地速、航向和飞机距正在靠近的跑道的距离。如果地速小于 40 kt，飞机离跑道边线的距离在指定的范围内，发出咨询。距离与地速有关，如果以高的地速靠近，能较早时间发出咨询。

该咨询在飞机地速大于 40 kt 时抑制。因为在飞机起飞或着陆的高速期间，如果系统发出咨询，将分散机组的注意力。

语音咨询信息由 "Approaching" 和跑道标识构成。例如飞机滑行时，靠近 11 号跑道，系统发出语音 "Approaching One-One" 提醒，如图 11.1 所示。

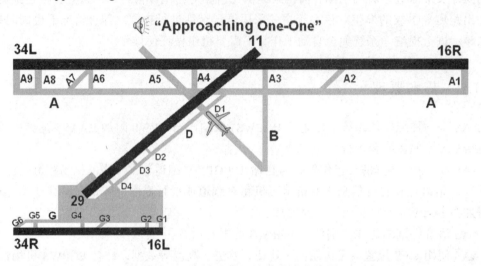

图 11.1　在地面靠近跑道的咨询场景

2. 在跑道上

飞机在地面操作期间，对准了某条跑道，系统用语音向机组提供飞机在该跑道上的咨询提醒，以增强机组的位置感。

该咨询的条件是在飞机进入跑道并且其航向与跑道方向之差小于 20°。该咨询在飞机地速大于 40 kt 时抑制。

语音咨询信息由 "On Runway" 跟上飞机对准的那条跑道标识构成。例如飞机对准 34 号左跑道，系统发出语音咨询 "On Runway Three-Four Left"，如图 11.2 所示。

3. 进近着陆期间靠近跑道

在最后进近期间，飞机正在跟踪和靠近某条跑道时，系统用语音向机组提供飞机正在靠近该条跑道的咨询提醒。

该咨询的条件是在飞机机场标高之上 300 ~ 750 ft，离跑道入口大约 3 n mile。距离跑道中心线的横向偏离小于 200 ft，航迹与跑道方向夹角在 20°以内。该咨询在飞机地速大于 40 kt 时抑制。飞机高度在机场标高之上 300 以内时不提供咨询，这样保证在高工作负荷下不会分散机组的注意力。

语音咨询信息由 "Approaching" 跟上跑道标识构成。例如飞机在最后进近时，靠近 34 号左跑道，系统发出语音咨询 "Approaching Three-Four Left"，如图 11.3 所示。

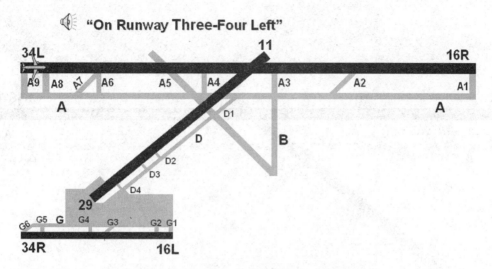

图 11.2　在地面飞机在跑道上的咨询场景

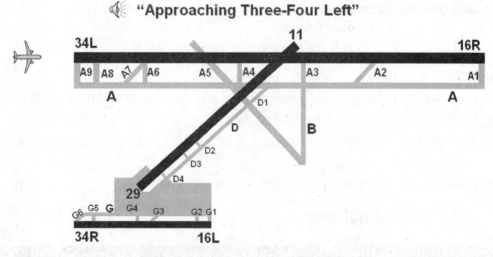

图 11.3　在空中飞机靠近跑道的咨询场景

4. 着陆/滑出跑道剩余距离

飞机着陆/滑出期间，系统用语音向机组提供跑道剩余距离，使机组清楚飞机相对于跑道头的位置。

该咨询的条件是飞机在跑道上，穿过跑道一半的距离，地速超过 40 kt。当飞机离地 100 ft 或爬升率达到 450 ft/min，该咨询抑制。发出的咨询距离为整数。

例如，飞机在 9 000 ft 的跑道上，地速超过 40 kt，穿过跑道一半的距离后，系统提供如下的跑道剩余距离咨询（如图 11.4 所示）：

"400 Remaining"；

"300 Remaining"；

"200 Remaining"；

"100 Remaining"；

"500 Remaining"。

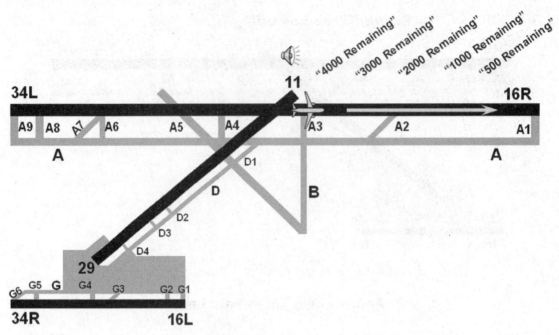

图 11.4 着陆滑跑时跑道剩余距离咨询场景

5. 跑道尽头

当飞机在跑道上并且距跑道头还有 100 ft 时，系统用语音向机组提供咨询提醒，使机组在低能见度情况下清楚飞机相对于跑道头的位置。

该咨询的条件是飞机在跑道上，与跑道方向夹角小于 20°，地速低于 40 kt，距跑道头 100 ft。

语音咨询信息为"100 Remaining"，如图 11.5 所示。

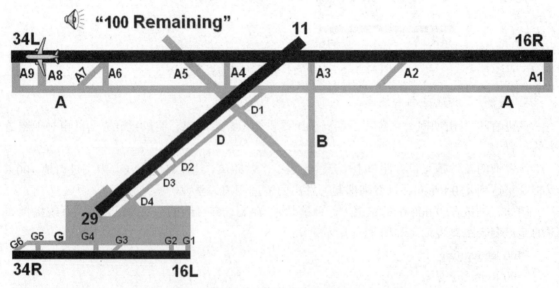

图 11.5 跑道头咨询场景

6. 滑行道上起飞

如果飞机在滑行道上滑行速度过快或在滑行道上起飞，系统向机组发出语音咨询和目视咨询以提醒。

该咨询的条件为：飞机在滑行道上，飞机地速超过 40 kt。

语音咨询信息为"Caution，On Taxiway!"。目视咨询信息为 EHSI/ND 上的琥珀色字符"ON TAXIWAY"。如图 11.6 所示。

语音咨询信息"Caution，On Taxiway!"在每次咨询产生时只通告一次。这样，如果飞机在批准的滑行道上起飞，就不会听到连续的咨询提醒。

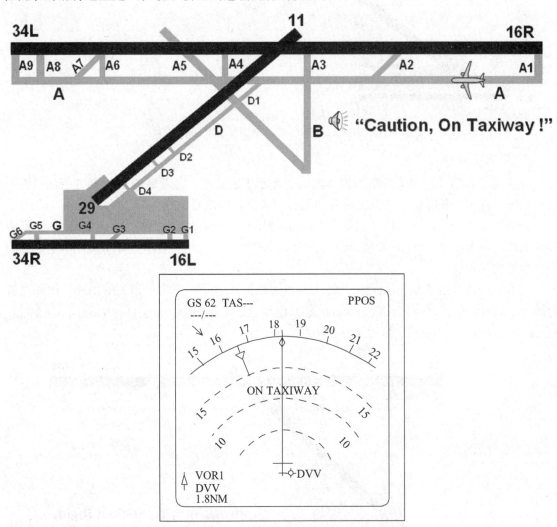

图 11.6　在滑行道上起飞的咨询场景和通告显示

7. 短跑道起飞

飞机起飞时，如果可用的起飞跑道长度低于定义的正常起飞跑道长度，系统向机组发出语音咨询和目视咨询进行提醒。

该咨询的条件是：飞机在跑道上，飞机航向与跑道方向之差小于 20°，起飞跑道可用长度小于定义的正常起飞跑道长度，地速超过 40 kt。

语音咨询信息为"Caution，Short Runway，Short Runway"，目视咨询信息为 EHSI/ND 上的琥珀色字符"SHORT RUNWAY"。如图 11.7 所示。

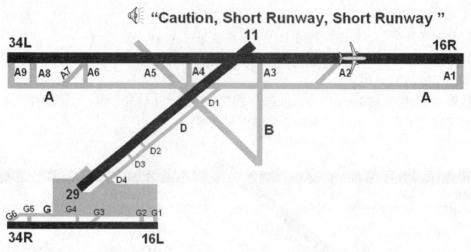

图 11.7　起飞时没有足够的跑道长度的咨询场景

8. 短跑道着陆

飞机进近着陆时，如果可用的着陆跑道长度小于定义的正常着陆跑道长度，系统用语音向机组发出咨询，提醒机组飞机正跟踪的跑道号及可用的跑道距离。

该咨询的条件是在飞机机场标高之上 300～750 ft，离跑道入口大约 3 n mile。距离跑道中心线的横向偏离小于 200 ft，航迹与跑道方向夹角在 20° 以内。着陆跑道可用长度小于定义的正常着陆跑道长度。

语音咨询信息由"Approaching"加上飞机跟踪的跑道号和跑道可用长度构成。例如飞机对准 34 号右跑道，跑道可用长度为 3 400 ft，系统发出语音咨询"Approaching Three-Four Right，Three-Thousand Available"，如图 11.8 所示。

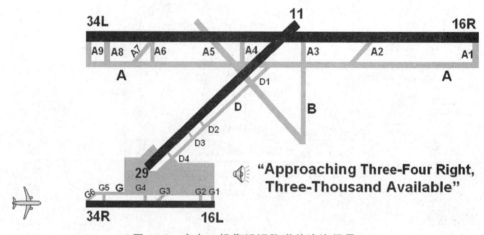

图 11.8　空中飞机靠近短跑道的咨询场景

9. 在跑道上停留时间过长

当飞机在跑道上，如果停留时间太长，系统用语音向机组发出咨询以提醒。

该咨询的条件是：飞机进入跑道，在跑道上停留的时间超过设定的等待时间。等待时间可设定为：60 s、90 s、120 s、180 s、240 s、或 300 s。

该咨询的条件是：飞机航向与跑道方向夹角在 20° 以内，飞机在跑道上的移动小于 100 ft。

起飞中断后该咨询被抑制。一旦飞机退出当前跑道，该咨询复位可用。

语音咨询信息由"On Runway"和飞机所在的跑道号构成。咨询连续发出两次。例如，如果飞机在 34 号左跑道上，在某个位置停留的时间超过设定值（例如 90 s 秒），系统将发出语音咨询"On Runway Three-Four Left，On Runway Three-Four Left"。如图 11.9 所示。

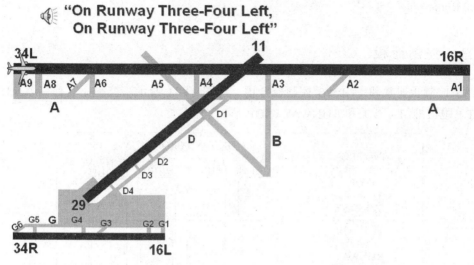

图 11.9　在跑道上停留时间过长的咨询场景

10. 中断起飞跑道剩余距离

当飞机中断起飞后，系统用语音向机组提供跑道剩余距离，使机组清楚飞机相对于跑道头的位置。

该咨询的条件为：飞机在跑道的后半段，地速大于 40 kt，起飞中断（中断起飞是依据起飞滑跑期间，地速比获得的地速最大值减小了 7 kt 来进行判断）。

系统发出的咨询距离为整数。例如，飞机在 9 000 ft 的跑道上，在中断起飞期间，系统将提供如下的跑道剩余距离咨询（如图 11.10 所示）：

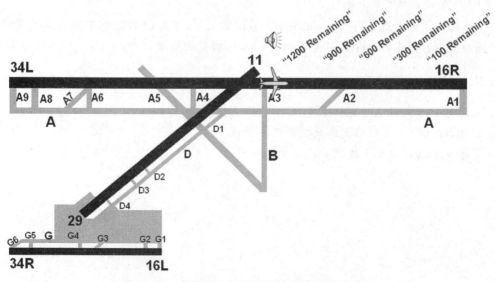

图 11.10　中断起飞后跑道剩余距离的咨询场景

"1200 Remaining";

"900 Remaining";

"600 Remaining";

"300 Remaining";

"100 Remaining"。

11.3 控制面板

RAAS 控制板通常和 EGPWS 控制板合用，如图 11.11 所示。控制板上有一个 RUNWAY INHIBIT（跑道抑制）开关和 RUNWAY INOP（不工作）灯。

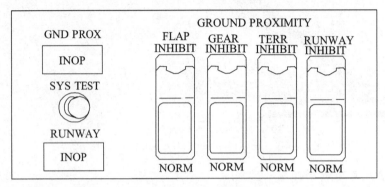

图 11.11　RAAS 控制板

1. RUNWAY INHIBIT（跑道抑制）开关

跑道抑制开关用于抑制 RAAS 的语音咨询和目视咨询信息。在下列情况下，可使用抑制开关：RAAS 中没有对应的跑道信息；GPS 方位信息不能满足 RAAS 精度要求；执行非正常程序，如跑道长度小于 RAAS 数据库中定义的跑道长度或经批准从滑行道上起飞。

2. RUNWAY INOP（不工作）灯

不工作灯在下列情况下将点亮：EGPWS 数据库无效；RAAS 数据库中没有机场或跑道的数据；跑道抑制开关故障；GPS 精度超出 RAAS 可接受的精度。

复习思考题

1. 试述 RAAS 的基本功能和原理。

2. 试述 RAAS 的 10 种咨询的功能和工作情况。

3. 试述 RAAS 控制板上跑道抑制开关的使用。

第12章　预测式风切变系统

风切变是指风速、风向的突然、迅速变化。它经常出现在雷暴或其他不稳定的气流中。微下击暴流是风切变的一种最危险形式，严重地威胁着飞行安全。飞机一旦进入微下击暴流，将严重限制飞机的最大爬升能力。

预测式风切变系统（PWS）能够探测微下击暴流，并提前向机组发出报警，使机组有足够的时间进行回避，从而减小风切变事故率。

12.1　基本原理

PWS 利用多普勒气象雷达进行工作，探测风切变的原理与雷达探测紊流的原理基本相似，依据风切变区域所产生的雷达回波的多普勒频谱特征进行前视风切变探测。

微下击暴流的多普勒频谱特征如图 12.1 所示。当雷达信号照射到风切变区域时，首先照射到的是顶风一侧。此顶风区域相对于飞机的速度较高，所以其产生的反射回波的多普勒频率偏移就明显高于平均多普勒频率。反之，当雷达信号稍后照射到风切变区域的顺风一侧时，因其相对速度较低，所产生的反射回波的多普勒频率偏移就低于平均多普勒频率。显然，该风切变区域的水平速度分量越大，两侧所产生的多普勒频谱的中心频率之差就越大。

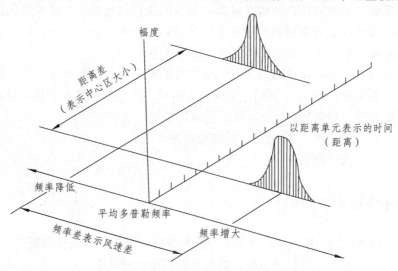

图 12.1　微下击暴流的多普勒频谱特征

根据风切变区域回波信号的上述频谱特征，雷达即可实现对风切变区域的探测。

从理论上讲，较大的风切变在很远的距离就可以探测到，因为它的特征很容易和地面杂波或其他杂波区分开。较小的风切变可能需要雷达作较多的扫描和处理。

预测式风切变系统对飞机前方 5 n mile 范围内的大气进行扫描，识别是否有风切变，其有效报警范围为飞机前方 3 n mile，如图 12.2 所示。在某些飞机上，若探测到风切变位于飞机前方 3~5 n mile 之间，会出现咨询显示。

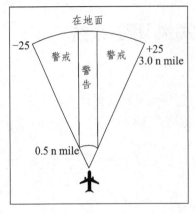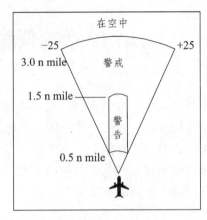

图 12.2　预测式风切变系统报警范围图

飞机以正常进近速度进近时，在飞机进入风切变之前 10~70 s，雷达就能给出风切变报警。具体报警时间取决于风切变的特征及雷达所探测的环境。通过对风切变事故的分析可知：在大多数这种事故中，PWS 应能在飞机进入风切变之前 20~40 s 向机组发出警告，以便于机组执行避让机动。

12.2　系统限制

多普勒气象雷达有其固有的局限性，不能探测垂直风和某些大气条件。

多普勒气象雷达系统只能检测水平风速，垂直风速根据测得的水平风速进行推算。气象雷达收发机中的软件假设所有检测到的水平风分量与垂直风分量成正比。通过将检测到的水平风分量加到假设的垂直风分量中来确定风切变的大小。

多普勒气象雷达不能检测没有包含有一定数量的水分或微粒的大气，因为水分或微粒才能将雷达波反射回天线。PWS 主要用于检测微下击暴流之类的风切变。其他形式的风切变，如侧风切变和飑锋等，如果具有以下特征，也可以检测：

（1）包含有水平风分量　（通过多普勒频偏检测）。

（2）包含有一定数量的水分或微粒。

12.3　报警情况

PWS 与 EGPWS、TCAS 一样，使用了警戒和警告两种等级来向机组报警，并在 EFIS 显示组件上显示风切变相对于飞机的位置，以便增强机组的处境意识。当 PWS 报警被启动时，EFIS 显示组件上将自动显示风切变的级别和位置。

反应式风切变系统（RWS）和 PWS 作为基本设备安装在飞机上使用，在 1 500 ft（460 m）之下它们能提供互补的风切变探测，1 200 ft 以下 PWS 具备报警能力，如图 12.3 所示。

飞机连续进入微下击暴流，其典型报警顺序是：

（1）PWS 咨询显示。

（2）PWS 警戒报警。

（3）PWS 警告报警。

（4）RWS 报警。

微下击暴流是一种极不稳定的气流，它可以迅速在大气中发展或消散。它的不稳定性意味着系统可能只发出一个或两个报警，主要取决于微下击暴流是在飞机前方何处及如何发展和消散的。

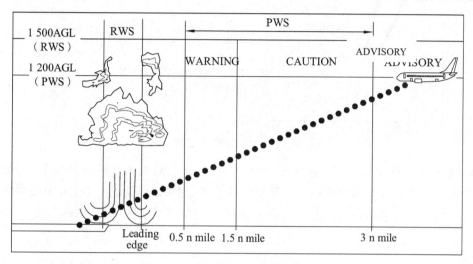

图 12.3　RWS 和 PWS 的报警顺序

12.3.1　PWS 咨询显示

当雷达系统探测到风切变位于咨询区时，EHSI/ND 显示器上用一红色图标显示风切变的位置，提醒飞行员注意，如图 12.4 所示。

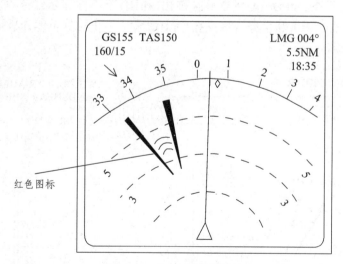

图 12.4　PWS 咨询显示

12.3.2　PWS 警戒报警

当雷达系统探测到风切变位于警戒区时，喇叭中将出现报警语音 "MONITOR RADAR

DISPLAY"。EHSI/ND 显示器上显示琥珀色的"WINDSHEAR"信息，用红色图标显示风切变的位置，如图 12.5 所示。

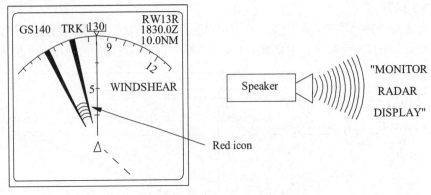

图 12.5　PWS 警戒报警

PWS 警戒并不意味着风切变强度比 PWS 警告的弱，它只意味着风切变的所处区域还没有对飞机的飞行路线形成立即的威胁，因此允许机组有更多的时间响应。PWS 警戒的飞行机组程序是采取适当的措施防止飞机进入风切变。如果飞机继续接近风切变，PWS 警告将取代 PWS 警戒。

12.3.3　PWS 警告报警

当雷达系统探测到风切变位于警告区时，将向机组提供发布警告报警。飞行阶段不同，PWS 提供的报警语音也不同。起飞阶段探测到风切变，报警语音为"WINDSHEAR AHEAD"（响 2 次）。进近阶段探测到风切变，报警语音为"GO AROUND WINDSHEAR AHEAD"（响 1 次）。除了语音报警外，PFD/EADI 显示器和 EHSI/ND 上都将显示红色的"WINDSHEAR"信息，风切变灯（若安装）和主警告灯点亮。EHSI/ND 上仍用红色图标显示探测到的风切变的位置，如图 12.6 所示。

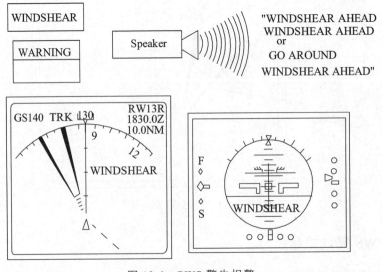

图 12.6　PWS 警告报警

对 PWS 警告，飞行机组的响应一般是立即增加高度和空速，使高度损失减到最小以防飞机进入所探测到的风切变区域。

12.3.4　RWS 报警

当飞机进入风切变区时，RWS 向机组提供风切变报警。报警语音为 3 声"WINDSHEAR"，PFD/EADI 显示器上显示红色的"WINDSHEAR"信息，主警告灯点亮，如图 12.7 所示。对 RWS 报警，机组应立即执行改出操作。

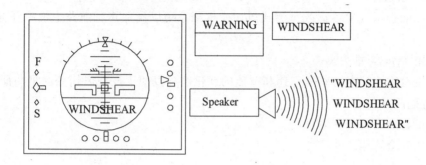

图 12.7　RWS 的报警

12.4　基本操作

PWS 的操作非常简便。进近和着陆期间，离地高度 2 300 ft（700 m）时，系统会自动接通。为了在起飞期间提供风切变探测，雷达在起飞前也会自动接通（根据空地电门和起飞油门逻辑）。PWS 控制板面板如图 12.8 所示。PWS 的自动启动不会影响气象雷达的显示，它将保留机组所选的工作模式和显示距离。

雷达工作在风切变模式时，PWS 自动设置气象雷达增益和天线俯仰。雷达进行气象扫描时，使用雷达控制板上所选的增益和俯仰。PWS 需要气象雷达作专门的扫描来探测风切变。如果在 2 300 ft（700 m）以下使用气象雷达，雷达罩将交替进行正常气象雷达扫描和 PWS 扫描。目前只有 X 波段的气象雷达能进行风切变探测。

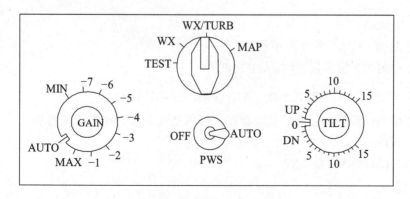

图 12.8　气象雷达控制板

12.5 飞行机组程序（A320 飞机）

1. PWS 警戒："MONITOR RADAR DISPLAY"

1）起飞前

（1）推迟起飞直到条件改善。

（2）评估起飞条件：

① 凭观察和经验。

② 检查气象条件。

（3）起飞前选用气象雷达或预测式风切变探测系统以确保飞行航路上没有任何潜在的危险气象区。

（4）选用 TO/GA 推力。

（5）起飞滑跑期间密切监视空速和空速的变化趋势以便于发现风切变的早期征兆。

2）进近期间

（1）推迟着陆或备降其他机场。

（2）评估安全着陆条件：

① 凭观察和经验。

② 检查气象条件。

（3）选用有利跑道，同时还要考虑更适当的进近助航设备。

（4）选用 FLAPS 3。

（5）检查两部 FD 都接通在 ILS、FPA 或 V/S 模式。

（6）接通 AP，这样可以更精确地进近，在 ILS 信号可用时，可以更早发现飞机的偏离。

2. PWS 警告："WINDSHEAR AHEAD，WINDSHEAR AHEAD"

1）起飞前

推迟起飞或选择最有利的跑道。

2）起飞滑跑期间

中断起飞。

注意：在离地高度 50 ft 以下和速度 100 kt 以上时，PWS 的报警被抑制。

3）空中

油门杆：TO/GA。

速度基准系统（SRS）指令：遵循。

注意：当迎角大于迎角保护时，AP 将断开。

3. PWS 警告："GO AROUND，WINDSHEAR AHEAD"

注意：如果确认没有风切变的危险存在，可以把此警告当作警戒来看待。

油门杆：TO/GA。

喊话：GO AROUND-FLAPS。

FLAPS：收上。

起落架：收上。

注意：① 当迎角大于迎角保护时，AP 将断开。

② 如果 FD 不可用，使用起始俯仰姿态至 17.5°。如果需要尽量减小高度的损失，可以增加该俯仰姿态。

4. RWS 警告："WINDSHEAR，WINDSHEAR"

1）起飞期间

（1）如果在 V_1 之前：

如果在 V_1 之前空速出现明显的变化，并且飞行员判定有足够的跑道剩余距离使飞机停下来，应中断起飞。

（2）如果在 V_1 之后：

油门杆：TO/GA。

达到 V_R：抬轮。

速度基准系统（SRS）指令：执行。

2）空中，初始爬升阶段或着陆阶段

（1）油门杆在 TO/GA：设置或核实。

（2）AP（如果接通）：保持。

（3）速度基准系统（SRS）指令：执行。

该技术包括侧杆拉到底（如需要）。

注意：① 当迎角大于迎角保护时，AP 将断开。

② 如果 FD 不可用，使用起始俯仰姿态至 17.5°。如果需要尽量减小高度的损失，可以增加该俯仰姿态。

（4）在脱离风切变之前，不要改变缝翼/襟翼和起落架的构形。

（5）严密监视飞行航径和速度。

（6）脱离风切变后，柔和恢复正常爬升。

12.6　CCAR 规定

CCAR-121-R4 的相关规定。

第 121.358 条　低空风切变系统的设备要求

除经局方批准外，按照本规则实施运行的涡轮动力飞机（涡轮螺旋桨动力飞机除外）应当装备有经批准的机载风切变警告与飞行指引系统，经批准的机载风切变探测和避让系统，或者经批准的这些系统的组合。

复习思考题

1. 试述 PWS 的基本工作原理。

2. 试述 PWS 的警戒级和警告级报警情况。

3. 试述 PWS 的使用特点。

4. PWS 有哪些局限性？

第13章　警告系统

警告系统的功用是当飞机本身或飞机上的系统出现不安全的情况时向机组提供报警信号。不同的情况下报警信号是不一样的。总体来说，报警信号主要有目视警告灯、音响警告信号、显示器上的警告信息等，而失速警告则还包括抖杆警告等。

13.1　主警告/主警戒系统

主警告/主警戒系统用于监控飞机上相关系统的工作是否正常，且在系统出现故障时向机组发出警告信号。在不同的飞机上主警告/主警戒系统的结构和报警信息有所不同。在某些飞机上称为主警戒系统，而在另外一些飞机上称为主警告/主警戒系统。

13.1.1　主警戒系统

在主警戒系统中，主要有飞机系统警告灯和主警戒灯。这些灯一般安装在遮光板上，以便于两个机组成员同时能够观测到相应的警告灯，如图 13.1 所示。飞机系统警告灯分为左右两个组件，共有 12 个系统警告灯，每个灯上都有字符，是对应的飞机系统的缩写符号。这些飞机系统分别是飞行操纵系统（FLT CONT）、惯性基准系统（IRS）、燃油系统（FUEL）、电源系统（ELEC）、APU 系统（APU）、超温/防火系统（OVHT/DEC）、防冰加热系统（ANTI-ICE）、液压系统（HYD）、门舱系统（DOORS）、发动机（ENG）、顶板（OVERDEAD）以及空调系统（AIR COND）等。

当以上所述某一系统出现故障时，对应系统的灯燃亮，并使主警戒灯（MASTER CAUTION）亮。

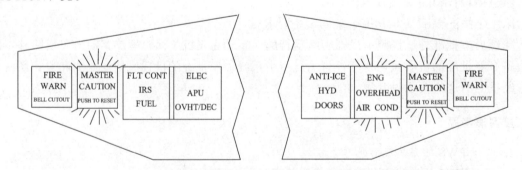

图 13.1　Boeing 系列飞机上主警戒系统组成和安装位置

当飞机系统警告灯和主警戒灯燃亮时，按压任何一个主警戒灯都可以使主警戒灯和系统警告灯复位。

按压左右任何一个飞机系统警告灯组件，都可以测试所有的飞机系统警告灯与主警戒灯。

机组通过按压任何一个飞机系统警告灯组件可以启动警告的再现功能，使目前还存在故障的飞机系统灯和主警戒灯燃亮。

13.1.2 主警告/主警戒系统

主警告/主警戒系统包括红色的主警告灯、琥珀色的主警戒灯、系统警告灯、E/WD 的警告信息，S/SD 上故障系统的页面，以及警告音响等。当飞机某一个系统出现故障时，首先根据该故障对飞行安全的影响程度，将故障判定为警告级故障、警戒级故障或咨询级故障，并向机组提供警告级报警、或警戒级报警或咨询级报警。

警告级的故障要求飞行员必须马上对故障进行处理。警戒级的故障要求飞行员尽快对故障进行处理，咨询级的故障要求飞行员知道该故障已经发生，但不要求飞行员对该故障进行处理。

1. 机组警告信号

如果是警告级的故障，对应系统面板上的红灯燃亮，并使红色的主警告灯闪亮，并在 E/WD 上出现红色的警告信息和蓝色的应急措施，在 S/SD 上出现故障系统的页面，ECAM 控制板上的 CLR 灯将燃亮，同时发出多谐警告音响。如图 13.2（a）所示。

如果是警戒级的故障，对应系统面板上的琥珀色灯燃亮，并使琥珀色的主警戒灯闪亮，并在 E/WD 上出现琥珀色的警戒信息和应急措施，在 S/SD 上出现故障系统的页面，ECAM 控制板上的 CLR 灯将燃亮，同时发出单谐警告音响。如图 13.2（b）所示。

如果是咨询级的故障，对应系统面板上的琥珀色灯燃亮，并使琥珀色的主警戒灯闪亮，并在 E/WD 上出现琥珀色的信息，但 S/SD 上不显示故障系统的页面，也没有警告音响，ECAM 控制板上的 CLR 灯燃亮，如图 13.2（c）所示。

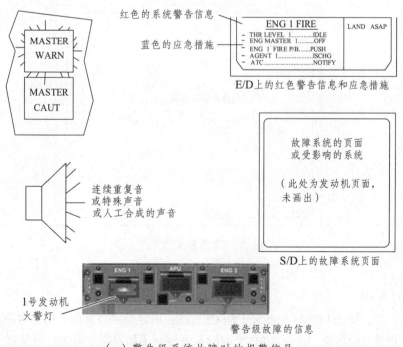

（a）警告级系统故障时的报警信号

207

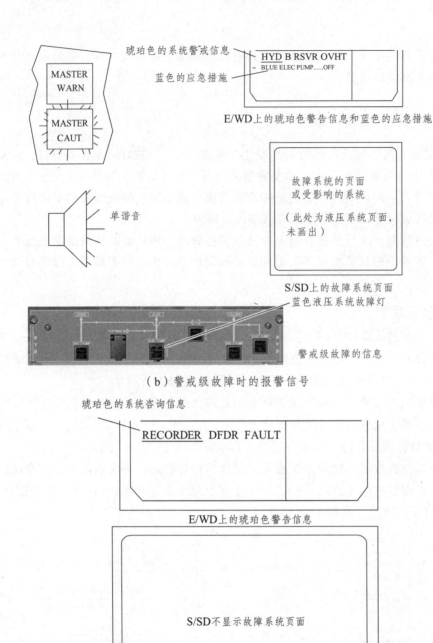

琥珀色的系统警戒信息

蓝色的应急措施

HYD B RSVR OVHT
– BLUE ELEC PUMP......OFF

E/WD上的琥珀色警告信息和蓝色的应急措施

故障系统的页面
或受影响的系统

（此处为液压系统页面，
未画出）

单谐音

S/SD上的故障系统页面

蓝色液压系统故障灯

警戒级故障的信息

（b）警戒级故障时的报警信号

琥珀色的系统咨询信息

RECORDER DFDR FAULT

E/WD上的琥珀色警告信息

S/SD不显示故障系统页面

（c）咨询级故障警告信号

图 13.2　空客系列飞机上的主警告/主警戒信号

2. 警告的复位

当警告发生时，按压 ECAM 控制板上的 CLR 按钮可以使警告复位，用来清除显示在 E/WD 下部的警告级和警戒级信息，并使 S/SD 上故障系统页面（如果有）消失，回复到先前显示的页面，CLR 灯也熄灭。按压主警告灯或主警戒灯（正在亮的灯）可以使警告灯熄灭，警告音响停止。

ECAM 控制板如图 13.3 所示。

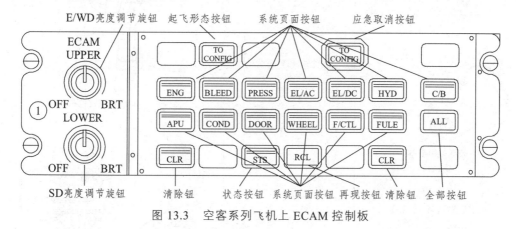

图 13.3　空客系列飞机上 ECAM 控制板

3. 警告的再现

按压 ECAM 控制板上的 RCL（再现）按钮，可以再现被 CLR 按钮或飞行阶段自动抑制的警告级或警戒级信息。若没有警告级或警戒级信息，则在 S/SD 上显示"NORMAL"字符。

13.2　失速警告系统

1. 功用

当飞机接近失速时，失速警告系统抖动驾驶杆上的抖杆器，提示机组人员。在一些飞机上，还有失速警告灯和失速警告音响。

在某些飞机上，当飞机接近失速时，失速管理计算机（或能够实现失速管理的组件）将增加升降舵感觉压力，以抵制驾驶杆的升降舵抬头运动。

在失速时，FCC 指令安定面给飞机提供低头配平，并使升降舵感觉变换模块（EFSM）和驾驶杆切断电门组件工作，保证驾驶员不能轻易地抱杆，从而保证安定面的配平运动不会自动终止。

失速警告只有当飞机在空中时才起作用。

2. 组成

失速警告系统包括失速管理偏航阻尼器（SMYD）（或能够实现失速管理的组件），驾驶杆抖杆器，升降舵感觉变换模块（EFSM）和失速警告测试面板。如图 13.4 所示。

1）失速管理偏航阻尼器（SMYD）计算机

失速管理偏航阻尼器（SMYD）计算机主要用于失速管理计算和偏航阻尼功能计算。

SMYD1 计算失速管理功能和主偏航阻尼功能。SMYD2 计算失速管理功能和驾驶盘方向舵互连系统功能和备用偏航阻尼功能。

2）驾驶杆抖杆器

当飞机失速时，驾驶杆抖杆器抖动驾驶杆，以提醒驾驶员飞机接近失速状态。驾驶杆抖杆器安装在驾驶杆上。SMYD1 控制机长的驾驶杆抖杆器，SMYD2 控制副驾驶的驾驶杆抖杆器。

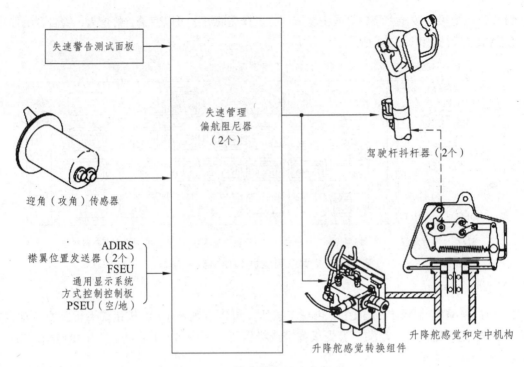

失速警告测试面板

失速管理
偏航阻尼器
（2个）

驾驶杆抖杆器（2个）

迎角（攻角）传感器

ADIRS
襟翼位置发送器（2个）
FSEU
通用显示系统
方式控制控制板
PSEU（空/地）

升降舵感觉和定中机构

升降舵感觉转换组件

图 13.4　失速警告系统的组成

3）升降舵感觉转换组件（EFSM）

升降舵感觉变换组件给两个感觉作动筒提供附加的系统压力，从而在失速期间增加驾驶杆的感觉力。

4）失速警告测试面板

失速警告测试面板上的测试电门完成对失速警告系统的测试。失速警告测试面板有两个测试电门，如图 13.5 所示。每个测试电门都可进行失速警告系统测试。当按压电门 1 时，可以对失速警告系统 1 进行测试，即在机长驾驶杆上操纵驾驶杆抖杆器。当按压电门 2 时，可以对失速警告系统 2 进行测试，即在副驾驶驾驶杆上操纵驾驶杆抖杆器。

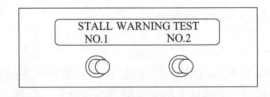

STALL WARNING TEST
NO.1　　　　NO.2

图 13.5　失速警告系统的测试面板

按下测试电门后，如果系统没有故障，对应的驾驶杆抖杆器抖动，如果在 20 s 内松开测试电门，抖杆器在松开电门时停止抖动。如果 20 s 后仍然没有松开测试的电门，则在 20 s 时抖杆器自动停止抖动。设置测试时 20 s 的最大抖杆时间限制是为了防止对驾驶杆抖杆器马达造成损坏。

如果失速警告系统有故障，按压测试电门时，对应的抖杆器就不会抖动。

失速警告测试功能只能在地面启动。

3. 失速警告系统的失速警告计算

SMYD 完成两种失速警告计算，即正常失速警告计算和最低速度失速警告计算，每个计算都使 SMYD 给驾驶杆抖杆器提供失速警告信号。

1）正常失速警告

正常失速警告使用数据有：迎角（AOA），后缘襟翼位置，前缘襟翼和缝翼的不对称信息，发动机推力设置（N1 和 N2），计算空速（VCAS）以及机翼和发动机热防冰电门（TAI）状态。

正常失速警告计划为每个后缘襟翼位置设定 AOA 截获点，根据襟翼位置不同，AOA 截获点值也不同，比如在某型飞机上，AOA 截获点值在 13.0°到 23.5°之间变化。如果 AOA 大于该后缘襟翼位置对应的 AOA 截获点时，SMYD 给驾驶杆抖杆器提供失速警告信号。

SMYD 使用其他数据进行 AOA 偏量计算。如果启动偏量，SMYD 在较低 AOA 时即提供失速警告信号，SMYD 同时计算所有偏量，并选用最高值。SMYD 从正常截获点计划中减去最高的启动偏量值，从而降低截获点。SMYD 计算的 AOA 截获点偏量分别是：前缘襟翼和缝翼不对称偏差为 10.2°~15.0°；高推力偏差为 0°~13.6°；前缘 UCM（非指令运动）偏差为 2.3°~6.7°；TAI 偏差为 0.8°~5.3°。

如果一个或多个前缘装置的位置与后缘襟翼的位置不一致，即设定前缘不对称偏差。

如果对侧发动机 N2 大于 75%，同侧发动机 N1 有效，则高推力偏差能用，这可以防止在低速和高推力时俯仰失速趋势。高推力偏差不随每个襟翼位置变化而变化，它使用后缘襟翼小于或等于 15 的信号，以及后缘襟翼大于 15 的信号。比如，某型飞机上，襟翼小于或等于 15 的最大偏差是 6.7°，襟翼大于 15 的最大偏差是 13.6°。

在前缘 UCM（非指令运动）期间，襟翼/缝翼电子组件（FSEU）提供非指令运动信号。

当某个机翼防冰或发动机防冰电门在接通位置时，TAI 偏差设定。如果机翼防冰移到接通位置超过 5 s，对剩余的航程里，就设定 TAI 偏差锁。

2）最低速度失速警告

最低速度失速警告使用后缘襟翼位置数据和空速数据。如果对某特定后缘襟翼位置，空速太低，SMYD 会给驾驶杆抖杆器提供失速警告信号。AOA 不用于最低速度失速警告计算。

13.3 起飞警告系统

1. 功用

在起飞时如果飞机处于不安全状态，或在起飞以后如果地面扰流板内部锁活门保持在开位时，起飞警告功能提供音响警告。起飞警告在地面和空中都可能提供警告。在地面和空中提供警告的条件如图 13.6 所示。

2. 在地面上的起飞警告

当飞机在地面上，且油门杆位于起飞功率位置，如果出现减速板手柄没放下，或停留刹车没解除，或地面扰流板有压力，或前缘襟翼和缝翼没在正确的位置、或有非指令运动（UCM），或后缘襟翼不在起飞位置、或有偏斜或不对称、或有非指令运动（UCM），或安定面配平不在绿区的情况之一时，音响警告系统提供起飞警告声音。

当飞机在地面时，系统 1 或系统 2 都可以提供警告信号。

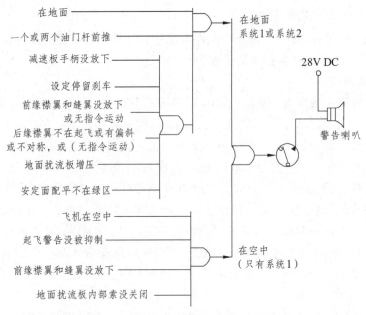

图 13.6　起飞警告在地面和空中的警告条件

3. 在空中的起飞警告

当飞机在空中，且起落架起飞警告切断电路跳开关闭合，如果发生前缘襟翼和缝翼没在正确位置、或地面扰流板内部锁活门打开的情况之一时，音响警告发出起飞警告声：

当飞机在空中时，只有系统 1 提供警告信号。

13.4　马赫数/速度警告系统

1. 功用

飞机有速度和马赫数限制值。在 25 960 ft 高度以下，使用速度限制值 V_{MO}；在 25 960 ft 高度以上，使用马赫数限制值 M_{MO}。当速度或马赫数超过 V_{MO} 或 M_{MO} 时，马赫数/速度警告系统将向机组提供音响警告。警告声音为"咔咔咔"的声音，如图 13.7 所示。

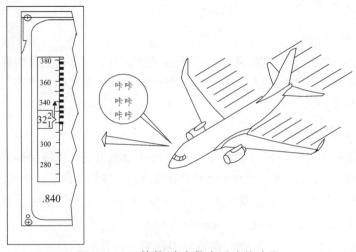

图 13.7　马赫数/速度警告系统的功用

消除马赫数/速度警告的唯一方法是将飞机速度降低到 V_{MO} 或 M_{MO} 以下。

2. 马赫数/速度警告系统的测试

马赫数/速度警告系统有两个测试开关，该测试开关和飞行数据记录控制板安装在一个板上，如图 13.8 所示。按下任何一个开关，都可以触发音响警告组件的"咔咔咔"警告声音。1 号测试开关测试左马赫数/速度警告电路，2 号测试开关测试右马赫数/速度警告电路。

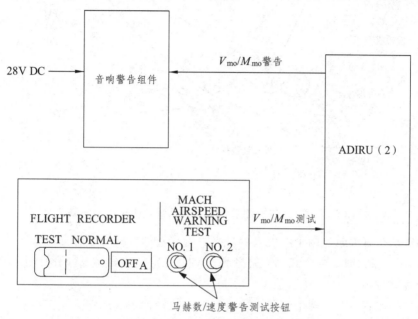

图 13.8 马赫数/速度警告系统的测试按钮

13.5 火警警告系统

防火系统用于监控着火、冒烟、过热和气体管道泄漏等情况。防火系统包括火警/过热探测系统，灭火系统，火警警告系统和火警测试系统。

1. 火警/过热探测系统

飞机上有发动机过热探测组件、发动机火警探测组件、APU 火警探测组件、轮舱火警探测组件、机翼/机身过热探测组件、货舱冒烟探测组件、厕所冒烟探测组件等。这些组件分别用于探测对应区域的火灾情况。

2. 灭火系统

飞机上有发动机灭火组件、APU 灭火组件、厕所灭火组件、货舱灭火组件和手提式灭火瓶，分别用于扑灭对应区域的火灾。

火警/过热探测系统和灭火系统在飞机上的安装情况如图 13.9 所示。

3. 火警警告系统

当发动机、APU、前货舱、后货舱以及主轮舱着火时，火警警告系统给机组提供目视和声音指示。警告信号为遮光板上的两个火警警告灯、过热/火警保护面板上的发动机主电门和/

或 APU 主电门，以及中央操作台旁边的火警警铃。

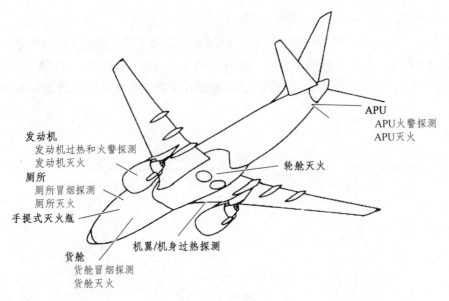

图 13.9　火警/过热探测系统和灭火系统在飞机上的安装情况

（1）当发动机着火时，两个红色火警灯亮，着火发动机的主电门亮，火警警铃响。

（2）当 APU 着火时，两个红色火警灯亮，APU 主电门灯亮，火警警铃响。轮舱内的警告喇叭和警告铃交替响。

（3）当主轮舱着火时，两个红色火警灯亮，火警警铃响。

（4）当前、后货舱冒烟时，两个红色火警灯亮，火警警铃响。

4. 火警警告的复位

瞬时按压左或右火警灯、火警铃声关断电门或火警喇叭，可使两个红色火警灯、警铃和喇叭复位。

5. 火警/过热测试

当火警/过热保护面板上的 TEST（测试）电门处于 OVER/FIRE（过热/火警）位置时，驾驶舱内的指示如同真的着火时一样。如果测试失败，使用发动机和 APU 火警探测组件隔离故障。

注意：在进行发动机过热/火警测试时，APU 火警和轮舱火警电路也被测试了。

6. 故障/不工作测试

当火警/过热保护面板上的 TEST（测试）电门处于 FAULT/INOP（故障/不工作）位置时，驾驶舱内的指示如同真的着火时一样。如果测试失败，使用发动机和 APU 火警探测组件隔离故障。

注意：在进行发动机故障测试时，APU 火警探测器故障电路也被测试了。

13.6　高度警戒系统

FCC 将气压修正高度与在 MCP 上选择的目标高度作比较，若偏差在某一确定的范围内，

FCC 将产生高度警戒信息。

FCC A 使用左 ADIRU 的气压修正高度；FCC B 使用右 ADIRU 的气压修正高度。当两个 FCC 的气压修正高度同时失效时，提供气压修正高度失效警告。

1. 接近高度警戒功能

当飞机从上方或下方接近 MCP 板上选择的高度，在距 MCP 板上选择的高度一定值（比如，B737NG 飞机上为 900 ft）时，接近高度警戒开始；到距离 MCP 板上选择的高度一定值（比如，B737NG 飞机上为 300 ft）时，接近高度警戒结束。

接近高度警戒信息包括：一个一秒钟的音响警告，PFD 上气压高度显示器周围和 MCP 板选择的目标高度周围出现高亮度的白色矩形框。

2. 偏离高度警戒功能

当飞机从上方或下方偏离 MCP 板上选择的高度一定值（比如，B737NG 飞机上为 300 ft）时，偏离高度警戒开始；当偏离量达到一定值（比如，B737NG 飞机上为 900 ft）时，或飞机重新回到 300ft 范围内时，或重新选择 MCP 目标高度时，偏离警戒结束。

偏离高度警戒信息包括一个一秒钟的音响警告，PFD 上气压高度显示器周围出现闪亮的琥珀色信号。

若 FCC 截获了下滑道或襟翼放出大于 20°，FCC 不给出高度警戒警告。

接近和偏离高度警戒如图 13.10 所示。

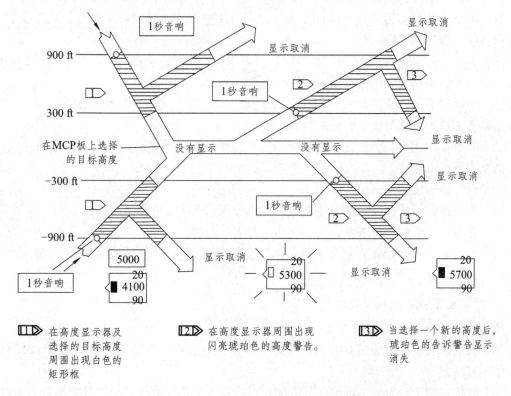

图 13.10　高度警戒

13.7　CCAR 规定

1. CCAR-91-R2 的相关规定

第 91.429 条　涡轮喷气飞机的高度警告系统或装置

（a）除本条（d）款中规定以外，在中华人民共和国国籍登记的涡轮喷气飞机应当装有经批准的处于工作状态并满足本条（b）款要求的高度警告系统或装置。

（b）本条（a）款要求的每个高度警告系统或装置应当符合下述要求：

（1）警告驾驶员：

（i）无论上升还是下降，一旦接近预选高度，以一连串有足够时间的音响和视觉两种信号报警，以便在该预选高度上转入平飞；或

（ii）无论上升还是下降，一旦接近预选高度，用一连串有足够时间的视觉信号报警以便在该预选高度上转入平飞，在平飞后一旦偏离预选高度时则用音响信号报警。

（2）从海平面到飞机批准的最大运行高度均可提供要求的信号；

（3）采用与飞机运行高度相匹配的增量来预选高度；

（4）无需专用设备就可测试确定告警信号是否正常工作；和

（5）如果该系统或装置根据大气压力工作，允许必要的大气压力调定。但在离地高度 900 米（3000 英尺）以下使用时，该系统或装置只需提供视觉信号或音响信号中的任一种以符合本条的要求。如果采用无线电高度表来确定决断高或最低下降高（度）并且相应的程序已经获得局方批准，则可根据适用情况，使用无线电高度表来提供信号。

（c）本条适用的运营人应当制订并指定使用高度警告系统或装置的程序，并且每个飞行机组成员应当遵守该程序。

（d）本条（a）款不适用于进行型号取证验证飞行的飞机，也不适用于以下用途的运行：

（1）为安装高度警告系统或装置而进行的调机飞行。

（2）如果警告系统或装置在飞机起飞后不能工作，则继续按原定计划飞行；但是不得飞离能够修复或更换该系统或装置的地点。

（3）带有不能工作的高度警告系统或装置的飞机从不能修复或更换的地点调机飞行到能进行修复或更换的地点。

（4）进行适航性飞行试验。

（5）为在外国进行国籍登记，将飞机调机飞行到中华人民共和国以外的地点。

（6）进行该飞机的销售表演。

（7）为在外国进行国籍登记将飞机转场到中华人民共和国以外的地点以前，训练外国飞行机组的运行。

2. CCAR-25-R4 的相关规定

第 25.1322 条　警告灯、戒备灯和提示灯

如果在驾驶舱内装有警告灯、戒备灯和提示灯，则除适航当局另行批准外，灯的颜色必须按照下列规定：

（a）红色，用于警告灯（指示危险情况，可能要求立即采取纠正动作的指示灯）；

（b）琥珀色，用于戒备灯（指示将可能需要采取纠正动作的指示灯）；

（c）绿色，用于安全工作灯；

（d）任何其他颜色，包括白色，用于本条（a）至（c）未作规定的灯，该颜色要足以同本条（a）至（c）规定的颜色相区别，以避免可能的混淆。

第25.207条 失速警告

（a）在直线和转弯飞行中，为防止襟翼和起落架在任一正常位置时无意中造成失速，必须给驾驶员以有效的清晰可辨的具有足够余量的失速警告。

（b）警告可以通过飞机固有的气动力品质来实现，也可以借助在预期要发生失速的飞行状态下能作出清晰可辨的警告的装置（如振杆器）来实现。但是，仅用要求驾驶舱内机组人员给予注意的目视失速警告装置是不可接受的。如果使用警告装置，则该警告装置必须在本条（c）和（d）中规定的速度，在本条（a）中规定的每一种飞机形态都提供警告。除了本条（h）（2）（ii）中所描述的失速警告外，本条（e）中规定的结冰条件下的失速警告必须以非结冰条件下的失速警告同样的方式给出。

（c）当速度以不超过每秒 1 节减速时，在每个正常形态，失速警告必须能在 VSW 速度开始。此速度应超出按照25.201（d）确定的失速速度不小于 5 节或 5%校正空速（取大者）。失速警告一旦开始，必须持续到攻角减小至接近失速警告开始时的攻角。

（d）除了满足本条（c）的要求，在发动机慢车状态且飞机处于 25.103（b）（5）规定的重心位置下的直线飞行，当速度以不超过每秒 1 节减速时，每个正常形态下的 VSW 必须超出VSR 不少于 3 节或 3%校正空速（两者取大者）。

（e）在结冰条件下，直线飞行和转弯飞行中的失速警告裕度应足够保证飞行员防止失速（按25.201（d）中定义的），当失速警告出现后飞行员在不少于 3 秒开始改出机动。当验证本条的符合性时，飞行员应采取和非结冰条件下相同方式的改出机动。验证飞行时的飞机减速率应不超过每秒 1 节，且：

（1）对于起飞阶段使用的每一形态，按附录 C 中定义的更临界的起飞冰积聚和起飞最后阶段冰积聚条件；

（2）飞机航路形态按附录 C 中定义的航路冰积聚条件；

（3）飞机等待形态按附录 C 中定义的等待冰积聚条件；

（4）飞机进场形态按附录 C 中定义的进场冰积聚条件；

（5）飞机着陆形态按附录 C 中定义的着陆冰积聚条件。

（f）在结冰和非结冰条件下，必须有足够的失速警告裕度，以使在至少以 1.5 g 的航迹法向过载及至少每秒 2 节的减速率减速转弯中出现失速警告 1 秒后，驾驶员开始改出机动可以避免失速。当在结冰条件下演示本要求的符合性时，驾驶员应采取和非结冰条件下相同方式的改出机动。应按以下条件用飞行试验表明符合性：

（1）襟翼和起落架在任一正常位置；

（2）飞机配平于 1.3VSR 的直线飞行；和

（3）保持飞机以 1.3VSR 平飞的功率或推力。

（g）对于系统失效后飞行中很可能使用的增升装置的每一个非正常形态，必须提供失速警告（包括飞机飞行手册程序中的所有形态）。

（h）在结冰条件下飞行时，防冰系统开启并执行其预期功能之前，用附录 C 第Ⅱ部分（e）所定义的冰积聚，实施下列要求：

（1）如果该防冰系统的开启取决于驾驶员看到参考表面上规定的冰积聚（并不是刚刚开始结冰），按本条要求实施，但本条（c）和（d）除外；

（2）对于启动防冰系统的其他方法，当飞机以不超过每秒 1 节的减速率进行减速时，在直线和转弯飞行的失速警告裕度必须足以允许驾驶员防止飞机进入失速且不会出现任何不利的飞行状况，驾驶员应采取和非结冰条件下相同方式的改出机动。

（i）如果提供失速警告的方式和非结冰条件下相同，驾驶员不得在警告出现后 1 秒内开始改出机动。

（ii）如果提供失速警告的方式和非结冰条件下不同，驾驶员不得在警告出现后 3 秒内开始改出机动。此外，必须用 25.201 条的演示表明 25.203 条的符合性，但第 25.201（c）（2）条中的减速率不需要进行演示。

第 25.703 条 起飞警告系统

飞机必须安装起飞警告系统并满足下列要求：

（a）在起飞滑跑的开始阶段，如果飞机处于任何一种不允许安全起飞的形态，则警告系统必须自动向驾驶员发出音响警告，这些形态包括：

（1）襟翼或前缘升力装置不在经批准的起飞位置范围以内；

（2）机翼扰流板（符合第 25.671 条要求的横向操纵扰流板除外），减速板或纵向配平装置处于不允许安全起飞的位置。

（b）本条（a）中要求的警告必须持续到下列任一时刻为止：

（1）飞机的形态改变为允许安全起飞；

（2）驾驶员采取行动停止起飞滑跑；

（3）飞机抬头起飞；

（4）驾驶员人为地切断警告。

（c）在申请合格审定的整个起飞重量、高度和温度范围内，用于接通警告系统的装置必须能正常工作。

第 25.1303 条 过速警告系统

（c）飞机应根据下列规定的情况安装相应的飞行和导航仪表：

（1）涡轮发动机飞机和 V_{MO}/M_{MO} 大于 $0.8V_{DF}/M_{DF}$ 或 $0.8V_D/M_D$ 的飞机，需有速度警告装置。当速度超过 $V_{MO} + 6$ 节或 $M_{MO} + 0.01$ 时，速度警告装置必须向驾驶员发出有效的音响警告（要与其他用途的音响警告有明显区别）。该警告装置的制造允差的上限不得超过规定的警告速度；

第 25.1203 条 火警探测系统

（a）在每个指定火区和在涡轮发动机安装的燃烧室、涡轮和尾喷管部分内，均必须有经批准的、快速动作的火警或过热探测器。其数量和位置要保证能迅速探测这些区域内的火警。

（b）火警探测系统的构造和安装必须符合下列规定：

（1）能承受运行中可能遇到的振动、惯性和其他载荷；

（2）装有警告装置，一旦指定火区的传感器或有关导线在某一处断开时，能向机组报警，如果该系统在断开后仍能作为满足要求的探测系统继续工作则除外；

（3）装有警告装置，一旦指定火区内的传感器或有关导线短路时，能向机组报警，如果该系统在短路后仍能作为满足要求的探测系统继续工作则除外。

（c）火警或过热探测器不得受到可能出现的任何油、水、其他液体或气体的影响。

（d）必须有手段使机组在飞行中能检查每个火警或过热探测器电路的功能。

（e）火区内每个火警或过热探测系统的部件必须是耐火的。

（f）任何火区的火警或过热探测系统的部件不得穿过另一火区，但具备下列条件之一者除外：

（1）能够防止由于所穿过的火区着火而发生假火警的可能性；

（2）所涉及的火区是由同一探测器和灭火系统同时进行防护的。

（g）火警探测系统的构造，必须使得当其处于安装形态时，不会超过根据探测器有关技术标准中规定的响应时间标准对探测器所批准的报警动作时间。

（h）火区内每个火警或过热探测系统的电气线路互联系统（EWIS）必须符合 25.1731 条的要求。

复习思考题

1. 在主警戒系统中，当一个系统失效时，给机组提供的信号有哪些？

2. 在主警戒系统中，飞行员如何对系统警告进行复位？

3. 在主警戒系统中，飞行员如何再现系统警告？

4. 在主警告/主警戒系统中，当一个系统失效时，给机组提供的警告信息有哪些？

5. 在主警告/主警戒系统中，飞行员如何进行系统警告复位？

6. 在主警告/主警戒系统中，飞行员如何再现系统警告？

7. 正常失速警告的计算中使用的主要数据有哪些？

8. 最小速度失速警告计算中使用的主要数据有哪些？

9. 失速警告的信号是什么？

10. 在地面，触发起飞形态警告的条件有哪些？

11. 在空中，触发起飞形态警告的条件有哪些？

12. 触发过速警告的信号是什么？如何消除过速警告？

13. 发动机火警信号有哪些？如何复位发动机火警？

14. 高度警戒系统的功用是什么？

15. 接近高度警告的触发条件和具体的信号是什么？

16. 偏离高度警告的触发条件和具体的信号是什么？

第14章 飞行记录系统

民航运输机上安装的记录系统有飞行数据记录系统（FDRS）和驾驶舱话音记录系统（CVRS）两种。飞行数据记录系统主要记录飞行参数，而驾驶舱话音记录系统主要用于记录驾驶舱中的各种音频信号。目前，大多数飞机上都安装有 1 个独立的飞行数据记录系统和 1 个驾驶舱话音记录系统，且这 2 个记录系统是独立的。也允许在满足记录要求的情况下，安装 1 个组合的记录系统（飞行数据记录系统和话音记录系统的组合系统）。

14.1 飞行数据记录系统

飞行数据记录系统按照时间顺序可记录大量的飞行数据信息，应该记录并保持不少于最后 25 h 的飞行数据。该系统的发展经历了飞行数据记录器阶段和飞行数据记录系统阶段。

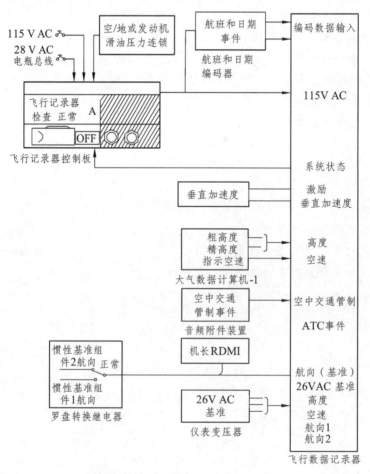

图 14.1 飞行数据记录器的组成

14.1.1 飞行数据记录器阶段的飞行数据记录系统

早期的飞行数据记录器（FDR）结构简单，主要由航班/日期编码器、飞行数据记录器、飞行数据记录器控制板和垂直加速度传感器组成，如图 14.1 所示。

在该系统中，所有需要记录的参数都直接送到飞行数据记录器。记录的参数数量较少，一般记录 5 个参数、或 9 个参数、或十多个参数。这些参数都是官方指定的，主要包括航班号、日期、飞行高度、空速、航向和垂直加速度，这些数据全部用于飞行数据调查和分析。航班号和日期来自航班日期编码器，飞行高度和空速来自大气数据计算机系统，航向来自惯性基准系统，垂直加速度信号来自该系统专用的加速度传感器。

1. 航班/日期编码器

航班/日期编码器的功能向飞行数据记录器引入航班号和日期，如图 14.2 所示。面板上的 6 个人工操作拇指轮用于调定航班号和日期。

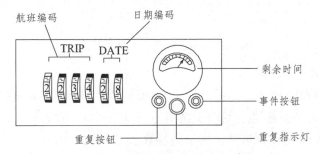

图 14.2　航班/日期编码器前面板

编码器上有 1 个事件按钮。事件按钮提供飞行员记录事件发生的时间。当飞行员发现有异常情况时，及时按压事件按钮，便在记录器上记下 1 个特殊的脉冲信号，脉冲信号的程序时间与按下事件按钮的时间相同。

编码器上有 1 个重复按钮和 1 个重复指示灯。按下 1 次重复按钮，所设定的航班号和日期就写入记录器 1 次。在开始飞行和飞行过程中都可以按下该按钮。在航班号和日期写入记录器的过程中，重复指示灯亮。

在一些飞机上，航班号和日期由飞行管理计算机系统提供。

2. 飞行数据记录器

飞行数据记录器有磁带式和数字式两种，用于记录官方指定的飞行参数。记录时间不少于 25 h，当超过 25 h 时，25 h 之前记录的内容自动被新的数据取代。飞行数据记录器通常安装在飞机尾部的天花板上或地板下，其外形如图 14.3 所示。在一些飞机上，飞行数据记录器的外形可能为其他形状，但都具有图 14.3 的记录器外形上标注的有关信息。

为了便于寻找从失事飞机中失落的记录器，规定记录器的外壳由坚固的不锈钢制成，有防水、防火、防震和防腐蚀的特性，并涂成橙红色，并且在两侧加反光条。

记录器的前面板上安装有水下定位装置，或称水下定位信标机。水下定位信标机不是记录器的一部分，但二者必须固定在一起。当飞机坠入大海后，由于海水是良好的导体，水下定位信标机的电源会自动接通，发出 37.5 kHz（有些飞机上是 27.5 kHz）的超声波脉冲。发射时间要求不少于 30 天，以便打捞飞行数据记录器。

3. 垂直加速度传感器

垂直加速度传感器用于感受飞机的垂直加速度，并输送到飞行数据记录器。

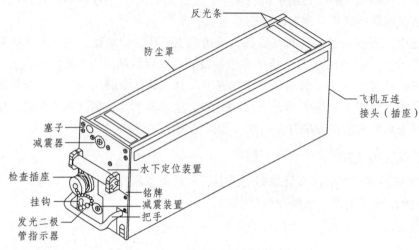

图 14.3　飞行数据记录器的外形

4. 飞行数据记录器控制面板

飞行数据记录器控制面板如图 14.4 所示。该面板的主要功能是对飞行数据记录器进行测试。该控制面板还能对马赫数/空速警告系统进行测试，所以，在某些飞机上称该控制板为飞行数据记录器-马赫数/空速测试组件。关于马赫数/空速测试的内容参看第 13 章，这里不再阐述。

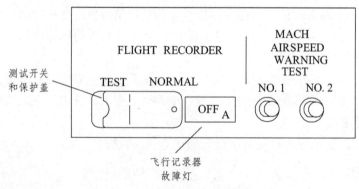

图 14.4　飞行数据记录器控制面板

该面板上关于飞行数据测试部分的内容有 1 个 TEST-NORMAL（测试-正常）控制开关和 1 个故障指示灯。控制开关外有 1 个保护盖。

当开关在 NORMAL（正常）位时，只要飞行数据记录器得到发动机运转（发动机滑油压力信号）、或速度达到一定值、或飞机在空中（空-地电门发送"在空中"）信号之一时，就自动开始开始记录。当上述 3 个信号都不满足时，记录器结束记录。记录器启动记录的控制逻辑如图 14.5 所示。

TEST（测试）位用于在地面对记录器进行测试。当电门位于测试位时，琥珀色"OFF"信号灯燃亮一小段时间，然后熄灭。

222

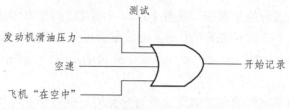

图 14.5　飞行数据记录器的控制逻辑

　　当在地面对系统进行测试时，"OFF"灯燃亮。在记录器记录期间，如果系统探测到记录器出现了故障，该灯也燃亮。

14.1.2　飞行数据记录系统

　　目前，大型运输机上普遍采用数字式飞行数据记录系统（DFDRS）。该系统记录的参数主要分为两部分。一部分是官方指定的参数，另外一部分是航空公司客户化的参数。官方指定的参数记录在数字式飞行数据记录器上，主要用于飞行事故调查；而航空公司客户化的参数则储存在飞机状态监控系统（ACMS）的储存器上，主要用于航空公司维修技术人员对飞机系统进行分析、以查找故障原因、并对飞机的状态进行监控。

　　飞行数据记录系统主要由以下组件组成：数字式飞行数据记录器、数字式飞行数据采集组件、飞行数据采集组件状态继电器、飞行数据记录器—马赫数/空速测试模块、快速读取存储器、飞机通讯寻址报告系统、加速度计、输入接口、数据装载器和打印机等，如图 14.6 所示。其中，快速读取存储器、飞机通讯寻址报告系统、数据装载器和打印机是 ACMS 系统的专用设备，其他的设备则是记录器和飞机状态监控系统共用的。

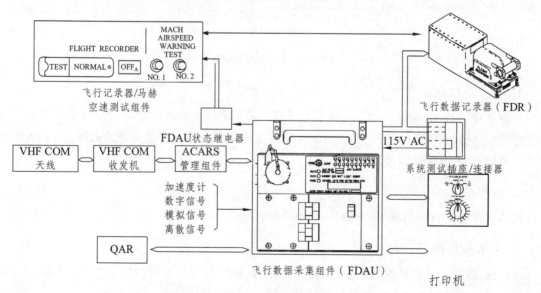

图 14.6　数字式飞行数据记录系统的组成

　　所有需要记录的数据都首先由数字式飞行数据采集组件采集和处理，然后再根据数据的特性分别送到记录器中或飞机状态监控系统的储存器中。

　　在多数飞机上，数字式飞行数据采集组件（DFDAU）和发动机、飞行操纵系统、气源系统、襟翼和缝翼、自动飞行控制系统、导航系统以及加速度传感器等连接，所以，采集和处理的数据量很大，送入飞行数据记录器上记录的数据量也大。这些输入信号可以是数字信号、模拟信号或离散信号。记录器所记录的参数及要求必须满足中国民用航空规章（CCAR）的相关规定。

飞行数据采集组件采集到的有关航空公司客户化的数据存储在飞机状态监控系统的存储器中，这些数据主要用于航空公司维修技术人员对飞机系统进行分析、以查找故障原因、并对飞机的在状态进行监控。

与飞机状态监控系统的相关的组件在不同的飞机上有所不同，可以选装以下设备之中的全部或某些。这些设备有数据管理组件、快速读取存储器、飞机通讯寻址报告系统、控制显示组件、数据装载器和打印机等。如图 14.7 所示是某型飞机上的 ACMS 有关的设备。

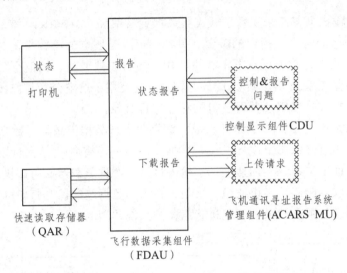

图 14.7　某型飞机上的 ACMS 有关的设备

1. 数据管理组件

数据管理组件（DMU）位于数字式飞行数据采集组件内部，该组件监控数字式飞行数据采集组件中 ACMS 特定的数据。当 DMU 监控到这些数据变化到需要记录的值时，形成 ACMS 报告，并储存到 ACMS 储存器中。

2. 打印机

操作人员通过打印机能够打印出 ACMS 报告。

3. 数据装载器

ACMS 数据通过机载数据装载控制面板到达数据装载器，机载数据装载控制面板允许操作人员下载有关数据，或将新的软件等装载到有关系统。

4. 控制显示组件（或多功能控制显示组件）

控制显示组件（或多功能控制显示组件）主要用于调出 ACMS 报告和控制打印机的工作，也可以通过该组件确认 ACMS 软件的部件号。

5. 飞机通讯寻址报告系统

飞机通讯寻址报告系统从 DFDAU 处获取数据，并在系统出现故障或某些参数超出限制时向地面发送相关数据，实现飞机的远程实时监控和故障诊断。

14.2 驾驶舱话音记录器

驾驶舱话音记录器（CVR）用于记录和保存飞行中驾驶舱内音频信号和声音，供飞行事故调查取证用。早期的驾驶舱话音记录器是磁带式记录器，可记录不少于 30 min 的内容。现在多数飞机上采用固态话音记录器，可记录不少于 2 h 的内容。话音记录系统主要由话音记录器和控制盒组成，如图 14.8 所示。

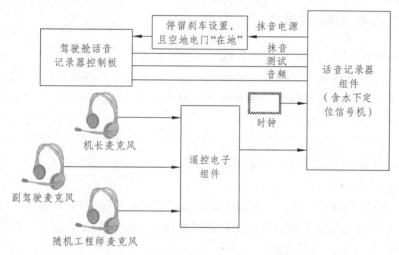

图 14.8　驾驶舱话音记录器系统组成

记录器一般安装在垂直安定面内，为橘红色，上面有反光条，便于寻找。前面板装有一个水下定位信标。该水下定位信标机的与飞行数据记录器上的水下定位信标是一样的，这里不在阐述。

话音记录器共有四个录音通道，其中来自正、副驾驶和随机工程师音频选择板的内话音频信号加至记录器的 1、2、3 通道；驾驶舱内的音频信号由控制盒上的麦克风拾取，经放大后送到记录器的第 4 通道。

话音记录器控制板如图 14.9 所示，用于对话音记录器系统组件进行遥控监测。控制组件上主要有区域话筒，耳机插孔，监控指示器，测试按钮（绿色）和抹音按钮（红色）。任何时候只要接通飞机上的 115 V 交流电源，区域话筒就会对驾驶舱内的语音进行录音。监控指示器的指针偏转，表明 CVR 上所有四个通道正在录音或抹音。在测试过程中，其指针将上升至绿区。

按下测试按钮并保持至少 5 s，可观察到监控指示器指针上升至绿区并产生几次摆动，同时耳机中可听到相应的音频信号。如果在距区域话筒 6 in 处以正常音量讲话，将在 0.5 s 后听到保真的声音。

在飞行中，驾驶舱话音记录器进行自动抹音，只保存最近 30 min 或最近 2 h 的录音。而人工抹音必须是飞机停在地面且停留刹车刹住时才能进行。接通 115 V 交流电源，按住抹音按钮一定时间以后（比如某型飞机上为至少 9 s），所有录音将被同时抹掉，同时，监控指示器指针瞬间偏转。

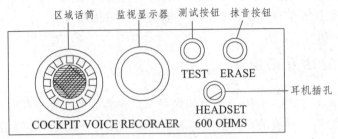

图 14.9　话音记录器控制板

14.3　记录系统的应用

飞行记录系统在航空上的应用主要有以下几个方面：

（1）发生飞行事故或重大事件后，可利用所记录的数据和话音进行事故分析和调查

（2）在飞机设计中，可充分利用样机和原理机上的飞行数据记录器所记录的数据来指导飞机的设计，使飞机具有更好的安全性和经济性。

（3）在试飞阶段，可利用记录系统所记录的数据分析、查找和排除飞机上的各种隐患。

（4）在飞行员培训中，可以利用记录系统所记录的数据，判定飞行员的飞行技术，确保训练质量。

（5）航空公司的维修部分可以利用记录系统所记录的数据，特别是 ACMS 中所形成的报告，快速准确地判明飞机的故障、飞机的性能和发动机的性能的变化趋势，以指定合理的维修周期和维修重点，进行"视情维修"。

14.4　CCAR 规定

1. CCAR-91-R2 的相关规定

第 91.433 条　飞行记录器

（a）所有在中华人民共和国登记的飞机或旋翼机应满足下述有关飞行记录器的要求：

（1）飞行数据记录器的要求：

（ⅰ）不得安装、使用金属箔划痕飞行数据记录器和胶片飞行数据记录器；

（ⅱ）除经局方批准外，不得安装、使用采用调频技术的模拟飞行数据记录器；

（ⅲ）所有 1989 年 1 月 1 日后首次颁发适航证、最大审定起飞重量超过 27 000 千克的飞机或超过 7 000 千克的旋翼机，应安装满足附录 E 规范的 I 型飞行数据记录器（飞机）或附录 F 规范的 IV 型飞行数据记录器（旋翼机）；除经局方批准外，1989 年 1 月 1 日后所有最大审定起飞重量超过 5 700 千克，但不超过 27 000 千克的飞机或超过 3180 千克，但不超过 7 000 千克的旋翼机，应安装满足附录 E 规范的 II 型飞行数据记录器（飞机）或附录 F 规范的 V 型飞行数据记录器（旋翼机）；

（ⅳ）除经局方批准外，所有 2005 年 1 月 1 日后首次颁发适航证、最大审定起飞重量超过

5 700 千克的飞机或超过 3 180 千克的旋翼机，应安装满足附录 E 规范的 IA 型飞行数据记录器（飞机）或附录 F 规范的 IVA 型飞行数据记录器（旋翼机）；

（v）除经局方批准外，所有类型的飞行数据记录器应能保留运行过程中至少最后 25 小时（飞机）或 10 小时（旋翼机）所记录的信息。

（2）驾驶舱话音记录器的要求：

（i）除经局方批准外，所有 1987 年 1 月 1 日后首次颁发适航证、最大审定起飞重量超过 5 700 千克的飞机或超过 3 180 千克的旋翼机，应安装型号合格审定要求的驾驶舱话音记录器；

（ii）对于安装了经批准的驾驶舱话音记录器，但没有安装飞行数据记录器的旋翼机，应至少在驾驶舱话音记录器一个通道上记录主旋翼转速；

（iii）驾驶舱话音记录器应能保留运行过程中至少最后 30 分钟所记录的信息；

（iv）除经局方批准外，所有 2003 年 1 月 1 日后首次颁发适航证、最大审定起飞重量超过 5 700 千克的飞机或超过 3 180 千克的旋翼机，所安装的驾驶舱话音记录器应能保留运行过程中至少最后 2 小时所记录的信息。

（3）除经局方批准外，对于采用数据链通信并且要求安装驾驶舱话音记录器的飞机或旋翼机，还应满足下述要求：

（i）2005 年 1 月 1 日后首次颁发适航证的飞机或旋翼机，应在飞行记录器上记录所有发送和接收的数据链通信；最小的记录持续时间必须与驾驶舱话音记录器的记录持续时间相同，并且必须与所记录的驾驶舱语音相互关联；

（ii）自 2007 年 1 月 1 日起，所有的飞机或旋翼机应在飞行记录器上记录所有发送和接收的数据链通信；最小的记录持续时间必须与驾驶舱话音记录器的记录持续时间相同，并且必须与所记录的驾驶舱语音相互关联；

（iii）所记录的参数具有足够的信息以提取数据链通信的内容，在可行时，还应当记录通信信息在驾驶舱显示的时间和机组编制信息的时间；

（iv）数据链通信包括自动相关监控（ADS）、管制员和驾驶员数据链通信（CPDLC）、数据链飞行信息服务（D-FIS）和飞行运行控制（AOC）通讯等。

（4）在符合所有记录要求的情况下，可以采用安装两套组合式飞行记录器（飞行数据记录器/驾驶舱话音记录器）的方式，来分别替代独立的飞行数据记录器和独立的驾驶舱话音记录器。

（5）飞行记录器的构造、位置和安装必须为飞行记录器提供最大程度的保护，使得可以保存、恢复和下载所记录的信息。飞行记录器必须符合局方规定的适坠性要求。

（6）飞行记录器的壳体应满足下述要求：

（i）外表为鲜橙色或亮黄色；

（ii）在外部表面固定有反射材料，以确定记录器的位置；

（iii）其上牢固地安装有自动激发的水下定位装置。

（7）飞行记录器应当在航空器的全部运行过程中保持连续工作。

（b）运营人必须定期对飞行记录器进行可用性操作检查，并评估来自飞行记录器系统的记录信息，以确保飞行记录器的可靠性和持续可用性。

（c）经局方批准，运营人可以实施下述运行：

（1）飞行数据记录器或驾驶舱话音记录器不工作时，调机飞行到可以进行修理或更换的地点；

（2）如果在起飞后飞行数据记录器或驾驶舱话音记录器变得不能工作，按原计划继续飞行到目的地；

（3）为测试飞行数据记录器或驾驶舱话音记录器，或安装在飞机上的任何通讯或电子设备，关闭飞行数据记录器或驾驶舱话音记录器所进行的适航性试飞；

（4）将新获得的航空器从获得地调机飞行到可进行飞行数据记录器和驾驶舱话音记录器安装工作的地点；

（5）飞行数据记录器或驾驶舱话音记录器失效和拆下修理的航空器可以进行不超过15天的非商用取酬飞行，但在航空器维修记录中记录有失效的日期，并在驾驶员的视野内放置一块标牌表明飞行数据记录器或驾驶舱话音记录器是不能工作的。

（d）一旦发生事故或需要立即报告局方的事件，运营人应当保存飞行记录器的原始信息至少60天，如果局方另有要求，还应当保存更长的时间。从记录中所获得的信息将用来帮助确定事故或事件的发生原因。

附录 E 飞行数据记录器规范

1 飞机的 I 和 II 型飞行数据记录器规范

序号	参数名称	测量范围	记录间隔（秒）	精度限制（传感器输入与记录器的读出相比较）
1	时间（能得到时用世界协调时，否则用经过的时间）	24 小时	4	±0.125%每小时
2	气压高度	−300 米（−1000 英尺）～飞机最大审定高度 +1500 米（+5000 英尺）	1	±30 米～±200 米（±100 英尺～±700 英尺）
3	指示空速	95 千米/小时（50 海里/小时）～最大 VS0（注1）VS0～1.2VD（注2）	1	±5% ±3%
4	航向	360°	1	±2°
5	垂直加速度	−3 g～+6 g	0.125	最大范围的±1%，不包括原始数据误差的 5%
6	俯仰姿态	±75°	1	±2°
7	横滚姿态	±180°	1	±2°
8	无线电发送键	通-断（离散量）	1	
9	每台发动机功率（注3）	全程	1（每台发动机）	±2%
10	后缘襟翼或驾驶舱的控制选择	全程或每一离散位置	2	±5%或按照驾驶员指示器的读数
11	前缘缝翼或驾驶舱的控制选择	全程或每一离散位置	2	±5%或按照驾驶员指示器的读数
12	反推位置	收回、过渡和展开	1（每台发动机）	

序号	参数名称	测量范围	记录间隔（秒）	精度限制（传感器输入与记录器的读出相比较）
13	地面扰流板/速度刹车选择	全程或每一离散位置	1	±2%，除非要求更高的精度
14	外界大气温度	传感器范围	2	±2 ℃
15	自动驾驶仪/自动油门/自动飞行控制系统方式和衔接状态	离散量的适当组合	1	
上述 15 个参数满足Ⅱ型飞行数据记录器的规范。				
16	纵向加速度	±1 g	0.25	最大范围的±1.5%，不包括原始数据误差±5%
17	横向加速度	±1 g	0.25	最大范围的±1.5%，不包括原始数据误差±5%
18	驾驶员的输入和/或控制舵面位置－主控制（俯仰、横滚、偏航）（注4）	全程范围	1	±2°，除非要求更高的精度
19	俯仰配平位置	全程范围	1	±3%，除非要求更高的精度
20	无线电高度	－6 米～750 米（－20 英尺～2500 英尺）	1	在低于 150 米（500 英尺）时，±0.6 米（±2 英尺）或±3%（取较大值）；在高于 150 米（500 英尺），±5%
21	下滑道偏离	信号作用范围	1	±3%
22	航向道偏离	信号作用范围	1	±3%
23	通过指点信标	离散量	1	通过指点信标
24	主警告	离散量	1	
25	导航 1 和 2 的频率选择（注5）	全程	4	按照安装情况
26	测距机 1 和 2 的距离（注 5 和注 6）	0～370 千米	4	按照安装情况
27	起落架邻近电门状态	离散量	1	
28	GPWS（近地警告系统）	离散量	1	
29	迎角	全程	0.5	按照安装情况
30	每一液压系统（低压）	离散量	2	
31	导航数据（经/纬度、地速和偏流角）（注7）	按照安装情况	1	按照安装情况
32	起落架或起落架选择手柄位置	离散量	4	按照安装情况
注：上述 32 个参数满足Ⅰ型飞行数据记录器的规范。				

注 1：VS0 是指着陆构型下的失速速度或最小稳定飞行速度。

注 2：VD 是指设计俯冲速度。

注 3：记录足够的输入信息来确定功率。

注 4：对于传统控制系统的飞机，采用"或"关系。对于非机械控制系统的飞机，则采用"和"关系。对于采用了分裂式舵面的飞机，可以采用输入信息的适当组合来替代分别记录每一舵面的位置。

注 5：如果有可用的数字形式信号。

注 6：首选应记录来自惯性导航系统或其他导航系统的经度和纬度。

注 7：如果信号易于采用。

如果有更多的记录容量，应当考虑记录下述附加信息：

（a）来自于电子显示系统如电子飞行仪表系统（EFIS）、航空器中央电子监视系统（ECAM）和发动机指示和机组告警系统（EICAS）的工作信息。采用下列优先顺序：

（1）如果没有记录来自其他信息源的相关信息，则应记录由飞行机组选择的与预期飞行航迹相关的参数，如：气压高度设定，选择高度，选择空速、决断高以及自动飞行系统衔接和方式的指示。

（2）显示系统的选择/状态，如航段（SECTOR）、计划（PLAN）、360º 罗盘（ROSE）、导航（NAV）、气象（WXR）、复合（COMPOSITE）、拷贝（COPY）等。

（3）警告和告警。

（4）在执行应急程序和检查单情况下，所显示页面的识别。

（b）包括有关所施加刹车的制动信息，用于着陆时冲出跑道和中断起飞的调查。

（c）附加发动机信息（发动机压力比、高压涡轮转速、排气温度、燃油流量等）

2. 飞机的 IA 型飞行数据记录器规范

在下述规范中，没有（*）标记的参数是强制要求记录的，对于有（*）标记的参数，如果飞机系统或操纵飞机的飞行机组使用了该参数的信息数据源，则要求记录该参数。

1、气压高度

2、指示空速或校准空速

3、空-地状态和每一起落架的空地传感器，如适用

4、全温或外部大气温度

5、航向（飞行机组主参考）

6、垂直加速度

7、横向加速度

8、纵向加速度（机轴）

9、时间或相对时间计算

10、导航数据*：偏流角、风速、风向、纬度/经度

11、地速*

12、无线电高度*

13、俯仰姿态

14、横滚姿态

15、偏航或侧滑角*

16、迎角*

17、发动机推力/功率：每台发动机的推力/功率，驾驶舱油门/推力杆位置

18、反推状态*

19、发动机推力指令*

20、发动机推力目标*

21、发动机引气活门位置*

22、附加发动机参数*：发动机压气比（EPR），N1，指示的震动级别，N2，发动机排气温度（EGT），油门杆角度（TLA），燃油流量，燃油关断手柄位置，N3

23、俯仰配平舵面位置

24、襟翼*：后缘襟翼位置，驾驶舱控制选择

25、缝翼*：前缘襟翼（缝翼）位置，驾驶舱控制选择

26、起落架*：起落架或起落架选择手柄的位置

27、偏航配平舵面位置 *

28、横滚配平舵面位置 *

29、驾驶舱俯仰配平控制输入的位置 *

30、驾驶舱横滚配平控制输入的位置 *

31、驾驶舱偏航配平控制输入的位置 *

32、地面扰流板和速度刹车*：地面扰流板位置，地面扰流板的选择，速度刹车位置，速度刹车的选择

33、除冰和/或防冰系统的选择*

34、液压压力（每一系统）*

35、燃油量*

36、交流电汇流条状态*

37、直流电汇流条状态*

38、辅助动力装置引气活门位置*

39、计算重心*

40、警告

41、主飞行控制舵面和驾驶员的主飞行控制输入：俯仰轴，横滚轴，偏航轴

42、通过指点信标

43、每一导航接收机的频率选择

44、人工无线电发射键控和驾驶舱话音记录器/飞行数据记录器同步基准

45、自动驾驶仪/自动油门/自动飞行控制系统（AFCS）方式和接通状态*

46、选择的大气压力设定*：机长、副驾驶

47、选择高度（驾驶员可选择的所有工作模式）*

48、选择速度（驾驶员可选择的所有工作模式）*

49、选择马赫数（驾驶员可选择的所有工作模式）*

50、选择垂直速度（驾驶员可选择的所有工作模式）*

51、选择航向（驾驶员可选择的所有工作模式）*

52、选择航迹（驾驶员可选择的所有工作模式）*：航线/预期航迹，航迹角

53、选择决断高*

54、电子飞行仪表系统（EFIS）显示格式*：机长，副驾驶

55、多功能/发动机/告警显示模式*

56、近地警告系统（GPWS）/地形提示和警告系统（TAWS）/地面避撞系统（GCAS）状态*：地形显示模式的选择（包括自动显示状态），地形告警，警戒和警告，以及咨询，开关电门位置

57、低压警告*：液压压力，气压压力

58、计算机失效*

59、客舱失压*

60、空中交通防撞系统（TCAS）/机载防撞系统（ACAS）*

61、结冰探测*

62、每台发动机的震动警告*

63、每台发动机的超温警告*

64、每台发动机的滑油低压警告*

65、每台发动机的超速警告*

66、风切变警告*

67、操纵失速保护，抖杆器和推杆器的触发*

68、驾驶舱内所有的飞行控制输入力*：方向盘，操纵杆，方向舵脚蹬的驾驶舱输入力

69、垂直偏差*：仪表着陆系统（ILS）下滑道，微波着陆系统（MLS）倾角，全球导航卫星系统（GNSS）近进航道

70、水平偏差*：仪表着陆系统（ILS）航向道，微波着陆系统（MLS）方位角，全球导航卫星系统（GNSS）近进航道

71、测距装置（DME）1和2的距离*

72、主导航系统参照*：全球导航卫星系统（GNSS），惯性导航系统（INS），全向信标/测距装置（VOR/DME），微波着陆系统（MLS），罗兰C（Loran C），仪表着陆系统（ILS）

73、刹车*：左、右刹车压力，左、右刹车脚蹬位置

74、日期*

75、事件记录标志*

76、平视显示使用中*

77、辅助目视显示工作中*

2. CCAR-121-R4 的相关规定

第 121.343 条 飞行数据记录器

（a）按照本规则实施运行的飞机应当按照 CCAR-91 部第 91.433 条的要求安装飞行数据记录器。

（b）合格证持有人应当按照 CCAR-91 部第 91.433 条的要求使用、检查或者评估上述要求的飞行数据记录器，遵守规定的运行限制，并按照规定保存飞行数据记录器的原始信息。

第 121.359 条 驾驶舱话音记录器

（a）合格证持有人按照本规则运行的所有飞机应当装备经批准的驾驶舱话音记录器，并且该记录器从使用检查单开始（为飞行而起动发动机之前），到飞行结束完成最后检查单止始终连续工作。

（b）驾驶舱话音记录器应当至少能够保存最后 30 分钟运行中所记录的信息。但 2003 年 1 月 1 日以后，首次颁发单机适航证并且最大审定起飞质量超过 5700 千克的飞机上的驾驶舱话音记录器应当至少能够保存最后 2 小时运行中所记录的信息。

（c）本条要求的驾驶舱话音记录器应当符合下列适用标准：

（1）中国民用航空规章对运输类飞机的型号合格审定要求；

（2）每个话音记录器外壳应当符合下列所有要求：

（i）为鲜橙色或者鲜黄色的；

（ii）在外表面上附有反光带，以便于确定其在水下的位置；

（iii）在外壳上或者靠近外壳处有经批准的水下定位装置，该装置的固定方式应保证在发生坠毁撞击时不易与记录器分离，除非该驾驶舱话音记录器和本规则第 121.343 条要求的飞行数据记录器相互靠近安装，在发生坠毁撞击时它们不易分离。

（d）为遵守本条要求，可以使用具有抹音特性的经批准的驾驶舱话音记录器。这样，在录音工作过程中，可以随时抹掉或者用其他方法消除所记录内容最后 30 分钟时间之前的记录内容。

（e）一旦发生了导致飞行终止、需要立即通知局方的事故或者事件，合格证持有人应当将所记录的内容保留至少 60 天，或者按照局方要求保留更长的时间。

复习思考题

1. 飞行数据记录器有哪些基本组成部件？

2. 对飞行数据记录器外壳的要求有哪些？

3. 飞行数据记录器要求记录多长时间的数据？

4. 水下定位信标机的功用是什么？且发射信号的频率是多少，要求工作的时间是多少？

5. 官方指定的数据存储在哪里？

6. 航空公司客户化的数据存储在哪里？

7. 飞机状态监控系统通常会有哪些接口？

8. 说明驾驶舱话音记录器的功用。

9. 驾驶舱话音记录器要求记录多长时间的话音？

10. 如何对驾驶舱话音记录器进行抹音？

第 15 章　平视显示器

15.1　概　述

平视显示器（HUD）是一种半透明的显示器，它可以使飞行员在特定的飞行过程中保持抬头观察飞机外部环境的状态而不需要低头去看仪表板，如图 15.1 所示。

图 15.1　平视显示器

平视显示器可以有效减少飞行员在飞行关键阶段，如起飞和降落时，需要把注意力在座舱仪表面板和座舱外部视野之间来回切换的必要性，从而提高飞行员的飞行情景意识；在飞行员保持前视的情况下，能够给飞行员显示航迹，航迹切向加速度，目视下滑角和跑道瞄准点，帮助飞行员准确管理飞机能量水平，达到更高的飞行轨迹控制精度。除了在提高飞行品质和安全性水平方面有重要的应用价值外，平视显示器还可以在低能见度条件下辅助飞行员完成起飞和降落，以提高航班正点率；允许飞行员在三类气象条件下，利用平视显示器的指示手动操纵飞机降落，以减少设备和维护费用；利用平视显示器的辅助指示，可以在一类盲降运行标准机场实施二类仪表着陆。

新型 HUD 系统已经将增强视景系统（EVS）融合到 HUD 显示中。EVS 利用安装在飞行器前部的红外摄像头或微波雷达来产生真实外部实景的视频图像，在低能见度条件下，可以把 EVS 产生的视景叠加在抬头显示上，提供如跑道灯光、地形和障碍物特征的图像，以达到视景增强的效果。这种功能可以帮助飞行员在低能见度条件下发现并避开危险地形、障碍物、跑道入侵事件以及其他危险，特别是可以在进近过程中较早的识别跑道环境和接地区域，从而在机场设施等级较低的条件下实现精度较高的进近着陆。

目前，HUD 系统已经开始将机场场面引导系统（SGS）融合到 HUD 显示中，使用机场数据库生成跑道中心线、边线、标志以及其他符号，和背景中真实的中心线、边线等匹配，以在低能见度条件下增强飞机在滑行道和跑道上运行时的情景意识。

商业运输飞机上 HUD 的主要供应商为法国泰雷兹和美国罗克韦尔柯林斯。空客飞机上采用了泰雷兹的数字式平视显示系统（D-HUDS），而波音飞机上采用了柯林斯的平视引导系统

（HGS）。这两套系统均符合 ARINC 相关标准，因而在功能甚至是系统组成上都十分类似，本章以柯林斯的 HGS 为例进行介绍。

15.2 系统组成

典型的机载 HGS 包含四个基本组件：平视显示计算机（HUDC）、平视投影器（HPU）、平视组合器（HCU）和控制面板，如图 15.2 所示。

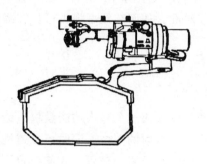

（a）组合显示器

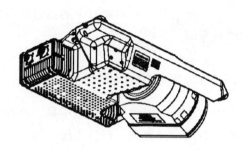

（b）投影器

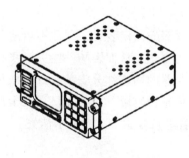

（c）控制面板

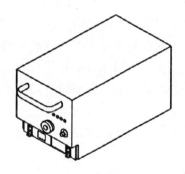

（d）平视显示计算机

图 15.2　HGS 组件

15.2.1 平视显示计算机

平视显示计算机是系统的核心组件，用于实现数据采集、显示管理、图像生成和 BITE 功能。HGS 计算机有大量的数据接口用于接入其他飞机系统提供的信号，主要包括：

（1）与大气数据与惯导系统相连以获取大气数据；

（2）与 ADF、VOR、ILS、DME、LRRA、MB 等导航信号源系统相连以获取导航信息；

（3）与机载自动飞行控制系统相连以获取飞行指引信息和自动驾驶的状态信息；

（4）与自动油门系统相连以获取自动油门的状态信息；

（5）与飞行管理计算机相连以获取飞行计划等飞行管理信息；

（6）与 TCAS 相连以获取 TCAS 的决策咨询信息（RA）；

（7）与 GPWC 相连以获取风切变警告信息。

15.2.2　平视投影器

平视投影器是系统的显示设备,用于投射显示光线到透视显示器。平视投影器是决定 HUD 性能的关键部件,它将平视显示计算机发过来的视频信号用适当的亮度投射到组合显示器上。其投射亮度需要能够根据环境亮度自动调节,从而在不过于影响机外视野的条件下清晰的显示符号。在角度较小的俯仰角度和偏航角度范围内,平视投影器还可以实现保角显示,即在该范围内,俯仰和偏航刻度准确对应于真实背景视野中的对应角度。例如,从透视显示器中航向刻度线上相对方位 10° 看出去的外部视野位置恰好就是飞机的 10° 方位。保角显示可以在着陆过程中使引导符号和视野中的跑道或着陆区相互对准,从而有效增强飞行员在降落过程中的情景意识。

15.2.3　平视组合器

平视组合器一般包括透视显示器、监视传感器和存储模块三个基本功能模块。透视显示器,安装在挡风玻璃和飞行员之间,用于反射平视投影器发射的图像,同时可以透视环境视野。组合器的机械结构可以让透视显示器固定在三个固定的位置,分别是收起位置、工作位置和保护位置。监视传感器监视透视显示器的位置,并控制显示的亮度。不同的飞行员,身高和坐姿会有差异,需要调节投影器的投影角度以适应不同的个体,个性化存储模块（PMM）用于存储不同飞行员的视轴参数以方便调整。

由于透视显示器是通过转轴连接到组合器在座舱顶部的固定装置,因此不可避免出现一定的移位。而透视显示器的移位会导致投影显示位置的变化,从而影响一些关键飞行阶段对于显示符合和背景必须保角对齐的要求。因此,在组合器的固定部分安装有红外线传感器来监测透视显示器镜面位置的变化,如果镜面位置的变化超过容限,则会在显示器上出现相应的提示。此时,飞行员可以通过微调透视显示器的位置进行修正,直到提示消失。

15.2.4　控制面板

控制面板用于选择 HGS 的工作模式和输入所需参数,如跑道长度、跑道接地带的海拔高度、下滑道角度等。如果飞机上安装有 CDU 或 MCDU,也可以将控制面板的功能集成在 CDU/MCDU 上,通过 HUD 页面,实现控制面板的所有功能。

15.3　工作模式

平视显示器具有多种工作模式,工作模式的选择通过控制面板或者 CDU/MCDU 来实现。以 HGS4000 型号为例,其典型工作模式共有 8 种。

1. PRI（基本）模式

基本模式可用于从起飞到降落的所有飞行阶段。在该模式中,其显示内容和模式都和 PFD 类似,包括了 ADI、HSI、空速和高度等主飞行仪表的指示。该模式是 HGS 的最基本模式,当其他模式结束或者激活条件不满足时,可以从其他模式自动切换到该模式。

2. TO（起飞）模式

低能见度起飞模式是主模式的一部分，用于在低能见度条件下实施精密导航指引，从而可以使用最低的起飞天气标准，在 LOC 信号引导下，可以提供跑道中心线偏离指示、剩余跑道长度等信息作为低能见度条件下的起飞指引。在预位状态下，起飞模式在飞机在跑道上对准跑道中心线、TO/GA 按钮按下时自动激活，同时 PRI 模式进入预位状态。当飞机离地高度达到 50 ft，或者起飞取消，滑跑速度重新降到 20 kt 以下时，TO 模式自动结束，进入 PRI 模式。

3. AIII（三类精密进近）模式

三类精密进近模式提供在三类精密进近条件下手动实施 ILS 进近和降落时的引导。AIII 引导信号由平视显示计算机提供，能够达到较高的水平和垂直引导，从而可以保证飞行员实施准确的接地点控制。AIII 模式必须在离地高 800 ft 以上，同时自动飞行控制系统的水平通道和垂直通道分别在航向台模式和下滑台模式时才能预位，当自动飞行控制系统捕获航向台和下滑台信号后，AIII 模式自动激活。

4. RO（滑跑）模式

滑跑模式在成功实施 AIII 模式进近着陆后，用于接地后滑跑减速时的跑道滑行引导。同 TO 模式类似，如果该模式处于预位状态，则在飞机接地时，自动由 AIII 模式转换到 RO 模式。当滑跑减速至 20 kt 时，RO 模式结束，自动转换到 PRI 模式。

5. AII（二类精密进近）模式

二类精密进近模式提供在二类精密进近条件下手动实施 ILS 进近和降落时的引导。目前的管制规则中，已经允许利用 AII 模式在一类机场上实施二类精密进近程序。

6. AI（一类精密进近）模式

一类精密进近模式提供在一类精密进近条件下手动实施 ILS 进近和降落时的引导。也可用于在采用自驾的进近过程中监视自动驾驶的性能。

7. F/D（飞行引导）模式

飞行引导模式在手动或自驾进近过程中提供飞行指引。和上述工作模式不同的是，在飞行引导模式下，引导信息是由自动飞行控制系统来提供，而不是由 HGS 产生的。

8. VMC（目视气象条件）进近模式

目视进近模式在目视进近过程中，提供下滑指示参考信号。该下滑指示参考信号不是基于 ILS 信号产生，也不需要机场的 PAPI 灯光系统，但是提供了类似上述两种系统的下滑指示功能，帮助飞行员在目视进近过程中，更加准确的判定飞机纵向轨迹，从而实施更准确的下降着陆。该模式特别适用于夜间或其他低能见度条件下的目视着陆。

除上述模式所提供的功能外，HGS 还可以显示 TCAS 的决策咨询信息，并在起飞和着陆阶段，显示机尾擦地预警信息。

15.4 控制面板

一种典型的 HGS 控制面板如图 15.3 所示。

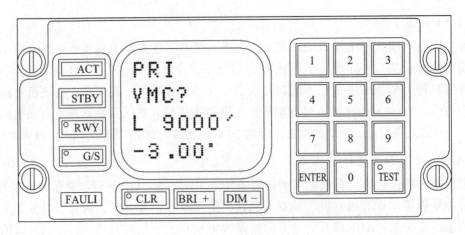

图 15.3 HGS 控制面板

和 ACT 按钮对齐的行用来显示当前激活的工作模式，ACT 按钮用于直接激活 PRI 模式。当激活其他工作模式时，PRI 模式为下一个可选预位模式，当需要切换到 PRI 模式时，按下 ACT 按钮即可。

和 STBY 按钮对齐的行用来显示预位工作模式，按压 STBY 可以在可行的工作模式中切换，按压右侧数字键盘中的 ENTER 按钮，可以激活当前的预位工作模式。

RWY 按钮用于输入跑道长度和跑道的海拔高度。按下 RWY 按钮并保持到其右面对齐行显示字符 "L" 后松开，此时可以用数字键盘输入跑道长度。按下 RWY 按钮并保持到显示字符 "E" 后松开，此时可以用数字键盘输入跑道海拔高度。当数字输入完毕后，需要按下 ENTER 按钮保存数据，否则新输入的参数不会生效。

G/S 按钮用于输入进近下滑角度，允许输入的角度范围为 0 ~ 9.99°。

TEST 按钮用于进行 HGS 自检测。

CLR 按钮用于清除组合显示器上的所有显示。当遇到以下情况时，组合显示器恢复显示：

（1）EGPWS 检测到风切变；

（2）HGS 探测到飞机姿态超限；

（3）复飞按钮被按下；

（4）CLR 按钮再次被按下；

（5）TEST 按钮被按下（飞机在地面时）。

在输入数据的情况下，CLR 按钮作为删除键使用，每次向前删除一位数字。

BRT+按钮和 DIM-按钮分别用来调亮和调暗控制面板显示。

15.5 PRI 模式的显示

HUD 上显示的数据至少包括以下参数：空速、升降率、飞机姿态、航向、高度、进近和着陆指引、偏航指示、飞行轨迹矢量、航迹角参考等。这些符号符合主飞行仪表指示显示的要求，许多符号和 EFIS 显示符号是一致的。图 15.4 所示为 PRI 模式下的 HGS 显示界面。

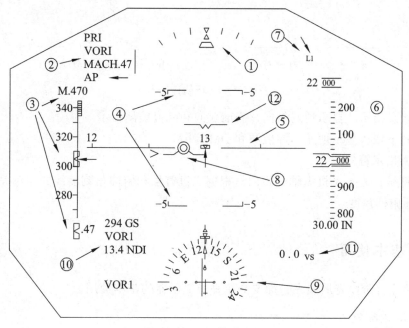

图 15.4　PRI 模式显示

图 15.4 中：

① 横滚姿态和侧滑指示。

② HGS 和 FCS 的模式通告牌，通告牌分三行两栏，左边一栏为激活（Active）模式，右边一栏为预位（Armed）模式。第一行为 HGS 的模式，第二行为 FCS 的横向通道模式，第三行为 FCS 的纵向通道模式。在模式通告牌的下方，会显示自动驾驶仪和飞行指引的接通状态，如图 15.4 所示，箭头的左边显示 AP 表示左侧自动驾驶仪当前已接通。

③ 空速表，在表的顶部显示当前的马赫数，底部显示预选马赫空速。指示空速带上显示当前的空速、空速限制带、预选空速、空速趋势指示以及 V-speeds。

④ 俯仰角刻度。在±30°之间，每 5°一条刻度线，超出该范围时，每 10°一条刻度线。当飞机的俯仰角在±8°区间内时，俯仰刻度指示满足保角显示条件，超出该区间后，相应的刻度显示会进行压缩，从而不再满足保角显示条件。

⑤ 地平线和航向刻度。其中航向刻度满足保角指示要求。

⑥ 高度表，表的顶部显示预选高度，底部显示气压高度基准。

⑦ 速和风向指示。

⑧ 飞行轨迹符号和飞行轨迹指引符号。中间的小圆圈符号为飞行轨迹指引符号，带有左右侧翼的圆圈符号为飞行轨迹符号，当飞行轨迹符号"套住"指引符号时，表明当前的飞行状态恰好符合指引的要求。当俯仰指示满足保角显示条件时，飞行轨迹符号为实线符号，当不满足保角显示条件时，飞行轨迹符号显示为虚线符号，如图 15.5 所示。左翼左边的">"是飞行轨迹加速度符号，当加速度符号对齐左边侧翼时，表明飞机没有加速度，如果加速度符号高于左边侧翼，则表明飞机在加速，反之表明飞机在减速。左边侧翼的上边或下边还有速度快慢指示条，如果出现在上边，则说明指示空速高于目标空速；反之，说明指示空速低于目标空速，指示条越长，则表明差异越大。本图指示为飞机没有加速度，且指示空速正好等于目标空速。

a）保角飞行轨迹符号　　　　　　b）非保角飞行轨迹符号

图 15.5　飞行轨迹符号

⑨ 水平状态指示，显示预选航向、当前航向和航道偏离指示。

⑩ 从上到下依次显示地速、导航源和 DME 距离。

⑪ 升降率指示符号。

⑫ 飞机符号，表示飞机纵轴的指向。根据飞机符号和俯仰角刻度线的相对关系，可以读出飞机的实际俯仰角度。

15.6　基本使用

下面按照飞行阶段先后顺序，简要介绍平视显示器的基本使用。

1. 起飞滑跑阶段

飞机在跑道上处于静止状态下时，设置 PRI 模式。输入跑道长度，并设置甚高频导航频率为本场仪表着陆系统盲降频率，然后设置 TO 模式预位。

按压 TO/GA 按钮后，如果 TO 激活条件满足，TO 模式将会自动激活，取代 PRI 模式，PRI 模式成为预位模式。在 TO 模式下，由 HGS 提供航向指引信号，速度表指示 V 速度，中间靠右的地方指示剩余跑道长度。

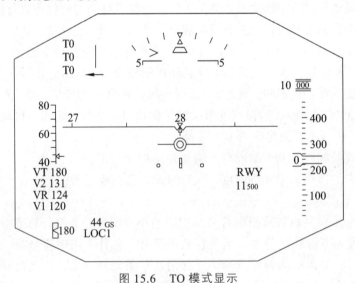

图 15.6　TO 模式显示

2. 初始爬升阶段

在飞机起飞爬升超过无线电高度 50 ft 时，HGS 自动从 TO 模式转换到 PRI 模式，飞行进入初始爬升阶段。这一阶段中，飞机的仰角通常较大，不能满足保角显示的要求，航迹符号和地平线符号将会以虚线代替实线进行显示。飞行员可以利用航迹和航迹加速度指示来优化飞行品质。

240

3. 爬升转弯

如果转弯过程中有飞行指引，FCS 指引符号会显示在组合显示器上，飞行员应该尽量使飞行轨迹符号对准该引导符号。

4. 巡航阶段

需要保持平直飞行时，保持飞行轨迹符号对准地平线，飞行轨迹加速度符号恰好缩回到飞行轨迹侧翼线上。

5. 平飞转弯

在平飞转弯时，要保持飞行高度，需要始终保持飞行轨迹符号对准地平线。当实施 30° 横滚角姿态的平飞转弯时，飞行轨迹符号侧翼线恰好和地平线重合。

6. 下降阶段

在下降阶段采用 PRI 模式，利用航迹指示来帮助建立合适的下滑航迹和实施空速控制，此时，飞行员应该尽量保持飞行轨迹符号对准引导符号。

7. ILS 信号切入

在 PRI 模式下，HSI 显示区域显示基于航向台、VOR 或 FMS 的偏航指示。当在 HGS 控制面板上选择 ILS 频率后，一旦切入 ILS 信号，下滑道偏离指示也将在组合显示器右侧显示。

8. ILS 信号捕获

在捕获 ILS 信号前，可以预位 AⅢ 模式，这样当 ILS 信号捕获时，AⅢ 模式自动激活，飞行完成最后的转弯进入最后进近阶段。

9. 仪表进近

AⅢ 模式显示如图 15.7 所示。当 AⅢ 模式激活后，HGS 提供偏航指示和下滑指示，此模式下俯仰和横滚指引是由 HGS 产生的。在离地高 500 ft 以下时，AⅢ 模式还包含一个进近监视功能，如果在该高度以下直到接地，有传感器、相关设备或 HGS 失效，或者飞机状态超出性能监视限制范围，组合显示器上会显示"APCH WARN"警告符号。性能监视的参数包括垂直和水平偏航角、空速、下降率、侧滑率和过长着陆。当飞机下降通过离地高 300 ft 时，跑道边线符号将显示在组合显示器上，该显示为保角显示，将会和视野中真实跑道的边线重合；当无线电高度低于 60 ft 时，跑道边线符号消失。当无线电高度低于 70 ft 时，由于下滑道信号已经变得不可靠，因此不再显示下滑偏离指示。当飞机下降通过离地高 50 ft 时，在无线电高度旁边会显示"DH"，表示目前高度为决断高。当拉平指令符号（"+"）出现在指引符号的中心时，开始拉平操纵。当飞机下降到无线电高度 15 ft 时，组合显示器上显示"IDLE"字符以提示飞行员把油门置 IDLE 位置。

AⅡ 模式和 AⅠ 模式显示的内容和 AⅢ 模式类似，区别在于由于决断高度的不同，这两种模式中，引导符号是在离地高 80 ft 的位置消失。

10. 着陆滑跑阶段

在 AⅢ 模式下落地时，HGS 的工作模式会自动转换成 RO 模式。剩余跑道长度会显示在

"RWY"字符下方。地面引导信号和地面偏航指示会显示，帮助飞机对准跑道中心线滑行。当飞机开始减速时，会以"g"为单位指示加速度。当地速降到 20 kt 以下后，HGS 自动转换到 PRI 模式。

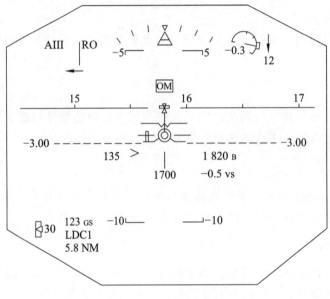

图 15.7　AⅢ模式显示

11. 目视进近

如果采用目视进近程序，则可以使用 HGS 的 VMC 模式（如图 15.8）。在 VMC 模式下，不显示指引符号，而是通过显示飞行轨迹符号和虚拟的 3°下滑参考指示来辅助飞行员实施高精度的进近轨迹。

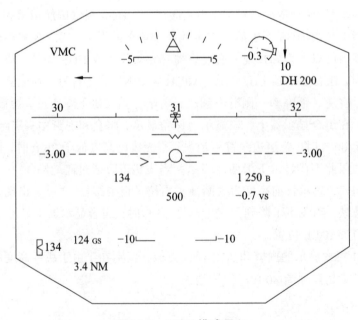

图 15.8　VMC 模式显示

复习思考题

1. HUD 在飞机上的应用可以带来哪些好处？

2. 机载平视显示系统的四个基本组件是什么？其各自的功能是什么？

3. 平视显示计算机需要从其他飞机系统中获取哪些参数？

4. HGS 系统的基本工作模式有哪些？

5. AⅢ 工作模式在什么情况下使用？其激活的条件有哪些？

6. PRI 工作模式下，HUD 上显示的参数有哪些？

7. 什么是保角显示？HUD 中保角显示的角度范围限制是什么？

附录一　英文缩写名词对照表

缩写名称	英文全称	中文译名
ACAS	Airborne Collision Avoidance System	机载防撞系统
ACMS	Aircraft Condition Monitor System	飞机状态监控系统
ADC	Air Data Computer	大气数据计算机
ADCS	Air Data Computer System	大气数据计算机系统
ADIRS	Air Data Inertial Reference System	大气数据惯性基准系统
ADIRU	Air Data Inertial Reference Unit	大气数据惯性基准组件
ADR	Air Data Reference	大气数据基准
ADS	Air Data System	大气数据系统
AFCS	Automatic Flight Control System	自动飞行控制系统
AFDS	Autopilot Flight Director System	自动驾驶飞行指引系统
AGL	Above Ground Level	离地高度
AHRS	Attitude Heading Reference System	姿态航向基准系统
ALT ACQ	Altitude Acquire	高度截获
ALT CAP	Altitude Capture	高度截获
ALT HOLD	Altitude Hold	高度保持
AOA	Angle of Attack	迎角
AOC	Airline Operational Communication	航空运营通信
AP	Autopilot	自动驾驶仪
APR 或 APP	Approach	进近
APT	Automatic Pitch Trim	自动俯仰配平系统
ASA	Autoland Status Annunciator	自动着陆状态信号器
AT	Autothrottle	自动油门
ATCRBS	Air Traffic Control Radar Beacon System	空中交通管制雷达信标系统
ATCRSS	Air Traffic Control Radar Surveillance System	空中交通管制雷达监视系统
BC	Back Course	反航道
BCAS	Beacon Collision Avoidance System	信标防撞系统
BITE	Built-In Test Equipment	机内自检设备
CCAR	China Civil Aviation Regulation	中国民用航空规章
CDU	Control Display Unit/Command Display Unit	显示控制组件/指令显示组件
CFIT	Controlled Flight Into Terrain	可控飞行撞地
CMD	Command	指令

CPA	Closest Point of Approach	最接近点
CRT	Cathode Ray Tube	阴极射线管
CVR	Cockpit Voice Recorder	驾驶舱话音记录器
CWS	Control Wheel Steering	驾驶盘操作
CYC	Cycle	轮廓
DFCS	Digital Flight Control System	数字式飞行控制系统
DFDAU	Digital Flight Data Acquiring Unit	数字式飞行数据采集组件
DFDRS	Digital Flight Data Recorder System	数字式飞行数据记录系统
D-HUDS	Digital Head-up Display System	数字式平视显示系统
DMC	Display Management Computer	显示管理计算机
DMC	Display Management Computer	显示管理计算机
DMU	Data Management Unit	数据管理组件
E/WD	Engine/Warning Display	发动机/警告显示器
EADI	Electronic Attitude and Director Indicator	电子姿态指引显示器
ECAM	Electronic Centralized Aircraft Monitoring	电子集中飞机监控系统
ECP	ECAM Control Panel	ECAM 控制板
EFIS	Electronic Flight Instrument System	电子飞行仪表系统
EFSM	Elevator Feel Shift Module	升降舵感觉变换组件
EGPWS	Enhanced Ground Proximity Warning System	增强型近地警告系统
EHSI	Electronic Horizontal Situation Indicator	电子水平状态指示器
EICAS	Engine Indicating and Crew Alerting System	发动机指示及机组警告系统
EIS	Electronic Instrument System	电子仪表系统
EPR	Engine Pressure Ratio	发动机压力比
EVS	Enhanced Vision System	增强视景系统
FAA	Federal Aviation Administration	美国联邦航空局
FCC	Flight Control Computer	飞行控制计算机
FD	Flight Director	飞行指引仪
FDR	Flight Data Recorder	飞行数据记录器
FDRS	Flight Data Recorder System	飞行数据记录系统
FG	Flight Guidance	飞行制导
FLCH	Flight Level Change	飞行高度层改变
FM	Flight Management	飞行管理
FMA	Flight Mode Annunciator	飞行模式信号牌
FMC	Flight Management Computer	飞行管理计算机
FMCS	Flight Management Computer System	飞行管理计算机系统
FMGCS	Flight Management Guidance Computer System	飞行管理与制导计算机系统
FSEU	Flap/Slat Electronics Unit	襟翼/缝翼电子组件
FWC	Flight Warning Computers	飞行警告计算机
G/S	Glideslope	下滑道

GA	Go-around	复飞
GPS	Global Positioning System	全球定位系统
GPWC	Ground Proximity Warning Computer	近地警告计算机
GPWS	Ground Proximity Warning System	近地警告系统
GW	Gross Weight	全重
HCU	Head-up Combiner Unit	平视组合组件
HDG HOLD	Heading Hold	航向保持
HDG SEL	Heading Select	航向选择
HF	High Frequency	高频
HGS	Head-up Guidance System	平视引导系统
HPU	Head-up Projection Unit	平视投影组件
HUD	Head-up Display	平视显示器
HUDC	Head-Up Display Computer	平视显示计算机
IFF	Identification Friend or Foe	敌我识别器
IMU	Inertial Measuring Unit	惯性测量组件
INS	Inertial Navigation System	惯性导航系统
IR	Inertial Reference	惯性基准
IRS	Inertial Reference System	惯性基准系统
ISDU	Inertial System Display Unit	惯性系统显示组件
LED	Light Emitting Diode	发光二极管
LNAV	Lateral Navigation	水平导航
LOC	Localizer	航向道
LRRA	Low Range Radio Altimeter	低高度无线电高度表
MCDU	Multi-function Control Display Unit	多功能控制显示组件
MCP	Mode Control Panel	模式控制板
MLS	Microwave Landing System	微波着陆系统
MSU	Mode Select Unit	方式选择组件
NAV	Navigation	导航
ND	Navigation Display	导航显示器
NM	Nautical Miles	海里
OT	Other Traffic	其他交通
PFD	Primary Flight Display	主飞行显示器
PMM	Personalization Memory Module	个性化存储模块
PSR	Primary Surveillance Radar	一次监视雷达
PT	Proximate Traffic	接近交通
PWS	Predictive Windshear System	预测式风切变系统
RA	Resolution Advisory	决策咨询
RAAS	Runway Awareness and Advisory System	跑道感知咨询系统
RNP	Required Navigation Performance	所需导航性能

RWS	Reactive Windshear System	反应式风切变系统
S/SD	System/Status Display	系统/状态显示器
SAT	Static Air Temperature	静温
SDAC	System Data Acquisition Concentrators	系统数据采集集中器
SG	Symbol Generator	符号发生器
SGS	Surface Guidance System	场面引导系统
SID	Standard Instrument Departure	标准仪表离场
SINS	Strap-down Inertial Navigation System	捷联式惯性导航系统
SMYD	Stall Management Yaw Damper	失速管理偏航阻尼器
SRS	Speed Reference System	速度基准系统
SSEC	Static Source Error Correction	静压源误差修正
SSR	Secondary Surveillance Radar	二次监视雷达
STAB	Stability	稳定
STAR	Standard Terminal Arrival Route	标准终端进场航路
STBY	Standby	准备
TA	Traffic Advisory	交通咨询
TAT	Total Air Temperature	总温
TAWS	Terrain Awareness Warning System	地形提示和警告系统
TCAS	Traffic Alert And Collision Avoidance System	空中交通警戒与防撞系统
TCF	Terrain Clearance Floor	离地间隔平台
TMC	Thrust Management Computer	推力管理计算机
TMSP	Thrust Mode Select Panel	推力模式选择板
TO	Takeoff	起飞
TURB	Turbulence	紊流
VHF	Very High Frequency	甚高频
VMC	Visual Meteorological Condition	目视气象条件
VNAV	Vertical Navigation	垂直导航
VS	Vertical Speed	垂直速度
WXR	Weather Radar	气象雷达
XPDR	Transponder	应答机
YD	Yaw Damper	偏航阻尼器

附录二　单位换算表

SI 单位		文中出现的单位		换算关系
名称	符号	名称	符号	
米	m	海里	n mile	1 n mile=1 852 m
秒	s	分	min	1 min=60 s
		（小）时	h	1 h=60 min=3600 s
		日（天）	d	1 d=24 h=86 400 s
米每秒	m/s	千米每（小）时	km/h	1 km/h=（1/3.6）m/s=0.277 778 m/s
		节	kt	1 kt=1 n mile/h
赫（兹）	Hz	转每秒	r/s	1 Hz=1 s^{-1}
每秒	s^{-1}	转每分	r/min	1 r/s=2π rad/s
				1 r/min=（π/30）rad/s
弧度	rad	（角）秒	″	1″=（π/648 000）rad
		（角）分	′	1′=60″=（π/10 800）rad
		度	°	1°=60′=（π/180）rad
千米	km	公里	—	1 公里=1 千米
帕（斯卡）	Pa	毫巴	mbar	1 mbar=100 Pa

参考文献

[1] 吕伯强，守真坦. 航空电子设备. 北京：世界图书出版公司，1990.

[2] Cary R. Spitzer. 数字式航空电子系统[M]. 北京：航空工业出版社，1992.

[3] 捷联式惯性导航技术[M]. 第 2 版. 张天光，王秀萍，王丽霞等译. 北京：国防工业出版社.

[4] 张进德. 近地警告系统[M]. 北京：国防工业出版社，1992.

[5] 蔡成仁. 现代气象雷达系统[M]. 北京：中国民航出版社，2004.

[6] 黎廷璋. 空中交通管制机载应答机[M]. 北京：国防工业出版社，1992.

[7] 刘汉辉. 空中交通警戒与防撞系统[M]. 北京：中国民航出版社，1996.

[8] 平视显示器应用发展路线图[S]. 中国民用航空局，2012 年 8 月.

[9] 使用平视显示器实施Ⅱ类或低于标准Ⅰ类运行的评估和批准程序[S]. 中国民用航空局飞行标准司，2010 年 10 月

[10] 航空器驾驶员指南-雷暴、晴空颠簸和低空风切变[S]. 中国民用航空局飞行标准司，2014 年 3 月.

[11] 一般运行和飞行规则（CCAR-91-R2）[S]. 中国民用航空局，2007 年 11 月.

[12] 大型飞机公共航空运输承运人运行合格审定规则（CCAR-121-R4）[S]. 中国民用航空局，2010 年 1 月.

[13] Ian E.SUREN. Avionics & Flight Management Systems for the Air Transport Pilot[Z]. Aviation Theory Centre，1999.

[14] David Harris. Flight Instruments &Automatic Flight Control System[Z]. Blackwell Science Ltd，2004.

[15] Dale De Remer. Aircraft systems for pilots[Z]. Jeppesen Sanderson Inc，1996.

[16] Boeing 737 Operating Manual[Z]. Boeing Company，1996.

[17] Nigel J.Lee. Flight Recorders[J]. Airliner，Jul-Sep 1993.

[18] Nigel Lee. Flight Data Recording &Airplane Condition Monitoring[J]. Airliner，Apr-Jun1992.

[19] Eric L.Adler. GPS-Global Positioning System[J]. Airliner，Oct-Dec 1993.

[20] Craig Peterson .Predictive Wind Shear System[J]. Airliner，July-September 1997.

[21] Bill Bresley. Enhanced Ground Proximity Warning System[J]. Airliner，July-September 1997.

[22] RDR 2000 Digital Weather Radar System[Z]. Alliedsignal Inc，1998.

[23] Enhanced Ground Proximity Warning System（EGPWS）and Runway Awareness Advisory System（RAAS）Pilot Guide[Z]. Honeywell，2003.

[24] Dale R Cundy，Rick S Brown. Introduction to Avionics. The Prentice-Hall，1997.

[25]   Instrumentation（Edition 2）. Jeppesen Standerson Inc，2007.

[26] Radio Navigation（Edition 2）. Jeppesen Standerson Inc，2007.

[27] Philips，A.H. The Determination of PDOP in GPS. AGARD-AG-314. NATO Advisory Group for Aerospace Research and Development. Neuilly-sur-Seine（France），1990.

[28] Airbus A320/321 Flight Crew Operating Manual. Airbus Industrie，2005.

[29] Aircraft General Knowledge 4.Oxford，Fourth Edition.

[30] 737-600/700/800/900 Aircraft Maintenance Manual. D633A101-GUN，2006-02-10.

[31] Advanced Flight Management Computer System.Arinc Haracteristic 702a-3 Published，2006-12-15.

[32] 737-300/400/500/ Aircraft Maintenance Manual. D6 37535，2006-2-10.

[33] A320 Airplane Flight Manual.Model：A320-214（B-1659/Msn6348），2014-11-19.

[34] Quick Reference Hand Book：A318/319/320/321.2014-09-12.

[35] 737-700/800 SYSTEM SCHEMATIC MANUAL. boeing co，2015-02.

[36] HEAD-UP DISPLAY SYSTEM. FAST magazine，airbus co，2010-08.

[37] HGS Pilot Guide for the Bombardier CRJ 700. Rockwell Collins，2002-11.